煤矿全员安全素质提高必读丛书

"手指口述"工作法与形象化工艺流程

主　　编	侯宇刚	国洪伟			
副 主 编	孙爱东	张玉军	江兆利	赵文昌	郭振跃
编写人员	张　浩	季海明	李慎泉	于学军	杨小勇
	张　波	周培精	许秀春	高庆溪	张呈日
	簿其东	邱承学	刘光杰	扈云新	尚应民
	孙　岭				
主　　审	宁尚根				
策　　划	杨　帆				

中国矿业大学出版社

内 容 提 要

本书共分为三大部分,第一部分为手指口述的基本内容,第二部分为各区队"手指口述"工作法与形象化工艺流程再造,第三部分为部分基层单位在实践过程中的心得体会。最后添加了三个附件,其内容是关于对工作法开展过程中的几个不同的考核标准。

本书是指导煤矿企业职工如何在井下施工现场熟练地运用"手指口述"工作法的一本非常实用、有效的教材。

图书在版编目（CIP）数据

"手指口述"工作法与形象化工艺流程/侯宇刚,国洪伟主编.—徐州:中国矿业大学出版社,2009.7
 ISBN 978-7-5646-0365-6

Ⅰ.手… Ⅱ.①侯…②国… Ⅲ.煤矿—安全生产—教材 Ⅳ.TD7

中国版本图书馆 CIP 数据核字（2009）第 101531 号

书　　名	"手指口述"工作法与形象化工艺流程
主　　编	侯宇刚　国洪伟
责任编辑	李士峰　王江涛
策　　划	杨　帆
出版发行	中国矿业大学出版社
	（江苏省徐州市中国矿业大学内　邮编 221008）
网　　址	http：//www.cumtp.com　E-mail：cumtpvip@cumtp.com
排　　版	北京安全时代文化发展有限公司
印　　刷	煤炭工业出版社印刷厂
经　　销	新华书店
开　　本	787×1092　1/16　印张 20.5　字数 496 千字
版次印次	2009 年 7 月第 1 版　2009 年 7 月第 1 次印刷
定　　价	48.00 元

（图书出现印装质量问题，负责调换电话：010-64462264）

前　言

　　安全是煤矿企业永恒的主题，关系到职工的生命和幸福，关系到企业和社会的稳定。为了让生命之树长青、让每一名职工身体健康、让每个家庭幸福、让企业健康发展，许厂煤矿认真落实科学发展观，致力于"以人为本，安全为天"核心理念的实践，突出人的核心地位，通过对企业发展的系统思考，及时引入了"手指口述"工作法，并进行了广泛深入的学习实践。

　　"手指口述"工作法是在岗位分析的基础上，以煤矿企业岗位标准化作业为重点，依据《煤矿安全规程》、操作规程和作业规程，按照煤矿企业各工种岗位精细化管理的要求，通过心想、眼看、手指、口述等一系列行为活动，对操作过程中的每一道工序进行安全确认的操作方法。应用这一工作法，旨在达到消除隐患、杜绝三违、避免失误、实现安全生产的目的。"手指口述"工作法顺应了现代化煤矿企业对安全的渴求，实现了人的注意力和物的可靠性的高度统一，达到了规程教学口语化、现场操作程序化、工序更替确认化，并配合职工的肢体语言强化了职工对规程措施的理解和掌握。该工作法由物本安全管理上升到人本安全管理，再上升到心本安全管理，最终实现煤矿的安全生产。

　　"手指口述"工作法作为先进的安全管理模式，其积极作用已得到许厂煤矿上下的一致认可。在一年以来的推行过程中，全矿井下各单位高度重视，边探索边实践、边总结边提升，初步取得成效，奠定了许厂煤矿实现安全生产的基础。目前，许厂煤矿正在现有的基础上进一步抓拓展、抓深化，力求使其更加系统、规范，使职工自觉自发地执行，起到对安全生产长效促进的作用。

　　本套教材是根据煤矿企业三大规程和安全技术措施，在国家安全生产监督管理总局培训中心特聘高级培训师宁尚根教授的培训和现场指导下，结合井下作业现场实际，总结了"手指口述"工作法在许厂煤矿和其他兄弟煤矿推广的实践经验，组织矿领导和各区队领导班子编写的，并由宁尚根教授主审。

　　本教材内容力求内容先进性、实用性和系统性的统一，同时考虑到煤矿企业职工的知识、能力、素质结构、受教育程度等一系列因素，着眼于职工生产实践与手指口述实践相结合的能力培养，使职工在牢固掌握井下各岗位精细化、形象化工艺流程必需的文化基础知识和专业知识的基础上，一并具有综合职业技能和全面素质，具有继续学习和创业创新的能力。

《"手指口述"工作法与形象化工艺流程》一书是指导煤矿企业职工如何在井下施工现场熟练地运用"手指口述"工作法的一本非常实用、有效的教材。本书共分为三大部分，第一部分为手指口述的基本内容，第二部分为各区队"手指口述"工作法与形象化工艺流程再造，第三部分为部分基层单位在实践过程中的心得体会。最后添加了三个附件，其内容是关于对工作法开展过程中的几个不同的考核标准。

由于本教材编写匆忙，书中难免有错误和不当之处，希望读者多多提出宝贵意见，我们在今后会不断地修改与完善，力求达到尽善尽美。在此，对本教材成书过程中提供帮助的人员表示最真挚的感谢。

作　者

二〇〇九年六月

目　录

第一部分　"手指口述"工作法基本知识

第一章　"手指口述"工作法的来源 …………………………………… (3)

第二章　"手指口述"工作法的实施目标 …………………………… (4)

第三章　"手指口述"工作法的实施与执行 ………………………… (6)
　第一节　危险预知训练（KYT） ……………………………………… (6)
　第二节　对危险预知训练的灵活运用 ………………………………… (11)
　第三节　"手指口述"工作法 ………………………………………… (13)

第四章　"手指口述"工作法推行的意义 …………………………… (26)

第五章　"手指口述"工作法的作用 ………………………………… (28)

第二部分　煤矿"手指口述"工作法与形象化工艺流程

第一章　综采队"手指口述"工作法与形象化工艺流程 ………… (33)
　第一节　采煤机司机 …………………………………………………… (33)
　第二节　移架工 ………………………………………………………… (36)
　第三节　运输机司机 …………………………………………………… (39)
　第四节　转载机司机 …………………………………………………… (42)
　第五节　带式输送机司机 ……………………………………………… (43)
　第六节　乳化液泵站司机 ……………………………………………… (46)
　第七节　端头回撤工 …………………………………………………… (48)
　第八节　人力攉煤工 …………………………………………………… (50)
　第九节　运料工 ………………………………………………………… (51)
　第十节　单体支护工 …………………………………………………… (53)
　第十一节　超前支架工 ………………………………………………… (55)

第十二节　电站维修工 …………………………………………… (57)
第十三节　皮带维修工 …………………………………………… (60)
第十四节　采煤机维修工 ………………………………………… (63)
第十五节　液压支架维修工 ……………………………………… (65)
第十六节　三机维修工 …………………………………………… (67)
第十七节　破碎机司机 …………………………………………… (69)

第二章　综掘队"手指口述"工作法与形象化工艺流程 …………… (72)

第一节　锚杆、锚索支护工 ……………………………………… (72)
第二节　综掘机司机 ……………………………………………… (80)
第三节　胶带运输机司机 ………………………………………… (84)
第四节　刮板运输机 ……………………………………………… (87)
第五节　综掘迎头延长皮带机尾 ………………………………… (90)
第六节　皮带尾（溜尾）固定 …………………………………… (92)
第七节　小绞车司机 ……………………………………………… (95)
第八节　梭车司机 ………………………………………………… (99)
第九节　综掘机司机 …………………………………………… (102)
第十节　综掘机维修工 ………………………………………… (106)
第十一节　锚杆支护工 ………………………………………… (109)
第十二节　机电维修工 ………………………………………… (113)
第十三节　运料工 ……………………………………………… (117)

第三章　准备队"手指口述"工作法与形象化工艺流程 …………… (120)

第一节　准备队主要工种作业标准 …………………………… (120)
第二节　准备队主要工种"手指口述"工作法 ……………… (124)
第三节　工作面安装形象化工艺流程 ………………………… (134)
第四节　工作面撤出形象化工艺流程 ………………………… (145)

第四章　机电队"手指口述"工作法与形象化工艺流程 …………… (158)

第一节　主通风机司机 ………………………………………… (158)
第二节　中央变电所检修工 …………………………………… (162)
第三节　主排水泵司机 ………………………………………… (166)
第四节　带式输送机司机 ……………………………………… (170)
第五节　皮带维修工 …………………………………………… (172)
第六节　副井绞车司机 ………………………………………… (174)
第七节　变电所值班员 ………………………………………… (182)
第八节　430绞车司机 ………………………………………… (189)
第九节　1160绞车司机 ………………………………………… (194)

第五章 运搬队"手指口述"工作法与形象化工艺流程⋯⋯⋯⋯⋯⋯⋯(201)

第一节 窄轨电机车（电瓶车）司机⋯⋯⋯⋯⋯⋯⋯⋯⋯⋯⋯(201)
第二节 采区信号把钩工⋯⋯⋯⋯⋯⋯⋯⋯⋯⋯⋯⋯⋯⋯⋯(202)
第三节 轨道工⋯⋯⋯⋯⋯⋯⋯⋯⋯⋯⋯⋯⋯⋯⋯⋯⋯⋯⋯(204)
第四节 翻车机司机⋯⋯⋯⋯⋯⋯⋯⋯⋯⋯⋯⋯⋯⋯⋯⋯⋯(207)
第五节 小绞车司机⋯⋯⋯⋯⋯⋯⋯⋯⋯⋯⋯⋯⋯⋯⋯⋯⋯(208)
第六节 电机车修理工⋯⋯⋯⋯⋯⋯⋯⋯⋯⋯⋯⋯⋯⋯⋯⋯(209)
第七节 跟车工⋯⋯⋯⋯⋯⋯⋯⋯⋯⋯⋯⋯⋯⋯⋯⋯⋯⋯⋯(210)
第八节 行车调度工⋯⋯⋯⋯⋯⋯⋯⋯⋯⋯⋯⋯⋯⋯⋯⋯⋯(210)
第九节 立井信号工⋯⋯⋯⋯⋯⋯⋯⋯⋯⋯⋯⋯⋯⋯⋯⋯⋯(211)
第十节 蓄电池机车充电工⋯⋯⋯⋯⋯⋯⋯⋯⋯⋯⋯⋯⋯⋯(212)
第十一节 矿车修理工⋯⋯⋯⋯⋯⋯⋯⋯⋯⋯⋯⋯⋯⋯⋯⋯(214)
第十二节 立井把钩工⋯⋯⋯⋯⋯⋯⋯⋯⋯⋯⋯⋯⋯⋯⋯⋯(215)
第十三节 斜巷信号工⋯⋯⋯⋯⋯⋯⋯⋯⋯⋯⋯⋯⋯⋯⋯⋯(216)
第十四节 联环工⋯⋯⋯⋯⋯⋯⋯⋯⋯⋯⋯⋯⋯⋯⋯⋯⋯⋯(217)
第十五节 卡轨车司机⋯⋯⋯⋯⋯⋯⋯⋯⋯⋯⋯⋯⋯⋯⋯⋯(218)

第六章 通巷队"手指口述"工作法与形象化工艺流程⋯⋯⋯⋯⋯⋯⋯(220)

第一节 通巷队主要工种"手指口述"工作法⋯⋯⋯⋯⋯⋯⋯(220)
第二节 爆破工艺流程⋯⋯⋯⋯⋯⋯⋯⋯⋯⋯⋯⋯⋯⋯⋯⋯(225)
第三节 矿井安全监测工艺流程⋯⋯⋯⋯⋯⋯⋯⋯⋯⋯⋯⋯(230)
第四节 爆炸材料管理工艺流程⋯⋯⋯⋯⋯⋯⋯⋯⋯⋯⋯⋯(233)
第五节 爆炸材料押运工艺流程⋯⋯⋯⋯⋯⋯⋯⋯⋯⋯⋯⋯(235)
第六节 风门维修工艺流程⋯⋯⋯⋯⋯⋯⋯⋯⋯⋯⋯⋯⋯⋯(236)
第七节 井下测尘工艺流程⋯⋯⋯⋯⋯⋯⋯⋯⋯⋯⋯⋯⋯⋯(237)
第八节 井下测风工艺流程⋯⋯⋯⋯⋯⋯⋯⋯⋯⋯⋯⋯⋯⋯(240)
第九节 构筑通风设施工艺流程⋯⋯⋯⋯⋯⋯⋯⋯⋯⋯⋯⋯(242)
第十节 冲尘工艺流程⋯⋯⋯⋯⋯⋯⋯⋯⋯⋯⋯⋯⋯⋯⋯⋯(244)
第十一节 风筒接设工艺流程⋯⋯⋯⋯⋯⋯⋯⋯⋯⋯⋯⋯⋯(246)
第十二节 运输物料工艺流程⋯⋯⋯⋯⋯⋯⋯⋯⋯⋯⋯⋯⋯(248)
第十三节 瓦斯检查工艺流程⋯⋯⋯⋯⋯⋯⋯⋯⋯⋯⋯⋯⋯(251)
第十四节 隔爆设施安装工艺流程⋯⋯⋯⋯⋯⋯⋯⋯⋯⋯⋯(255)
第十五节 注浆工艺流程⋯⋯⋯⋯⋯⋯⋯⋯⋯⋯⋯⋯⋯⋯⋯(258)
第十六节 风机安装工艺流程⋯⋯⋯⋯⋯⋯⋯⋯⋯⋯⋯⋯⋯(260)
第十七节 工作面进回风隅角构筑阻燃墙工艺流程⋯⋯⋯⋯(262)

第七章 普掘队"手指口述"工作法与形象化工艺流程⋯⋯⋯⋯⋯⋯⋯(265)

第一节 掘进钻眼工⋯⋯⋯⋯⋯⋯⋯⋯⋯⋯⋯⋯⋯⋯⋯⋯⋯(265)

第二节　锚杆支护工 …………………………………………………………(267)
第三节　耙装机司机 …………………………………………………………(272)
第四节　喷浆工 ………………………………………………………………(274)
第五节　上、下山绞车工 ……………………………………………………(277)
第六节　信号把钩工 …………………………………………………………(280)
第七节　电机车司机 …………………………………………………………(281)
第八节　推车工 ………………………………………………………………(283)
第九节　井下电钳工 …………………………………………………………(285)
第十节　风筒工 ………………………………………………………………(287)
第十一节　电机车跟车工 ……………………………………………………(288)
第十二节　电焊工 ……………………………………………………………(290)
第十三节　气焊工 ……………………………………………………………(290)
第十四节　矿工自保互保 ……………………………………………………(291)

第三部分　许厂煤矿"手指口述"工作法心得体会

第一节　综采二队"手指口述"工作法心得体会 …………………………(297)
第二节　综掘一队"手指口述"工作法心得体会 …………………………(298)
第三节　综掘二队"手指口述"工作法心得体会 …………………………(298)
第四节　准备队"手指口述"工作法心得体会 ……………………………(302)
第五节　机电队"手指口述"工作法心得体会 ……………………………(304)
第六节　运搬队"手指口述"工作法心得体会 ……………………………(305)
第七节　通巷队"手指口述"工作法心得体会 ……………………………(306)
第八节　掘三队"手指口述"工作法心得体会 ……………………………(307)

附　则

第一节　"手指口述"工作法演练考核标准 ………………………………(313)
第二节　"手指口述"工作法检查写实簿 …………………………………(314)
第三节　"手指口述"工作法班前（后）会考核表 ………………………(316)

第一部分 "手指口述"工作法基本知识

第一章 "手指口述"工作法的来源

日本在经济高速发展的同时,工作现场的死亡人数也曾逐年增加,1961年最高峰时,当年工作现场死亡人数达到6 700多人。为了有效遏制这种局面,日本自1973年起开始推行"零事故战役"。这是一场旨在解决工作现场职业健康和安全问题,确保工人身心健康,实现工作现场"零事故"和"零职业病"的战役,其实施方法就是"手指口述"工作法。该项运动的推行卓有成效,日本企业工作场所人员死亡人数逐年递减,1973年死亡人数为5 269人,1978年死亡人数为2 588人,1993年死亡人数为2 245人。通过30余年的努力,日本2003年工作场所死亡人数减至1 628人。"手指口述"工作法正是起源于日本的"零事故战役"。

"零事故战役"运动不仅有经实践检验的有效的实施方法,主要包括了KYT(危害辨识、预防和培训)及Pointing and Calling(简称P&C,即"手指口述"工作法是一种手指目标物并出声确认的方法),还有较好的理念。日本煤矿的"零事故"理念,主要思想是:人的生命只有一次,人是不可替代的,谁都不想受伤,也无权剥夺他人的幸福。具体讲就是保安五原则:即"保护好自己、保护好同伴、决定的事情要遵守、不懂的事情不去做、不懂的事情要去学和问"。"零事故"理念可以增强职工的自我保护和相互保护意识,极大地减少工伤事故发生。

"零事故战役"由3个基本单元构成:其一是哲学观,这是"零事故战役"的理论基础和基本目标,就是"尊重人的生命",即作为每个个体,无高低贵贱之分,其生命都是无可替代的,都不应在工作中受到伤害;其二是"零事故战役"实施的方法,主要包括KYT及P&C,通过对工作场所风险的预先识别和确定控制措施,达到健康和安全的预期;其三为执行环节,通过全员参与,建立积极、主动、和谐的工作环境,通过危害辨识、预防和培训等方法的日常应用,使安全预防意识深入人心,在具体工作中实施并成为人们的行为习惯,最终使企业达到安全、质量和产量的和谐统一。

第二章 "手指口述"工作法的实施目标

实施"手指口述"工作法关键的两个基础工作是让基层区队班组的人员在安全意识和安全态度方面先树立一个观念,如果这两个方面做不到、做不好,即便行政能力再强,矿领导下发的文件还是执行不到位,虽然说安全意识也增强了,安全态度也端正了,但是作为一个煤矿、一个单位还是达不到安全生产的目的,其主要原因是没有制定一个科学合理、切实可行的目标。

"安全"的英文单词是"safety",该单词第二个英文字母"a"对应的"aim",意思是目标、目的。推广和应用"手指口述"工作法之前也要制定一个安全目标。事实上,"手指口述"工作法起源于日本的零事故战役,也就是说日本零事故战役的实施目标也就是实施"手指口述"工作法的基本目标。零事故战役的基本目标部分包括3个方面的内容:"零"、"预期"、"参与"。

1. "零"的含义

①在工作中仅预防导致死亡或损失工作时间的事故是不够的;

②所有的危险源,不仅包括工作现场或工作过程中的潜在危险源,也包括员工日常生活中的潜在危险,都应被识别和解决;

③所有的损失应减为零,损失不仅指生产事故和职业疾病,也包括交通事故等。

2. "预期"的内容

①为了实现"零事故"和"零职业病"的目标,建立一个积极、主动、和谐的工作环境;

②所有工作现场或工作过程中的潜在危险以及员工日常生活的潜在风险,在工作开始前都已被识别和解决;

③为防止事故或伤害的发生,要严格执行每一个安全操作程序。

3. "参与"的对象

①全员参与。全员不仅包括企业内部各层面的所有人员,如管理者、职员和工人等,还包括合作和合同方的所有相关人员,以及工人的家庭成员等。

②通过不同层面员工积极主动的参与,形成合作的团队,建立和谐的工作氛围。

③人员各司其职。管理层具有安全资质,为工作场所提供安全可靠的设备、设施,组织人员培训,建立各项工作标准并监督其执行情况。现场每位工人通过积极参与,自觉执行各项措施和要求,并主动地解决工作中存在的有关问题,改进工作程序,提高工作质量。操作者对可能引发潜在危险的每一个操作行为,都要通过"手指口述"工作法进行安全确认。

工作现场"零事故"和"零职业病"战役,其实施方法就是"手指口述"工作法。根据这个基本目标,然后再确定适合于矿井实际情况的实施"手指口述"工作法的具体目标。但是,制定方案的时候要注意方案的切实可行、科学合理。实施"手指口述"工作法也必须遵循客观规律，立足于现实，对现实状况做深入的分析研究，任何不切合实际的做法都是不对的。有这样一个例子：某矿一个负责"手指口述"工作法推广与应用的领导，他制定了三大目标叫做"三零"目标，也就是说通过"手指口述"工作法的推广与应用，想让员工达到三个"零"。实际上，这"三零"目标根本实现不了。"三零"目标中的第一个零是指"零隐患"，即矿井生产过程中一个隐患也没有；第二个零是指"零违章"，即工人一个违章的也没有；第三个零是指"零伤害"，即工人一个受伤害的也没有。该矿制定了一大堆配套措施，达不到"三零"目标的区队、班组、个人就予以重罚严惩，以罚代管。这实际上是一种不懂安全管理规律的做法，必将会给企业带来很多负面的影响。

首先，零隐患根本实现不了。煤矿要生产一定就伴随着一些隐患，比如说瓦斯，瓦斯是煤的伴生物，如果要零隐患，把瓦斯消除了根本不可能。井下要用电，电也是一个危险源，也是个隐患，根本消除不了电隐患。其次，零违章和零伤害也根本实现不了。最后，工人意识到三零目标根本实现不了，搞来搞去还是被罚，干脆就不搞了，更别提"手指口述"工作法的推广了。

煤矿行业实施"手指口述"工作法时必须牢记一点：安全是一个相对的概念，它不是绝对的。安全目标如果定得太高，远远超过了企业的现实状况，超过了员工可以接受的程度，员工经过努力奋斗还是达不到目标，他们就会失去奋斗的勇气和动力。有这样一个例子：一个七八岁儿童在路上跑，摔倒了，膝盖摔破了，如果他是一个农村孩子，他的爸爸妈妈看后就会说："没事，过两天就好了"，那孩子哭一会儿也就不哭了；如果他是城市的孩子，他家人看后就赶紧把孩子送进医院，至少要包扎一下，严重的还要打防疫针。同样膝盖被摔破为什么在农村被接受而在城市就不会被接受并要采取处理措施呢？这是因为安全必须要看"对象"，"对象"目前来说可以是指员工队伍和安全环境，同样一种问题交给一个员工队伍来操作可能是安全的，而交给另一个员工队伍来操作可能就是危险的。这就说明安全是一个相对的概念。

制定"手指口述"工作法安全目标时还要有一个动力。有这样一个例子：一个跳高运动员当前的水平是跳 1.6 m 高，教练给他定一个指标，让他艰苦训练两个月后跳到 1.62 m，增加 2 cm。该跳高运动员一看，练两个月增加到 1.62 m 能够实现，他就会加倍努力，结果两个月后目标实现了。如果让他练两个月后跳到 1.8 m，他一看就会想，"练两年也跳不到 1.8 m"。这样，他就会失去斗志，就不去奋斗和努力了，结果还是跳不到 1.8 m。所以说，目标定得太高只能使员工产生消极情绪，失去积极性，不去努力。那么，"手指口述"工作法的安全目标一定要有层次性，逐步地提高员工的积极性，比如说加一个违章率、隐患率等。

第三章 "手指口述"工作法的实施与执行

在谈到防止矿山劳动灾害时，经常能听到"人类特点导致的人类错误"这个词。这是指人类常常出现的由于走神、恍惚等所谓的"人类特点"引起的错误，通常被称为"人类错误"。工作场所中虽有不安全状态，但多数情况下灾害的直接原因是由于"错误的认识、错误的判断、错误的操作"等一系列原因而导致的人的错误，这些错误中的大部分都与人类所具有的心理、生理上的各种各样的特点有很深的关系。

从心理学与大脑生理学来看，人类本来就是一种具有许许多多弱点的动物。出现看错、听错、想错、操作失误等错误是很正常的，或换个角度来看，也可以认为这才"更具有人类风格"。于是，不知不觉稍一走神、恍惚，就产生了各种各样的错误，也就是说，稍不留意就出现错误可以说是人类的特点。像这样把具有许多弱点的人类的行为特征称为"人类特征"。

一般地，人们根据周围的情况，确定合乎满足自己欲望的目的的行动，并付诸实施，也就是采取所谓的"适应行动"。在这一过程中大脑发挥了重要作用。某安全方面的人类工程学权威人士说："人类的眼睛、耳朵等感觉器官接受外界复杂多样的信息，将它们变为神经信号送入大脑。于是大脑的感觉中枢接受这些信号，在判断自己周围情况的同时，从大量的信息中仅选出符合当前行动所必需的信息，然后一边与过去体验过的极大量的记忆相对照，一边确定最合适的行动，从运动中枢向全身各处肌肉发送动作指令，组成一连串的行动。"由此可见，要想将由于人类走神、恍惚等造成的错误控制在最小程度，刺激大脑是非常重要的。就像前面说的那样，由于人类的固有特性，人有容易出错的时候，但在危险迫在眉睫时，人类的固有特性也有提高注意、意识紧张、几乎不会出错的好的一面。为强化人类好的这一面，打破可说是意识空隙的"人类特点导致的错误"与灾害连结在一起的恶性循环，需要危险预知训练、"手指口述"工作法，这是搞好安全的有效手段。

为此，要想最终使企业达到安全、质量和产量完美而和谐的统一，关键在于有效地全力实施"危害辨识、预防和培训"和"手指口述"工作法。

第一节 危险预知训练（KYT）

危险预知训练是安全教育中的掌握技能"训练"的方法之一，这一方法是1974年由日本住友金属工业独创的，然后在各产业中得到普及。目前，由于这一方法的效果很好，人们对安全有关人员的危险预知训练及其应用有着极大的兴趣。该方法被称为"全员参加的提高全员安全素质的方法"，在工作现场的短时间的会议上，发现、把握工作场所或作业中的潜在危险因素，与行动相结合，也就是说它是一种通过"工作现场（当场）"的"短时间"的"小组作业"来"解决问题（危险）"的训练，该方法的目标是"零"灾害。

所谓KYT是由"危险"、"预知"的日本罗马字读音的第一个字母与英语"训练"

(Training) 的第一个字母组成的。

1. 危险预知训练的目的

（1）找出工作场所或作业中的潜在危险因素。

（2）工作班组人员共同讨论、共同思考、相互通气。

（3）养成行动前解决问题的习惯。

其中，危险因素是指有可能成为劳动灾害或事故原因的不安全行动或不安全状态。

2. 危险预知训练的方法及开展

（1）准备工作

①挂图、黑板、粉笔等。

②分成小组，每组6～7人或更多。

③分派任务：确定组长、记录员，根据需要指派发言人、报告人、讲解员，在工作现场也可由组长兼任记录员。

④时间分配计划：做到哪几个阶段，各阶段用的时间，有什么项目等都要提前做好计划告知队员。

⑤说明训练宗旨：在初次训练时，简单明了地说明为什么要进行这个训练。

⑥说明会议的进展方法：尤其要说明在大家商议时，关于对话方法要注意以下3点：

——在愉快的氛围中进行；

——全体队员踊跃发言；

——不许评论。

（2）开展方法

"危害辨识、预防和培训"包括以下步骤：

①使用描述工作场所或作业情况的挂图或在黑板上画图。

②在工作现场，让大家进行实际作业，或是进行作业让大家观看。

③以组长为中心，小组在活跃的气氛中共同讨论工作现场和工作过程中存在的潜在危害因素（可能导致工人受伤的不安全行为或不安全环境）以及可能导致的后果。

④对大家认同的"问题就在这儿"的危险因素，全体队员在短时间内共同思考"该怎样解决呢"，决定小组行动，反复进行这一练习。小组从辨识的危害因素中讨论确定关键的危害因素以及控制措施和行为目标。制定措施时应考虑正常、异常、紧急情况以及不同的工作状态（如开始、过程进行中、结束等），措施应具有针对性和可操作性。

实际工作中，小组负责人在每日班前例会上（一般需3～5 min）了解每位员工当日的身体状况；询问工人对其工作危险性和措施的理解；叮嘱工人在工作中需要注意的问题（出现身体不适时应及时报告）等，以强化每位工人对风险的敏感性、适应性，集中操作人员的注意力和提高其解决问题的能力，防止由于人为失误造成的伤害。

依据上述的准备工作、开展方法，经过解决问题的4个阶段逐步进行下去。

解决问题的4阶段内容总结如下：

阶段	解决问题的 4 个阶段	危险预知训练的 4 个阶段	危险预知训练的开展方法
1	抓住事实（把握现状）量	有什么样的潜在危险呢	通过大家共同讨论，找出挂图中的潜在危险因素，设想该因素引发的问题
2	寻找本质原因（追究本质）评价·统一意见	这就是危险点	在发现的危险因素中把握哪些是重要的危险，做上○及◎标记
3	决定对策（确立对策）	你会怎样做呢	为解决做了◎标记的重要危险，想一想该如何做呢，确定具体的对策
4	决定行动计划（设定目标）评价·统一意见	我们这样做	在对策中的重点实施项目上加※标记，为实施这一项目设定小组的行动目标

第一阶段（把握现状）

有什么样的潜在危险呢 （该阶段把握危险有关的现状）	通过大家共同讨论，找出挂图中的潜在危险因素，设想该因素引起的问题 挂图 No.　组别　R1 1.＿＿＿＿ 2.＿＿＿＿ 3.＿＿＿＿ 4.＿＿＿＿ 5.＿＿＿＿	1. 组长向组员出示挂图，介绍情况； 2. 组长向组员发问，在这些情况中"有什么样的潜在危险呢"； 3. 组员将自己置身于挂图的情况中，找出其中存在的危险因素（不安全的行为、不安全的状态），积极发言； 4. 想像危险因素会产生的问题，以"这样做就会造成……""由于……造成……"的方式发言； 5. 记录员快速将组员的发言简明易懂地记在记录本或黑板上； 6. 组长诱导全体组员发言，促使大家不仅找到物方面的问题，还要找到人或行动方面的危险； 7. 在预定时间内使大家尽可能地找出危险因素，促使讨论会一定要找出预先定好的目标项目数； 8. 在合适的时候组长宣布第一阶段结束，进入下一阶段

第二阶段（追究本质）

这就是危险点 （该阶段在找出的危险中，对危险程度最高的危险进行评价、统一意见）	在找出的危险因素中，把握被认为"这个就是重要问题"的危险，加上○及◎标记 挂图 No.　组别　R2　R1 ○1.　_____ 　2.　_____ ◎3.　_____ 　4.　_____ ○5.　_____	1. 让大家看第一阶段写好的记录，组长提问，在这些危险中对小组来说有问题的重要危险是什么，从上面开始读每一个项目，对内容加以确认； 2. 在大家认为"这是个问题，对它可不能马虎"的危险上加上○标记，可以有几个○，相同的内容用线连起来，加上○标记； 3. 在做○标记的项目中，对"大家特别不放心的、有可能酿成重大事故的、需要拿出对策的"项目加上◎标记； 4. ◎标记不是以少数服从多数方式决定的，而是经过统一认识而感到"还是这个最重要"，找出大家都能同意的，◎标记要集中到2~3个项目上； 5. 组长读◎项目，组员进行确认，第二阶段结束

第三阶段（确立对策）

你会怎样做呢 （该阶段对危险性大的危险确定对策）	思考为了解决加上◎标记的重要危险，应该怎样做，确定出具体的对策。 挂图 No.　组别　R3 ◎No _____ 　1.　_____ 　2.　_____ 　3.　_____ ◎No _____ 　1.　_____ 　2.　_____	1. 为预防或阻止出现加上◎标记的重要危险因素，向组员提问"你会怎样做呢"，促使他们思考； 2. 提出"在这种情况下这样做吧"、"需要这样做"等具体而可行的对策； 3. 尤其要重点思考"作为小组应该这样做"等具有可操作性行动内容的对策； 4. 对1个◎标记的项目总结出2~3个对策，对策全想完时，结束第三阶段

第四阶段（设定目标）

| 我们这样做
（在该阶段确立的对策中，对质量最高的项目进行评价、统一意见） | 在所提对策的重点实施项目上加上※标记，设定小组的行动目标以将其付诸实施。

挂图
No.　组别　R3
◎No
　1.＿＿＿＿＿
　2.＿＿＿＿＿
※3.＿＿＿＿＿
◎No
　1.＿＿＿＿＿
　2.＿＿＿＿＿ | 1. 在具体对策中，将小组"需要马上实施，无论如何不能不做"的项目定为重点实施项目，加上※标记；
2. 加上※标记的项目有 1 至 2 个，将该项目总结成简明易的标语式句子，设定为小组的行动目标；
3. 小组的目标最好是对解决该危险情况当前需要采取的行动内容，目标要积极，例如采取"让我们……吧"的提法；
4. 小组长向全体人员确认※标记的项目，大家大声背诵小组目标后，结束第四阶段 |

3. 四阶段方法的利用

这种四阶段方法虽然是在井上训练中统一进行的，但实际上可以根据作业情况（目的、时间、场所、作业人员等），在合适的时机恰当地加以利用。

在现场进行 KYT 时，要彻底、反复训练如何进行首先找出危险因素（第一阶段）到把握重要危险（第二阶段）的讨论。

"大家迅速准确地……"抓住"什么是危险的"，是安全行动的出发点，这是因为一般说来，如果从心里知道这是危险的话，就不会做这种危险的事情了。从这一点而言，扎扎实实地做好第一阶段，尤其是第二阶段的评价与意见统一是非常重要的。

在现场，仅用三五分钟的时间就可以进入第二阶段，第三、四阶段也可以采取组长做指示的形式。

4. 实施 KYT 时的组长须知

（1）制定训练计划

组长在自己小组内进行危险预知训练时，最好是在制定了大体的计划后再开始。即使每天都训练也要用上半年的时间，因此不要着急，要扎扎实实地进行训练。选择大家身边都关心的问题是组长的责任。

（2）缩短讨论时间

要以"大家迅速准确地"为座右铭，连续训练 20 次左右。不熟练时或许用 10 min，习惯后 3~5 min 就能完成。

（3）找出危险因素

第一阶段专门找出危险因素，不要与第三阶段的对策发言掺合在一起。为此，"你会怎样做呢？"的提问最好不要写在挂图上。

（4）缩小挂图的范围

有时挂图上描述的情况范围太大，在短时间的会议上，最好限定范围进行讨论。对进行训练等情况的挂图中的危险项目要列 5~7 个。在现场进行实地训练时，也要对范围进行限定。

挂图中危险预测的焦点要考虑以下项目：
①工作现场有什么样的危险呢？
②今天的作业中有什么样的危险呢？
③这个作业单位中有什么样的危险呢？
④这一步中有什么样的危险呢？
⑥这个动作中有什么样的危险呢？

（5）抓住重要危险

让大家思考小组对危险的自主解决方式时，"作为要点抓住什么样的危险呢"要比"有什么样的危险呢"重要。在各种各样的情况中，当不能一下子解决时，必须首先从当时对于小组来说最重大的问题解决起。因此，需要形成"重要危险还是这个"的一致认识。

（6）不要漏掉危险点

希望从挂图上必须找出的项目，最好要事先加以明确。组长在讨论中，如果能做到不是生硬地把这个项目提出来，让它以一种自然浮现出来的感觉使组员明白的话，是最好不过的。

（7）不要仅限定在不安全的行动上

故意回避"物"的问题，如果仅让大家挑出作业人员行动中的不安全因素有时会招致反感。管理者如果没有坦率地面对工作现场的工人提出关于物的问题并加以解决的姿态，仅要大家解决作业人员方面的危险因素，是极不合适的。最好从利用挂图的训练阶段开始就取消人、物的差别。

（8）根据情况将四阶段分开使用

第四阶段决定小组目标，这是为了使大家完全理解通过作业人员的行动自主地解决问题的必要性而进行的，但并不是说全都必须进行到第四阶段。一般到第二阶段就够了。根据情况（时间、场所、目的）将四阶段分开运用也是组长的一种能力。

（9）形成愉快轻松的工作气氛

能在快乐的气氛中进行是危险预知训练魅力之所在。如果出现了不现实、幻想式的项目大家会哈哈大笑，在讨论中的不切实际的东西自然就被淘汰掉。组长不要过分关注于一个个项目，而要努力制造出愉快的氛围。

上面所说的危险预知训练，要事先在井上反复练习后，再运用于作业现场，以争取实现"零灾害"的目标。

第二节 对危险预知训练的灵活运用

利用危险预知训练掌握的预测危险的方法，可灵活地运用于现场安全活动中。可利用各种机会在工作场所或工作现场召开小会。为增强效果，现场危险预知训练是必不可少的，可以让成员围拢成一个圆圈，在极短的时间内站着进行。

事故不会停下来等人们做好准备，瞬息间胜负已定。虽然每月花点时间开一次安全会很重要，但仅靠这种会很难及时对工作现场的流程、工作动向做出反应。因此在零灾害运动中，最好在每天的现场活动中根据不同的环境条件或时间进行 KYT（危险预知）活动。所以，不论是在开始工作时、到达现场时、作业过程中、午休时、工作结束时等任何时间，在极短的时间内快速进行内容充实的 KY 讨论的训练，在今后的安全促进工作中有着极为重要的作用。

（1）每天开始工作前要召开班前会

①对有问题的作业班组或个人（要么发生灾害、要么出现令人担心的事故作业），在极短的时间内进行"有什么样的潜在危险呢"的危险预测后再开始作业。也可以认为这是危险预测的预演。

②在进行非正常作业时，一定要在进行过危险预测的讨论后再开始作业。

③在黑板上列出在讨论中出现的危险因素，将黑板带到作业现场，有时在作业过程中还要再往黑板上写些东西。

④以前些天出现的"令人吓出一身汗"的体验或其他工作场所的灾害事故为例（如果可能的话做成挂图），进行讨论，分析"当时有什么样的危险呢"、"问题在哪儿呢"。

（2）在工作现场要开展工作现场会议

①到达作业现场后，观察现场状况，对将要进行的作业，在短时间内开个现场会，讨论一下"这个作业有什么危险呢""这种做法安全吗""你能安全地进行作业吗"。

②实际进行一下作业操作，同时讨论一下这项作业或操作动作中潜在的危险。

（3）在工作过程中要召开作业中会议

①在作业过程中有问题（危险）时紧急召开 KY 会议。

②组长对正在作业的人员提问"这个作业中有什么样的潜在危险呢"，进行现场教育。

③作业人员养成在作业过程中对每个要点自问自答"这项作业有什么样的危险呢"、进行安全确认的习惯。与"手指口述"工作法、"可以吗？可以"、"5 秒检查"等自主安全活动并用。

④在差点出错或注意到新问题时，立即记到袖珍 KYT 卡（KYT 备忘）上，以备在开会时应用。

（4）认真开好会议，做安全先进班组

①当天开始作业时所做的危险预测，实际上又是什么样的情况呢，在较短时间（2～3 min）内反省一下。添加上预测时没注意到的事项，组长做出当班总结。

②说出当天差点出错或轻伤事故，讨论"在什么样的危险下呢"、"当时怎样做才好呢"。

（5）每天召开安全会议

①在每天的安全会议上，对有问题的作业单位进行危险预测的讨论，以修正安全作业标准。

②讨论作业单位的危险，将小组目标总结在 3 点以内。

③当场决定本日就该作业事项进行讨论，预先通知组员，以便开会时就注意到的问题踊跃发言。

④进行有关工作场所危险问题的讨论，以用来制定小组行动目标。

⑤将工作场所危险预测的讨论卡片化，预先用卡片做出图解，挂在会议现场。

第三节 "手指口述"工作法

如前所述，大多数的事故、灾害是由于人不经意间的走神、恍惚等"人类特点"造成的。能有效防止这些事故、灾害的活动除了危险预知训练外，还有"手指口述"工作法。

"手指口述"工作法，是国际认可的先进安全管理方法，是煤矿企业本质安全创建与和谐矿区建设赋予安全工作的新内容。通过推行"手指口述"工作法——心想、眼看、手指、口述的工作方式，能够促使员工深思牢记安全操作过程及作业要领，是规范员工安全生产行为、落实安全措施、确保安全生产的有效管理模式。自从"手指口述"工作法进入中国，迅速在全国生产领域得到广泛推广，作为高危行业，全国各大煤业集团更是纷纷不甘落后，全面投入到"手指口述"工作法的落实工作当中。作为国有大型煤矿，全面推行实施"手指口述"工作法理应成为当前和今后时期的一项重要任务。推行好"手指口述"工作法，首先应理解"安全"、"安全意识"、"安全态度"等相关词语的涵义。

一、安全（safety）相关涵义

"手指口述"工作法是安全确认的方法，"安全"这个词是使用频次最高的一个词。那么，安全到底是什么？

"安"、"全"这两个字各有其本义，是中国祖先创造的两个像形文字。"安"字上面是个宝盖头，下面是个"女"，宝盖头代表一个房子，在古代把一个女子放在一个房间里面就安全了、安稳了、安定了、安心了，这就是"安"的本义；"全"字上面是"人"，下面是"王"，"人"就是大家伙，"王"就是头领，大家伙把头领保护好，就安全了、完整了，就没有损失了。所以说，古代战争只要头领在，这个政权就在。

"安全"在现代社会中有什么含义呢？一是人的生理方面的安全，就是人们不死、不伤、不病、不亡，肢体不残缺。二是人的心理方面的安全。比如，某矿掘进工作面采用锚杆支护，但是遇到一个小断层，不好打锚杆，支护方式改为棚子支护，结果搭棚过程中断层破碎带发生了冒落，把一个矿工的腿砸断了，鲜血直流。这个班有三个年轻工人看到这个现象以后，死活都不下井了，家长劝，区队安排也不下了。看到一个工人的腿被砸断了，鲜血直流，惧怕下井了，这就是心理上的不安全。三是某一系统或某一活动不发生突然的中断。

"手指口述"工作法的推行与"安全"的现代含义分不开。目前，我国总体安全状况还有待进一步提升，安全形势严峻，重特大事故频频发生，这就要求煤矿必须找出一些好的安全管理方法来实施。

"安全"一词，可从其英文单词"safety"来分析，"safety"中6个英文字母对应8个单词和1个短语，这就把抓安全的程序给勾勒出来了。"安全"的英文单词包含的8个单词和1个短语与煤矿行业推行的"手指口述"工作法有十分密切的关系。这就要求煤矿企业在推行"手指口述"工作法时要按照这个程序来实施。

"safety"对应的8个单词和1个短语如下表所列。

Safety	单词	原词意	扩展为安全的词义
S	Sense	意识、观念	安全意识、观念
A	Attitude	态度、心态	安全态度、心态
A	Aim	目的、目标	安全目的、目标
F	Foresight	深谋远虑	安全措施、对策
F	Familiarity	熟练、精通	安全知识、技能
E	Education	教育、训练	安全培训、教育
T	Talk	交流、讨论	安全信息
T	Take the time to do right	从容不迫地把工作做好	全面安全
Y	You	你们、群体	全员安全

1. S——Sense

单词 sense 的汉语意思是意识、观念，扩展到安全上的意思是安全意识、观念。推行"手指口述"工作法首先要牢记：增强员工的安全意识，把安全意识放到第一位。意识是哲学上的一个名词，理解了安全意识，推行"手指口述"工作法的过程中员工就会自发主动地去执行。在事故案例报告里面首先写的是原因分析，如某某人安全意识差、安全意识淡薄、安全意识较差、安全意识特别差是造成事故的第一个原因。分析完事故原因后要制定下一步的整改措施或者经验教训，整改措施的第一条就是要加强对职工安全意识的教育与培训，可见安全意识的重要性。

那么，具体地讲什么叫安全意识呢？这里有一个很好的例子：大家关系都不错，中午坐在一块吃饭，厨师上了一道菜——一条鱼，味道鲜美，大家三下五除二就把鱼的上面吃完了，还要吃鱼的下面。按照常规的说法是把鱼翻过来，即两个人一个夹鱼头一个夹鱼尾就把鱼翻过来了。如果在座的朋友中有一位职业司机和一位渔民或船员，司机会说"把鱼正过来"，渔民或船员会说"把鱼划过来"，为什么这两类职业人员不说"翻"这个字呢？因为渔民或船员在海上劳动作业最大的事故是翻船事故，他们每年要取得出海作业证，不培训或拿不到证不准出海作业。同样职业司机在他的职业活动中最大的事故就是翻车事故，他们每年也要进行培训，持证上岗。所以说，在他们的职业活动中安全意识增强了，他们的一言一行始终和自己的安全联系到了一块，因为他们时刻想着自己的安全，所以他们必会端正自己的行为，这就是他们的安全意识。

安全意识的强与弱对能否推行好"手指口述"工作法有着至关重要的作用。目前，煤矿工人的言行基本上没有和自己的安全密切联系在一块。安全意识在中国是什么状况呢？有这样一个典型的例子：小李，32岁，国外留学归来，安全工程专业博士后，很帅，未婚；小张，28岁，某大学安全工程系研究生，长得特别漂亮，未婚。2004年两人同时被某单位招聘过来。工作一段时间后，该单位刘大姐看他们俩很般配，就给小李和小张牵了线，想让他们俩处对象。两人处了两个多月，就一块儿上班一块儿下班。刘大姐一看，两人肯定要成为一对了。结果到了第三个月的月头，小李和小张也不一块儿上班下班了，谁也不理谁。众所周知，现在有这样一个怪圈：小学生从上完中学再考大学，上完四年大学，再读三年研究生，再读三年博士，再读博士后，都三十多岁了，在这个圈子里的人一般文化层次高，学历高，这些人中的男同志不会谈恋爱，现在有好多这样的人，有的四十多岁了还找不上对象。那么，小李都三十二岁了，是不是在这个圈里，是不是不会谈恋爱呢？刘大姐就问小李，小李说："给她打电话她也不接，发短信也不回，叫她一块儿吃饭也不去，玩也不去，后来她干脆连手机号也换了。"小李一看，那就是不理他了，没有希望了。刘大姐想到那个怪圈，想开导小李，就问他："你是不是学历高，不会谈恋爱？"小李脸刷的一下就红了，"刘大姐，我怎么不会谈恋爱？我会谈恋爱，我在瑞士留学的时候谈了一个瑞士的姑娘（同班同学），双方父母都同意了，就准备结婚了，结果没成。"瑞士道路状况好，车少人少，和中国不一样，车多人多。小李说他们正在办理相关手续的过程中，小李开车带着外国未婚妻买东西，前面有个红灯，小李一看前后左右都没有车也没有行人，中国人好显示自己，于是他就一加油门，闯红灯过去了。他第一次闯红灯女朋友没有给提意见，第二次闯红灯也没有提意见，到了第三次闯红灯，他女朋友就让他停下，下车了。下了车就给小李说："我们两个人不能谈恋爱了，我也不会嫁给你。"瑞士人有个特点，给对方说明真正的原因，和中国人不一样，两个人谈恋爱要分手了，不说真正的原因，说对方人很好，自己配不上他，不跟他谈显然很谦虚。瑞士小姑娘给他说明了为什么不嫁给他的两个原因，一是闯红灯违法，连红灯都敢闯说明法制意识一点儿都没有。瑞士人的法制意识强，只要违了法就要受到法律的制裁，连一个小法都不遵守，将来如果严重违反法律，谁愿意陪伴一个罪犯度过后半生；二是红灯是安全信号，连安全信号都敢闯，这说明安全意识太差了，不但不把自己的生命放在第一位，也不把我的生命放在第一位，谁愿意后半生一个人度过或者后半生陪伴一个残废人度过。结果可想而知，因为安全意识差，小李的前对象和他拜拜了。

这样，小李来到该单位又和小张谈恋爱，小张也相中他了，两个人都没有意见。小李总结了一下经验教训，在瑞士因为安全意识差，他的前任女友和他吹了。现在年龄那么大了，又处了这么好的一个对象，一定要注意，增强安全意识不能再闯红灯了。结果，小李在开车去郊游或逛街买东西时遇到红灯就停下来，十分遵守交通规则。刘大姐听到这儿就明白了，原来小李会谈恋爱，不是说这个怪圈里的男同志都不会谈恋爱。

隔了几天，刘大姐又去问小张，想把他们再撮合到一块儿，到了小张的单身公寓就开门见山问小张，小张说："小李这个人太愚了，太无能了，一点能力都没有。我们开车出去游玩，他看到红灯就停，前面也没有车阻碍，后面的车一看他停下来了就按着喇叭绕过去往前冲。你说他开车连个红灯都不敢闯，将来还能干什么？我嫁给他不是要受一辈子罪吗？不和他谈了，我把手机号也换了，不理他了。"

这个例子说明了安全意识的强与弱在不同的国家、不同的群体之中形成的结果不一样。作为煤矿一个掘进工作面的一个班组，如果只有一个队员安全意识强，其他队员反过来会嘲笑他，第二天他也就不按要求操作了，这就是从业人员的安全意识水平。

2. A——Attitude

单词 attitude，汉语意思是态度，扩展到安全上的意思是安全态度。煤矿行业实施"手指口述"工作法还要牢记一点：员工要有一个正确的安全态度，否则，员工的安全意识再强，企业的安全工作还是做不好，"手指口述"工作法在实施和推行过程中还是流于表面，走形式，工人还是不认可，还是真正起不到作用。

那么什么是安全态度呢？态度是心理学上的一个名词，看完这样一个例子就不难理解了。有个心理学家做了这样一个试验，来专门研究人的安全态度：让女生在火车站出口胸挎一个条幅，上面写了一句话"五分钱沾一沾"。沾什么呢？在 4 名女生（检票出站口一边站 2 个）每人下面都放了一个黑色的塑料桶，用黄布把口蒙住，上面开了个小孔，花 5 分钱把手放到里面沾一沾。然后观察花了 5 分钱沾完以后他们的表现。当时，坐火车的大都是工薪阶层，这个试验主要是看他们的安全态度水平。共做了 3 天试验。其实桶里装的是污水，结果有 98 个旅客去沾，沾完拿出手来一闻，又臭又难闻，不敢吱声，用衣服角一擦就走了。

从安全的角度分析，这一桶污水就相当于危险有害因素，花 5 分钱一沾就相当于遇到了危险有害因素，受到了危险有害因素的伤害，危险有害因素也叫隐患，也就相当于受到了隐患的伤害。花了 5 分钱买了个隐患，受到了伤害，有什么表现呢？这 98 个人中只有 5 个人把他遇到的隐患告诉后面的人，不要沾了，骗人的，里面装的是污水，其他 93 人不敢吭声，悄悄地走了，也怕别人看见丢人，而且 93 人当中还有两三个人一块儿沾的，并且是同一个单位的，也互不相告。后来，这个心理学家得出了一个结论：中国人遇到了危险有害因素，发现了隐患，普遍不相互告之。"我上当受骗了，我就不告诉你。"即使是同一个单位的人员发现了隐患也不相互告之。

同时，又在火车站广场出口打了两个条幅，上面写了"两角钱涮一涮"。也就是说再花两角钱洗一洗手，用纸巾擦一擦。这 98 个人中只有 12 人花了两角钱涮了涮，洗了洗，擦了擦，走了。其他 86 人看到这句话都没有花钱涮涮。于是，又得出了一个结论：人（指工薪阶层）花了 5 分钱买了个隐患，遇到了隐患，受到了伤害，让他再花 2 角钱进行整改，他不整改，这也就是隐患得不到整改或者整改不彻底的原因。

同样，端正全体职工的安全态度在煤矿行业也是企业安全工作中重中之重的任务。有的工人说"违章放炮，带电作业谁没干过？下井哪有不违章的。"他们明知道这样做对他们的安全不利，却为什么还要这样做呢？有的工人就说了"干煤矿这一行业不让违章就完不成任务，完不成任务就拿不到钱，为了挣到钱，在井下就要违章，况且干活又快又省事"。这就是侥幸心理。是不是井下不违章就没法生产呢？有人会说"只要生产就要违章"。这个就是不正确的安全态度。带着这个不正确的安全态度再推广"手指口述"工作法，工人肯定不执行，不认可。"手指口述"工作法就是让工人不违章，避免他们的不安全行为和设备的不安全状态。所以说，推行"手指口述"工作法首先要让实施人员有一个正确的安全态度，这就要经过长期的培训强化来帮助实施人员树立正确的安全态度。

目前企业所倡导的安全文化的核心概念就是安全意识和安全态度，推行"手指口述"工作法就是安全文化中的一个活动。因此，在推行"手指口述"工作法的过程中要把安全意识和安全态度放在重要的位置，这两个搞不好，安全意识不增强，安全态度不端正，"手指口述"工作法还是推行不到位，员工还是接受不了，制定的制度再好，让他们背得再熟，到了现场他们还是不去做。因为他们没有这个意识，也没有这个态度。

3. A——Aim

煤矿行业实施"手指口述"工作法关键的两个基础工作是让煤矿基层区队班组的人员在安全意识和安全态度两方面先树立一个思想，如果这两个方面树立不起来，煤矿行政能力再强，矿领导下发的文件还是执行不到位。安全意识增强了，安全态度也端正了，一个煤矿、一个单位还要发生事故，这是什么原因呢？也就是第二个英文字母 a 对应的单词 aim，意思是目标、目的。进行"手指口述"工作法的推广和应用要制定一个安全目标，制定的时候一定要切实可行、科学合理。因为安全是一个相对的概念，目标定得太高只能使员工产生消极影响，不去努力。所以，"手指口述"工作法在推广应用过程中安全目标、安全目的一定要有层次性，以便逐步提高员工的积极性。

4. F——Foresight

安全目标、安全目的制定以后，它不会自然的实现，还要经过领导和员工共同的努力。因为第三个字母 f 对应的第一个单词是 foresight，翻译成中文是深谋远虑，扩展到安全上是安全措施、安全对策。为了便于"手指口述"工作法的实施，就需要根据安全对策和安全措施来制定口语化的操作要点。那么，这些安全对策和安全措施有哪些呢？这就是安全管理上的 3E 安全对策，即技术、教育和工程。安全措施主要指在煤矿行业的三大规程：《煤矿安全规程》、《正规操作规程》和《作业规程》。

5. F——Familiarity

安全 safety 的第三个英文字母 f 对应的第二个单词 familiarity，汉语意思是熟练、精通，也就是精通安全知识。煤矿工程技术人员制定好了措施规程，像作业规程、安全技术措施，让谁去实施呢？当然是让操作员工去实施。那么，操作员工怎样去实施，怎样督促他们去实施呢？那就要靠"手指口述"工作法。员工在实施"手指口述"工作法的时候，虽然把操作要领、"手指口述"工作法记住了，但是还不知其含义，也就是员工对安全知识、安全技术、生产知识不了解、不掌握、不精通，他们也就自然而然不乐意接受了。因此，在操作层推行"手指口述"工作法首先要牢记一点：操作员工对安全知识要精通，要掌握。

每一名员工在推行"手指口述"工作法的时候并不是要把煤矿的安全生产知识全部掌握。在推行"手指口述"工作法时要注意将员工分为四个层次：第一个层次是要精通本工种的安全知识；第二个层次是熟悉相近工种的安全知识；第三个层次是掌握相关工种的安全知识；第四个层次是了解所有工种的安全知识。这四个层次的安全知识就是煤矿的应知应会知识，"手指口述"工作法就把应知应会纳入到其中。以前叫应知应会，实施"手指口述"工作法以后就要叫必知必会了。必知必会就是指必须知道这些知识，原来是应该知道应该会，现在是必须知道必须会。

6. E——Education

"safety"第四个字母 e 对应的单词 Education，意思是教育、训练，要让员工掌握安全知识，必须对员工进行教育培训。

操作员工在掌握安全知识的基础上推行"手指口述"工作法需要进行安全培训。员工不进行培训，就不知道怎么操作。对员工进行安全培训时，如果该矿没有做过，可以拿一个重点工种、一个重点岗位的人员试行"手指口述"工作法。试行成功以后，然后再进行推广。职工每年参加的培训班也不是一个，每年要参加多个，要听多个老师或者有关人员的教育训练。

7. T——Talk

"safety"的第五个字母 t 对应的单词 talk，意思是交流、讨论，扩展到安全上就是进行安全信息的交流与讨论，在这儿指的是现场的安全信息的交流与讨论。注意，这里的安全信息交流与讨论是现场的。每个矿都有个安全信息办公室，设ABCDE五卡，哪一个领导下井发现隐患后把卡交给安全信息办公室，安全信息办公室再反馈到区队，让区队进行整改。

  这里安全信息的交流与讨论不是指安全信息办公室的工作方式，而是指操作员工在现场进行安全信息的交流。举一个很简单的例子：敲帮问顶，这个动作煤矿工人都会做，都知道到煤矿井下要进行敲帮问顶。敲帮问顶完全可以进行现场安全信息的交流。比如一个掘进工作面有13名矿工，要在这个迎头进行操作、作业，就要进行敲帮问顶，这13名同志不可能都敲一遍，况且都敲一遍判断结果也不一样。老张是老工人，他一敲，顶板发生了离层，很危险，他就告诉大家："在下面工作很危险，应离远一些"。搞现场安全信息的交流和不搞安全信息的交流结果不一样。如果不搞现场的安全信息交流，那么老张敲出来以后，他也不说，自己离得远远的。小李年轻，他来敲顶板，由于刚参加工作，没有经验，他敲不出来，认为很合格，很安全，就站在下面休息或者在下面工作。结果一震动，顶板发生冒落，伤害事故就要发生，这就是不进行信息交流的后果。如果现场进行了安全信息交流，老张敲出来以后，用粉笔画一个圆圈写一个危险的危字或做一个记号，然后给大家说了，大家注意这是个危顶，顶板发生了离层，刚才敲了敲声音不对，就要打临时支护，不要在这儿逗留。即使上面的顶板再冒落下来也不会发生伤害事故。

  "手指口述"工作法就是现场安全信息交流方法中的一个很好的方法。在现场安全信息的交流过程中，要正确地处理员工的不安全行为。有个典型例子：爬梯子。梯子的高度超过2米高，叫高处作业，平时叫登高作业。爬梯子有一种方式，就是把梯子竖到某地点，手抓两帮，脚蹬着上去。在上面干完活后要下去，下去有两种行为，即一个趴着下，一个翻过来背着下。通过定性分析这两种方式，当然趴着下去的安全系数高。为什么有的员工明明知道趴着下去安全系数高，却非得背着下去呢？这是因为这样的员工，他看惯了，听惯了，说惯了，做惯了，让他改，改不过来。他也知道这样做安全系数小一些，但是他不去改，这就是大家经常讲的习惯性违章。在现场管理人员要经常纠正工人的习惯性违章，一些习惯性违章100次不发生事故，可能第101次就发生事故。

  8. T——Take the time to do right

  对上述安全培训、安全信息的交流，"手指口述"工作法怎样才能做到位呢？那就是t对应的短语——take the time to do right，即从容不迫地把工作做好，在安全方面扩展为安全工作、安全为天。

  9. You

  执行"手指口述"工作法并不是矿长自己搞，而是由区队和班组这2个基层来实施的。注意，千万不要随便在地面的行政科室来实施，当然地面有的科室，比如说洗煤厂、搞机械维修、加工的可以操作。对井下特殊工种就要进行全员的操作。所以，国外的安全safety最后一个字母"y"就是you——你们、群体，即全员安全。

  以上就是国外"安全"英文单词的6个英文字母对应8个单词1个短语，这9个步骤是国外抓安全的程序，我们可以借鉴。国外抓好安全与中国还有两个不同步骤，那就是安全监理和安全审计，我们现在还没有这两个步骤。

二、推行"手指口述"工作法

"手指口述"工作法可以小组共同进行，也可以一个人单独做。"自己的身体自己保护"——"自主安全"是它的出发点，不能因为一个人的失误给他人或集体等带来损害。

1. 推行"手指口述"工作法的理由

（1）防止由人类特点造成的错误。

实施"手指口述"工作法产生的效果：

①把握目前的局面；

②成为思考判断的机会；

③成为使其决定行动的机会。

（2）防止无意识的行动（据说90%的人类行为是无意识行动）刺激大脑皮质。

（3）"让意识转一圈"，防止所谓的大脑一片空白症。

（4）通过说出声或看着情况用手指出来，能有效防止错误行为。

（5）说出声可直接刺激右脑，强化记忆再现。

2. 小组进行"手指口述"工作法的要点

（1）环境方面的强化。

①小组内形成不默认不实施"手指口述"工作法、不放过"手指口述"工作法机会的工作氛围和团体规范（解决问题的工作场所会议）。

②各级领导率先实行"手指口述"工作法，采取始终如一的安全态度。

③在不进行"手指口述"工作法的情况下，领导要有严格而强有力的指导能力或者强制力。

④工作场所要有组长指导，采取做给他看或者让他做做看的方式进行指导，并适当予以表扬。

⑤在工作小组全员参加的会议上决定每个工作场所需要重点实施"手指口述"工作法的对象、项目、实施场所、指定时间、工作现场的告示内容等，达成共同的目标。

⑥早会、晚会、安全会议、安全检查时反复进行"手指口述"工作法的演练，轮流担当带领大家演练的人。

⑦每次进行"手指口述"工作法时都要评价反省、改进和修正。

⑧实施"手指口述"工作法要检查巡逻，轮流担任检查巡逻员。

⑨与作业程序有关。

⑩在每个工作场所，按小组以"彻底进行手指口述"为课目，反复进行解决问题的讨论。考虑建立检查系统。

⑪尽量强化通过互相参观模范工作单位、参观其他企业所带来的刺激、感想。

⑫尽量使各单位、班组间相互促进，形成你追我赶的局面。

⑬举办演讲会等形式激励表彰表现好的职工。

（2）个人方面的强化。

①尽量加强对自己的性格、行动方式的自我理解，并注意促使他人理解。

②作为强化对自己的认识、动机的方法，着手制订"一生自主保安设想"。

③认识到要确保自己的生活方式、家庭幸福，只有利用自己的自保职责自我努力。

④对"手指口述"工作法的项目、实施场所，设定自我目标并进行自我评价。

⑤不管对什么东西先试着进行一下"手指口述"工作法，以积累自信与成功的体验。

⑥积极接受小组组长、"手指口述"工作法演练组长、"手指口述"工作法巡逻员等工作，挑战自我，激发自己的潜力。

⑦与队友结成对子，以出于相互间的责任而能够相互留意。

⑧请同事、上司检查自己"手指口述"工作法的实施情况，接受别人的建议。

⑨在家庭中做实施与手指口述并用的模范主角。

⑩参观模范单位，向模范人物学习。

⑪抑制自己冲动性的行为、情绪，锻炼自己"忍耐一分钟"的修养。

⑫坚持努力不放松，掌握"手指口述"工作法并养成习惯。

3. 将"手指口述"工作法坚持下来的要点

①上级要明确表示"彻底实施全体人员参加'手指口述'工作法"的意志与热情，贯彻到基层组织。

②对全体人员反复进行教育，使其充分理解"手指口述"工作法的必要性与有效性。

③上级、管理监督者、小组组长一直坚持率先实行"手指口述"工作法。

④管理监督者尽最大努力对小组组长进行指导。

⑤仔细研究每个工作场所"手指口述"工作法实施的重点对象、项目，选好后加以实施。

⑥每天进行"短时间自问自答"，在讨论时评价实施结果。

⑦在"手指口述"工作法领导小组指导下定期召开会议进行总结。

⑧力争通过相互留意监督活动，改变一些习以为常的不良安全习惯。

⑨开展"全家安全运动"，促进家庭中安全手指口述活动。

4. 推行"手指口述"工作法首先加强实施人员的安全意识，端正实施人员的安全态度

（1）推行"手指口述"工作法首先要加强实施人员的安全意识。

"手指口述"工作法的实施主要是领导和管理人员的意识问题。如现在的乘车意识，现在某人到某地方去首先想的是开自己的私家车或打出租车，从前到某个大城市后首先想的是挤几路公交车，所以说乘车意识决定了人们的乘车行为。那么，"手指口述"工作法是员工的行为管理方法，要想让员工去做好就得让他们具有一个良好的意识。因为"手指口述"工作法起作用的首先是安全意识，它能否创新，能否发展下去，工人是否认可，关键就在于实施人员的安全意识，其实施人员包括领导、管理人员和操作人员。所谓安全意识是指在煤矿安全生产过程中对可能伤害自己或他人的客观事物的警觉和戒备的心理状态。它是安全管理重要性在安全管理人员头脑中的反映，表现了安全管理人员对煤矿安全生产管理的一种主观能动状况。由于煤矿生产条件的特殊和不安全因素众多，稍不留意就有可能导致事故的发生，更甚者导致事故的扩大。只有具有了强烈的安全意识，才能使各项制度得到落实，才能真正达到安全生产的目的。安全意识是良好安全行为的前提条件，安全意识的强弱，对矿井安全有直接的影响。

（2）端正全体职工的安全态度是煤矿企业重中之重的任务，推行"手指口述"工作法就要端正实施人员的安全态度。

态度是影响领导与员工的重要因素之一。安全态度就是在煤矿安全生产中，员工对安全所持的态度，它具有一般社会态度所具有的内涵，但其特定的对象是煤矿生产中的安全问题。安全态度对安全行为具有指导性和动力性的影响，它支配着员工在煤矿生产活动中对待安全问题作出何种反应及如何作出反应，它是建立在对煤矿安全生产的认知基础上的，一旦形成后又会进一步指导人们更深刻地认识和评价安全工作，并努力做好安全工作。

影响安全态度的因素很多，有安全管理人员需求及其满足程度、价值观念、安全意识、安全知识、工作经验、技术水平、群体行为、管理能力等。不同的安全态度决定着员工的安全行为和工作方式。持积极安全态度的员工在煤矿安全生产工作中，深感安全工作的重要，工作认真负责，一丝不苟，严格按规范和程序进行，严格遵守各项规程和安全工作制度，在实现安全生产目标的活动中，努力干好本职工作。持消极安全态度的员工对安全工作持无所谓的态度，为了完成生产任务，可不顾规程的规定，冒险蛮干，违章指挥。

促使安全管理人员形成正确的安全态度的途径和方法主要有：①协助改变法——加强安全管理人员的安全技术培训。②接触改变法——引导安全管理人员积极参加煤矿安全活动。③沟通改变法——安全宣传和信息反馈。④影响改变法——群体的影响和领导的影响力。⑤自我改变法。经过长期的培训、强化来帮助实施人员树立正确的安全态度。

5. 推行"手指口述"工作法煤矿安全管理人员要树立科学的大安全观

（1）树立大安全观是社会发展的需要。大安全观是一个整体，包括国家安全、军事安全、信息安全、经济安全、政治安全、社会安全、环境安全、能源安全、文化安全、产业安全、生态安全、人身安全、财产安全等。科学的大安全观就是将政治、经济、社会、文化、资源和生态等要素纳入生产、生活、生存领域，形成三大领域的安全，从而提高全民的安全意识。

（2）树立科学的大安全观具有一定的时代背景。①当前的战争——中国需要大安全观。②中国目前的安全形势依然严峻，灾害和事故时有发生。③当前，公众的安全观发生了变化，公众更注重休闲保健活动的安全。④科学技术得到了迅猛发展，安全科技已经成为控制事故的根本对策和有效手段。⑤"安全第一"的观念深入人心。⑥安全、卫生、舒适已经成为独生子女选择职业的苛刻条件，独生子女的愿望对客观上的劳动条件和安全环境提出了更高的要求。⑦高科技产品给家庭带来了风险。⑧安全科普知识缺乏综合减灾的观点逐步形成。⑨加入 WTO，与国际接轨后对中国提出了更高的要求。⑩党和国家领导人对大安全观非常重视。

（3）树立科学的大安全观要坚信安全也是生产力，要树立"人人要安全、安全为人人"的全民安全意识和"安全发展"的理念以及全民安全文化素质的教育观和综合减灾、综合预警救援体系观，还要坚持科教减灾、科技兴安的科学观，建立健全安全信息观。

（4）现代煤矿安全管理人员应如何树立科学的大安全观？

①树立大安全观要求现代煤矿安全管理人员必须具备一定素质。

——保障人们的生命权、生存权是现代煤矿安全管理人员的天职；

——安全与健康是一个企业人力资源开发的前提条件；

——确保安全是经济持续健康发展的需要；

——确保安全是降低投资风险的需要；

——确保安全是市场经济条件下企业的主要职能。

②树立大安全观是现代煤矿安全管理人员的必然选择。

——始终把"安全第一,预防为主,综合治理"的方针放到工作首位,坚信安全也是生产力和安全第一公理;

——实行整体规划、综合治理、确保安全;

——积极推行职业安全健康管理体系模式;

——实施现代安全管理 5S/6S/7S/8S/9S/10S/方法,实现本质安全,创建本质安全型矿井;

——进行安全评价,制定事故预案,坚决查处和进行隐患整改,建设和繁荣企业安全文化。

6. 认真组织学习推广"手指口述"工作法

各单位要首先在做好学习和宣传教育的基础上,根据各单位、各专业特点编制"采、掘、机、运、通"等标准,各单位还要利用班前会、安全活动日认真组织员工学习"手指口述"工作法的相关资料,提高广大干部员工对推行"手指口述"工作法重要性的认识和学习积极性,不断强化员工的安全生产意识、增强自主保安能力,提高全矿区队班组现场施工安全质量,避免各类事故的发生。

7. 推行"手指口述"工作法要认真做好五个结合

在认真搞好案例教育、每日一题、每周一案学习的同时,还要合理规划、统筹安排,把各工种"手指口述"工作法熟练化作为全员岗位大练兵活动的首要任务,并以"五个结合"不断巩固"手指口述"工作法。

一是集中学习与分散学习相结合,充分利用班前会的时间,把职工集中起来,由区队长、书记及技术人员带领职工认真学习各工种"手指口述"工作法的内容;在每周安全活动日、班前会上采取现场提问、现场教育、现场考核的学习方法,将职工的学习积极性和主动性充分调动起来,同时,各学习小组在工作之余一起认真讨论、相互学习,确保学习做到长流水,不断线。

二是地面学习与井下现场教学相结合,要把每日班前会学习的各工种"手指口述"工作法内容,结合井下施工现场实际情况,由区队跟班人员和班组长讲述各工种在工作中的关键工序、安全要点、"手指口述"工作法,并指派专人进行记录,以提高职工在工作中的应变能力,确保施工质量及施工安全。

三是教、学、练相结合,为了提高职工的实际操作能力,增强职工对各工种的说、练程度,要采取边学边练现场"手把手"教学的方法。职工在工作中的关键工序、安全注意事项等,由班长按照"手指口述"工作法要求随时给予提示,以实现以学带练、以练助学的目的。

四是把"手指口述"工作法与学习各种施工措施相结合,为了避免"手指口述"工作法学习流于形式,各单位要把"手指口述"工作法内容与各岗位的措施要求相结合,找出相同点和不同点,进行集体讨论,达到融会贯通,确保"手指口述"工作法与学习各种施工措施同步进行。

五是把"手指口述"工作法与精细化管理学习相结合。把"手指口述"工作法与精细化管理进行有机结合,要求职工把自己岗位"手指口述"工作法内容进行细化分解,结合精细化管理要求进行系统学习，以提高职工的安全意识、质量意识和节约意识。通过"手指口述"工作法活动的扎实开展，促进职工的责任意识、安全意识、岗位意识明显增强，主观能动性普遍性提升，实现安全生产。

全面推行"手指口述"工作法，是许多煤矿现场强化职工安全意识的有效方法，对保证职工岗位行为规范即时现场落实，通过人—物、人—环境的协调对接，提高矿井本质安全程度，增强现场工作安全系数都具有重要作用。推行"手指口述"工作法是促进矿井质量标准化建设，改善安全工作的现状以及实现今年预定各项经济技术目标，打造充满活力的和谐企业，强化安全支撑点，抓好过程控制，强化现场动态达标的必然要求。因此，煤矿各单位广大干部职工要充分认识推行"手指口述"工作法的重要性和必要性，坚决克服畏难情绪和等待观望思想，以积极的姿态，采取切实有效的措施，多方面学习其他矿井先进经验，确保"手指口述"工作法迅速、扎实地向前推进并取得实实在在的效果。

8. 推行"手指口述"工作法的步骤

推行"手指口述"工作法，首先要认真学习"手指口述"工作法的基本知识。通过学习，使推行"手指口述"工作法建立在比较丰富扎实的理论知识基础上。特别是基层管理人员、负责设计"手指口述"工作法操作规范的人员、推行"手指口述"工作法的骨干，一定要先学一步，多学一些，学深一些。没有广泛深入的学习，盲目地设计和实施"手指口述"工作法，很容易导致一轰而起后又一轰而散的情况。

在学习"手指口述"工作法基本知识的基础上，还要结合自己岗位的操作实际，具体深入地认识了解：自己这样的工种岗位为什么必须要推行"手指口述"工作法？"手指口述"工作法有哪些类型？自己的工种岗位应该在哪些操作环节中应用"手指口述"工作法？应该怎样进行"手指口述"工作法的设计？哪些是没必要的、做不到的或者坚持不下去的？什么样的"手指口述"工作法是有用有效、必不可少的？这样一步一步地稳步推行，再加上在试点实验、实践中不断地改进和完善，"手指口述"工作法才能够成为岗位操作者的自觉行为。

（1）广泛深入地学习讨论，形成"手指口述"工作法的自觉性。学习讨论要按照三个步骤展开：

①让各级管理人员和从事岗位操作的职工深刻认识到：为什么要推行"手指口述"工作法？推行"手指口述"工作法对保证安全有什么必不可少的重要作用？推行"手指口述"工作法对保证工作质量有什么必不可少的重要作用？

②每个人都仔细想一想、讲一讲，大家都来讨论：自己所在的岗位有没有可能发生人身安全、设备安全、工作质量方面的事故和问题？如果有发生事故的可能，或者过去就发生过事故，那么事故是怎么发生的？自己或别人发生事故时，自己在作业过程中，存在不存在作业者注意力不集中的问题？存不存在心不在焉、顾此失彼、丢三落四的问题？存不存在情绪波动或身体不适影响操作的问题？

③如果存在以上问题，用哪些办法解决比较符合实际、比较有效？推行"手指口述"工作法，对解决这些问题有没有作用？

通过大量的讲解、学习、反思、讨论，让每个需要进行"手指口述"工作法的职工都在自觉自愿的基础上，主动地去开展"手指口述"工作法；让每个需要进行"手指口述"工作法的职工，都发自内心地认识"手指口述"工作法，主动热情地研究分析自己的岗位作业，在哪些操作环节、哪些关键时间需要进行"手指口述"工作法，怎样进行"手指口述"工作法更有效、更实际。以此调动班组员工的参与热情，真正做到由不理解到理解、由强制执行到自觉执行。

（2）推行"手指口述"工作法之前，要认真进行岗位作业的实际调查分析，其内容包括：

①本岗位曾经发生过哪些人身事故、设备事故和质量事故。事故发生时，操作者的失误是什么？失误的原因是什么？

②请有实际操作经验的现场管理人员和岗位作业工人，仔细讨论本岗位在哪些操作环节、哪些关键时间需要进行"手指口述"工作法。

③分析本岗位现有操作人员的现实业务技术状况，作业行为习惯的主要优势和问题点有哪些。在本岗位推行"手指口述"工作法时，来自岗位操作者的阻力和障碍有哪些。

④分析本岗位的作业环境条件、设备设施状况。在本岗位推行"手指口述"工作法时，来自作业环境条件、设备设施状况的阻力和障碍有哪些。

⑤分析本岗位劳动作业时的基本动作要领要点，岗位操作的动作与"手指口述"工作法如何配合，才能有效促进和保证作业的顺畅和谐。

在上述调查分析的基础上，具体分析研究怎样进行"手指口述"工作法更有效、更实际、易接受、可操作、能执行。

（3）认真进行岗位"手指口述"工作法方案的设计。

岗位"手指口述"工作法方案的设计，要充分发挥现场管理人员和岗位作业工人的积极性、主动性和创造性，尽量由他们来完成设计。岗位"手指口述"工作法方案的设计，要注意以下基本原则和要点：

①有效性、实用性。绝对不允许把"手指口述"工作法搞成一种徒劳无益的花架子而劳民伤财，绝对不允许把"手指口述"工作法搞成一种装潢门面、应付上级的形式主义。

②易接受、可操作、能执行。要充分兼顾本岗位现有操作人员的现实业务技术状况和作业行为习惯，充分兼顾本岗位现有的作业环境条件、设备设施状况。充分兼顾本岗位劳动作业时的基本动作要求。

③准确、简练、具体、生动。手指口述的动作和语言设计要准确到位、简练明快、具体实在、生动鲜活。

岗位"手指口述"工作法的方案，经过一段时间的实践检验后，要广泛征求意见，予以修改完善。

（4）精心组织，认真推行"手指口述"工作法。

①建立严格的推行"手指口述"工作法的领导责任制和督导机制。

②对员工进行强化培训，让员工熟记"手指口述"工作法的要诀。以闭卷考试的形式，检查培训效果。

③在基层培养"手指口述"工作法的骨干，选塑各类岗位的"手指口述"工作法标杆操作工，进行现场岗位的"手指口述"工作法示范操作。

④把"手指口述"工作法的推行，作为岗位作业标准化的一项内容，严格要求，先从强制推行起步，逐步进行行为养成训练，最终成为职工自己执行的行为习惯。

⑤加强对基层队组的指导督促，帮助队组解决推行"手指口述"工作法过程中的困难和问题。

⑥深入研究分析"手指口述"工作法的具体细节问题、作用效果问题。对于实践检验证明确实有效的，要坚持实施；对于在作业岗位实践中发现有问题缺憾的，要及时修改完善；对于不切合实际、没有实际效果的，要坚决取消。

⑦要充分调动发挥广大职工进行"手指口述"工作法的主动性、积极性和创造性。员工个人的自觉主动，是推行"手指口述"工作法成功与否的关键。在现场作业过程中实施"手指口述"工作法的是职工个人在单独进行。即使是团队式的集体手指口述，如果个人对此不以为然，完全是出于应付而敷衍了事，那样的手指口述肯定是走过场。

第四章 "手指口述"工作法推行的意义

"手指口述"工作法是身心规律的体现,推行"手指口述"工作法是建设职业道德好、业务技术精、执行能力强的高素质职工队伍的重要途径。

一、"手指口述"工作法是适合煤矿特点的安全管理方法

"手指口述"工作法就是在工作中,以预防职工现场发生安全事故为目的,运用心想、眼看、手指、口述等一系列行为,对工作过程中的每一道工序进行确认,使"人"的注意力和"物"的可靠性达到高度统一,从而达到避免违章、消除隐患、杜绝事故的目的。"手指口述"工作法对于预防安全隐患、强化安全基础管理,无疑是一剂良药。

1. 推行"手指口述"工作法是矿井安全形势的需要

据统计,自2006年以来,党和国家出台的与煤矿安全生产相关的政策、政令达90余部,充分反映了对安全生产工作的高度重视。近几年来,煤矿行业连续发生多起恶性事故,迫使各级政府及安全生产管理人员对安全管理的研究与实践不断升级。"手指口述"工作法做为一种全新的安全管理模式,其优越性已得到了多数煤炭企业的一致认可。目前,该工作法已在煤炭行业及非煤行业广泛推行,许多行业对该工作法的研究已达到相当高的层次。推行此工作法,是顺应潮流的需要,是安全生产的需要,也是实现长治久安和健康稳定发展的需要。

2. 推行"手指口述"工作法是事故教训的启示

目前现场的"三违"现象仍居高不下,安全生产的压力非常大。经过认真反思以往发生的事故,绝大多数事故的发生不是因为设备不先进,也不是因为无章可循,而是由于职工的不规范行为所造成的。实践证明,通过事前安全确认,许多安全事故都是可以避免的。"手指口述"工作法能够帮助员工养成科学严谨的工作态度和一丝不苟的工作作风。长期坚持下去,规范的操作行为就能变成职工的良好习惯,良好习惯就能成为保障安全的坚强屏障,就能够最大限度地消除隐患、"三违"行为和事故。这样不仅可以避免悲剧发生,而且可以减少批评、罚款、处分,消除各类不和谐现象,实现矿井的平安和谐发展。

3. 推行"手指口述"工作法是身心规律的体现

从行为学的角度来看,人既是生产力的决定性因素,又是具有多种缺陷的个体,伴随与生俱来的惰性,工作过程中注意力容易分散和产生错觉,习惯走"捷径"。当职工的错误行为与设备、设施或环境的危险状态相重合时,就容易导致事故的发生。通过实施"手指口述"工作法,有助于防止人的误判断和误操作,有利于提高操作人员的注意力和思维连续性,最大限度地克服松懈麻痹思想,减少偷懒行为。

4. 推行"手指口述"工作法,是锻造一支高素质职工队伍的需要

锻造一支高素质职工队伍,是实现矿井可持续发展的需要。近年来,持续抓精细化管理,强化职工教育培训,实施职工技能素质提升计划,虽然取得了初步成效,但是"生命

至上，安全第一"、"制度至上、精准执行"的理念，还没有真正深入人心，规章制度执行不严、操作行为不规范等现象仍然存在。实施"手指口述"工作法，可以振奋职工精神、集中职工注意力、提高职工安全意识、规范职工安全行为、增强职工自保互保能力，是建设一支职业道德好、业务技术精、执行能力强的高素质职工队伍的重要途径。

二、强化措施，逐步推行"手指口述"工作法

"手指口述"工作法作为一种安全管理的新方法，在推行过程中不可能一帆风顺。尤其是大多煤炭企业目前还处在发展阶段，不少职工受传统观念和思维定势的影响，抵触情绪比较强烈。有的职工认为是哗众取宠，搞形式主义，一段时间之后就会偃旗息鼓；更多的职工受多年习惯的束缚，不好意思张口说，不好意思动手做；也有一些职工对新的规范标准消极应付。即使有些职工认可、支持，也还需要一个学习适应的过程。

面对种种阻力和困难，各级管理人员不能有丝毫动摇，必须端正思想认识及工作态度，要以为矿负责、为本单位负责、为员工负责的态度来对待这项工作。"手指口述"工作法的推进是各级各部门的"一把手"工程，主要领导必须亲自抓，要坚持"广泛调研、深入思考、尊重职工、紧扣现场、系统推进"的方针，运用学习型组织创建的工具进行系统地分析与思考，坚定信心，主动工作，做出成绩。为了推行好这个新方法，要求采取以下措施。

1. 营造氛围，统一思想

首先从提高干部职工思想认识入手，层层召开会议，进行全面发动。利用多种媒体大力宣传：什么是"手指口述"工作法，为什么要推行这个办法，以及试点单位的做法和效果；通过座谈、演讲、调研、交流等多种形式，向全矿干部职工讲清目的意义。针对推行过程中部分干部职工存在的模糊认识，以区队为单位开展"推行'手指口述'工作法为了谁"大讨论，组织单位负责人现场命题写体会，在广播、电视、电子显示屏等媒体上开辟专栏，形成全方位、立体式、多层次的宣传格局。

2. 规范标准，狠抓培训

矿指导小组及各单位要多次召开专门会议，反复讨论，完善执行标准。在制定标准过程中，一定要突出"尊重职工，紧扣现场"的原则，反复与职工讨论，一定要考虑到职工的接受能力，一定要与职工队伍的现状相结合，讨论结果要多次拿到现场印证，对矿发标准（讨论稿）进行不断整合修订，最终形成指导全矿的正式标准。在规范标准的基础上，狠抓学习培训。各单位要创新培训形式，利用班前十分钟、每日一题、模拟训练、示范教学、全员互动等形式，持之以恒地抓好职工应知应会培训，进一步规范干部职工安全确认的动作、语言和程序。

3. 突出重点，全面推广

按照"以点带面、逐步扩展"的工作思路，各单位在推进初期一定要分析本单位的专业特点，选择有代表性的2~3个工种首先搞起来，并要求实现突破。对确定的2~3个工种务必做深做透，起到典型和标杆的作用。在推进过程中，要培养重点班组、先模人物，实行激励机制，制定考核办法并抓好落实。要突出现场确认这个重点、难点和关键点。区队长必须带头定期组织检查操作人员安全知识掌握情况和安全确认行为规范等，分析原因，整理汇总，及时公示，使每名职工明确存在的问题，应当如何改进，以达到规范职工行为、自觉进行确认的要求。

第五章 "手指口述"工作法的作用

　　煤矿是高危行业，煤矿的生产作业特别是井下作业的危险性是很大的。从推行"手指口述"工作法开始，逐步进行作业行为标准化的养成训练，将有效改善作业行为的安全可靠性，并且能够由此提高作业质量，逐步实现作业行为的精细化。推行"手指口述"工作法，就是要把现场管理由粗放随意向精细严谨转变，核心是促进员工行为养成升级，培养员工以积极的心态主动预知生产过程中的危险，并能采取合理的方法进行规避。

　　"手指口述"工作法通过职工操作时的口随眼动、眼随心动、手随口动的指向性集中连动以达到安全操作的目的，从而保障施工安全。"手指口述"工作法就是在工作中，要求现场作业人员在操作过程中大声说出注意事项，对操作程序和安全规程做到边口述、边指、边操作，以此进一步进行安全操作确认，形成一个安全识别、确认和操作的闭环流程。并要求每一个岗位人员在实际工作中，对每一个操作行为都要确认，都要用手指出来，同时还要大声念出来，提高操作者的紧张意识和对外界的注意力，杜绝工人在工作一段时间后由于注意力下降、精力不集中而产生的马虎、松懈行为，避免错觉和判断失误行为的发生。在职工中普及推广"手指口述"操作法，能较好地规范广大职工的安全操作行为，强化安全意识，端正安全态度，明确安全目标，落实安全措施，提高学习效果，精通安全知识，确保现场安全信息的交流，提高安全保障能力。

　　"手指口述"工作法的作用是由手指口述的具体状况发挥出来的，换句话说，针对具体的作业现场的实际情况和作业者的具体情况，"手指口述"工作法发挥具体的作用。概括起来，"手指口述"工作法的必要性和重要性有以下几点：

　　第一，集中操作者的注意力，促使操作者持久地保持高度的或相对高的注意力。工人在生产劳动过程中，日复一日地从事艰苦且单调枯燥的作业，缺乏挑战性的刺激和新奇引发的兴趣。每一个操作者都经常会产生心理的麻痹，会不由自主地分散注意力。"手指口述"工作法是通过手指来引导眼看心想、通过口述来引导耳听心想、通过心（脑）、眼、耳、口、手的指向性集中联动而不断刺激操作者的大脑皮层，强制操作者集中注意力。

　　第二，增强操作者的定力和稳定性，使操作者强制自己排除各种干扰。人在作业时，有各种各样的干扰因素，包括：生理不适和疲惫劳累造成的体能下降的干扰，心里烦躁和情绪波动造成的心态失控的干扰，对其他人和事的好奇心引发的注意力分散，由噪声、风、潮湿、阴暗等环境因素导致的身心不适，自己的家庭的各种经济问题而产生的精神压力和由欲望激发的分心走神，由贪求安逸或侥幸麻痹驱使的随意放任和明知故犯的违章等。人的定力，是需要长期培养才能形成的一种品质、素质。定力是一种意念意志控制下的持续性、耐久性、稳定性、坚定性。"手指口述"工作法保证了操作的定力，同时也在培养自己的定力品质素质。

　　第三，快速启动作业，使操作者迅速进入作业状态，并把注意力稳定在作业状态。人们经常会看到这样一种情况：已经到了开工作业的时间了，作业者还慢慢腾腾，迟迟进不了状态。操作开始时，作业者往往心不在焉、心有旁骛。通过"手指口述"工作法，让操作者以最快的速度把自己的眼耳心身全部集中到操作上来。这既是对安全的有效保证，又是提高工作效率所必需的。

第四，强化对操作程序的记忆再现，增强作业的系统性、条理性和完整性。通过"手指口述"工作法，让操作者系统检查作业环境，逐一检点装备设施，认真稽核必备的材料工具，确定是否符合标准，是否具备确保安全作业、正规操作的条件。让意识转一圈，避免了很多意识和注意的空白、盲区和断层，防止作业开始后顾此失彼、丢三落四。

第五，实现记忆的清晰化，提高操作的精确度，达到作业关键点的明晰准确，减少误差偏差。很多错误、失误的发生，并不是大的方向错误，而往往是由于模糊不清，模棱两可，结果是失之毫厘、谬以千里。对于现场作业来说，绝对不可"求大同，存小异"，绝对不允许"大而化之、广而了之"。"难得糊涂"，是现场操作的大忌大讳。作业需要的是一丝不苟、精益求精，细节决定操作的安全、决定作业的质量。通过"手指口述"工作法，能够严谨地强制自己实现操作的精确准确。

第六，严密审慎地分析当前的作业状况，及时准确地作出思考判断，作出正确的选择。作业现场的情况是不断变化的。动态的环境条件、动态的人机系统，随时需要作业者作出正确的判断选择。从大量的煤矿事故原因分析看，恍惚、侥幸、烦躁、走神，是导致事故发生的最大根源。推行"手指口述"工作法，旨在以这种方法对员工大脑形成强烈刺激，避免岗位操作由于看错、听错、想错而导致误操作，以此达到规范行为、确保安全的目的。

第七，解决作业者对操作行为的自信和放心的问题。生产作业过程中的蛮干冒失是十分有害的，而对自己操作行为的疑虑怀疑、担心害怕，同样是有碍于作业安全和质量的。很多人都有彷徨犹豫的经历和体会。在危险或者责任压力的驱使下，作业者对时常从事的操作也会疑虑怀疑。比如，设备仪表上有很多按键，这一步操作应该按下哪一个？在精神紧张时，会怀疑自己的选择是否正确。其实，不少人都有强迫症的表现，如果再加上作业环境的孤独恐惧，由惶恐害怕引发的作业失常就会影响安全。运用"手指口述"工作法，经过脑眼耳口手的联合确认以后的操作，就能够使作业者彻底解除担忧，从而放心大胆地操作。

第八，对关键性操作或问题错误多发点的提醒。有一些操作，即使出现失误也不会造成事故、影响质量，只是多费点力气就可以纠正错误。而有的操作则属于关键性操作，一次误操作就会引起灾难性的后果。还有的操作，属于很容易出错的问题错误多发性操作。如果是说对前者的疏忽可以宽容的话，对后两种情况则是绝对不可掉以轻心的。"手指口述"工作法对关键性操作或问题错误多发性的操作给予事前的有效提醒和警示，以至在作业过程中逐一步骤地随时予以手指口述监督控制，可以非常有效地避免事故的发生。

"手指口述"工作法的作用，是在许多从事生产劳动的岗位作业者的操作实践中反复证明的。"手指口述"工作法的必要性和重要性，将在岗位安全生产的实际成效中不断显现出来。当然，如同任何操作法都不可能成为安全生产的充分条件一样，"手指口述"工作法也不是包医百病的灵丹妙药，不能认为搞了"手指口述"工作法就稳操胜券、万事大吉了。而是要把"手指口述"工作法的推行作为岗位操作精细化的起步环节，全方位全过程地实现岗位作业标准化精细化，千方百计确保安全生产，提高作业质量。

第二部分 煤矿"手指口述"工作法与形象化工艺流程

第一章 综采队"手指口述"工作法与形象化工艺流程

第一节 采煤机司机

一、上岗条件

采煤机司机必须熟悉采煤机的性能及构造原理。达到四会标准：会使用、会保养、会检查、会排除一般故障，经三级培训中心培训考试合格，取得操作资格证后，方可持证上岗。

二、操作顺序

采煤机的操作顺序：检查巡视→启动运输机→供水→采煤机送电→启动电动机→破煤→停机→采煤机停电→停水。

三、操作方法

(1) 首先对采煤机进行运行前检查：先检查采煤机是否在切断电源状态，再检查连接螺栓、截齿是否齐全、紧固，各操作把手是否灵活可靠，各部件油量是否符合规定，各种密封是否完好、不滴漏，各防护装置是否齐全、有效。

(2) 检查拖移装置的夹板及电缆、水路是否完好无损、不刮卡，挡煤板是否灵活可靠，冷却和喷雾装置是否齐全，水压、流量是否符合规定，滑靴、导轨等的磨损量是否超过规定。

(3) 解除工作面运输机的闭锁，发出开动运输机的信号。

(4) 打开进水截止阀门供水并开启喷雾，调节好供水流量。

(5) 等待运输机空运转 2 min 并正常后，按启动按钮启动电动机。电动机空转正常后，停止电动机。

(6) 发出启动信号，按启动按钮，启动采煤机，并检查滚筒旋转方向及滚筒调高动作情况，把截割滚筒调到适当位置。

(7) 采煤机空转 2~3 min 并正常后，打开牵引闭锁，发出采煤机开动信号，然后缓慢加速牵引，开始割煤作业；调整适当的牵引速度，操作采煤机正常运行。

(8) 割煤时要经常观察顶底板、煤层、煤质变化和运输机载荷的情况，随时调整牵引速度与截割高度。

(9) 割煤时随时注意行走机构运行情况，采煤机前方有无人员和障碍物，有无大块煤、矸石或其他物件从采煤机下通过。若发现有异常时，应立即停止牵引和切割，并闭锁工作面运输机，进行处理。

(10) 有以下情况，要采用紧急停机方法及时停机进行处理：

①顶底板、煤壁有冒顶、片帮或透水预兆时；

②割煤过程中发生堵转时；

③采煤机内部发生异常震动、声响和异味，或零部件损坏时；

④采煤机上方、运输机上发生大块煤、矸、杂物或支护料时；

⑤工作面运输机停止运转，影响采煤机通过时；

⑥停止按钮失灵时；

⑦采煤机机组掉道或拖移电缆被卡住时。

(11) 正常停机的操作顺序：

①使用遥控器将牵引速度放慢并反向牵引直至停止牵引采煤机。

②把滚筒放到底板上，待滚筒内的煤炭排净后，用停止按钮停止电动机。

③关闭进水截止阀。

④关闭进水总截止阀，断开磁力启动器的隔离开关。切断电源。

⑤正常停机时，不得采用紧急停机方法停机。

(12) 停机操作结束后，清扫机器各部浮煤，待工作面运输机的煤拉完后，发出停止运输机的信号。

(13) 向接班司机详细交待本班采煤机运行状况：出现的故障、处理的方法、存在的问题。

四、采煤机司机手指口述

(1) 操作前检查内容：采煤机前后有无人员、喷雾、截齿情况。手指口述：

①内外喷雾、冷却水、水压、水量达到要求，确认完毕。

②滚筒截齿、齿座齐全完好，确认完毕。

③滚筒前后 5 m 范围内无人员，确认完毕。

④经试运转监听无异常声音，可以开机，确认完毕。

(2) 操作过程中检查内容：采煤机前后有无人员、过中间巷及两端头、煤机运行情况。

手指口述：

①采煤机滚筒前后 5 m 范围内无人员，确认完毕。

②中间巷（端头）已拉绳、挂牌、专人站岗，确认完毕。

(3) 停机后检查内容：顶板、滚筒截齿、齿座、滚筒缠绕物、拖移电缆卡子、采煤机有无负荷。手指口述：

①停机处顶板完整，无冒顶片帮危险，确认完毕。

②滚筒截齿、齿座齐全完好，确认完毕。

③滚筒无缠绕物，确认完毕。

(4) 采煤机司机离开煤机时的检查内容：离合器、隔离开关。手指口述：

①煤机离合器、隔离开关已打开，确认完毕。

② 电站煤机开关已停电，可以离开，确认完毕。

五、安全规定

（1）采煤机司机必须严格现场交接班，交接班时必须对采煤机滚筒截齿进行检查，保证滚筒截齿完好无坏刀、不缺齿、喷雾装置正常。

（2）启动采煤机前，采煤机司机必须巡视采煤机周围。确认顶板完好、无片帮危险，对人员无危险和机械转动范围内无障碍物后，方可接通电源；接通电源后，要先检查遥控器按钮是否灵敏可靠方可进行割煤。

（3）电动机、开关附近 20 m 内风流中瓦斯浓度达到 1.5% 时，必须停止运转，切断电源，撤出人员，进行处理。

（4）采煤机割煤时，必须开启喷雾装置喷雾降尘。无水或喷雾装置损坏时必须停机。

（5）采煤机截割时，采煤机司机必须在架间进行操作，以防片帮伤人。

（6）采煤机截割至工作面两端头时，必须放慢牵引速度。

（7）人员进入工作面前清理锚杆、杂物时，采煤机必须停电，并将运输机闭锁。

（8）采煤机因故暂停时，必须停止牵引电机；采煤机停止工作、司机离开采煤机或检修时，必须切断电源。

（9）拆卸、安装挡煤板和补换截齿时，必须将采煤机停电闭锁、运输机闭锁。

（10）采煤机循环作业完毕后，采煤机机身的浮煤、杂物必须清理干净，采煤机滚筒上缠绕的锚杆、钢带、金属网必须清理干净。

（11）采煤机前"收护帮板"工序距前滚筒最少为 4 架，最多不得超过 6 架（不含 6 个架）。严禁开机时超前收回和不打起护帮板。

（12）严禁不停电、护帮板不打起、顶板煤帮支护不好的情况下更换采煤机截齿，进入工作面前工作。

（13）采煤机截割时严禁不开支架喷雾和机组内外喷雾。

（14）严禁进行截割硬岩和带载运转，按完好标准维护保养采煤机。

（15）严禁用采煤机牵引、顶推、拖拉、起吊其他设备、物件。

六、自保互保

（1）开机前必须确认各部件完好，油位正常，遥控器各操作按钮灵敏可靠。

（2）采煤机运行过程中，一旦发生片帮，司机应立即向煤机机身后的架间进行躲避，并停止滚筒运转，确认安全后，方可继续开机。

（3）采煤机运行过程中若突然有煤、矸等杂物抛出，司机要立即向立柱后方躲避。

（4）采煤机运行时若出现遥控器失灵或支架不动作时，人员要立即闪开可能的受力方向，并通知另一司机停机，确认故障排出后，方可开机。

（5）煤机割煤时注意前梁和护帮，正副司机要密切配合随时关注对方状况，发现对方有信号发出时要立即停机查看，确认安全后方可继续开机。

（6）更换机刀时，一名司机停电站岗并打好运输机闭锁，另一名司机操作。

七、事故案例

(1) 事故经过：某矿采煤队煤机司机刘××，边盘电缆边开机，煤机上方溜壁的煤块拉到电缆盘下，导致电缆盘翘头，挤伤刘××头部。

(2) 违反规定：《采煤工作面作业规程》规定，采煤机在运行过程中，在机身上下高度范围内，司机身体除手以外不得超过工作面第一排支柱。

第二节 移 架 工

一、上岗条件

移架工必须熟悉工作面支架的结构性能、工作面作业规程对采高、支护方式的有关规定，经培训合格后方可上岗操作。

二、操作顺序

两端头定线→观察工作面顶板→拉移超前支架→跟机移架→推移运输机→检查支架初撑力。

三、操作方法

(1) 首先一人在溜头、一人在溜尾将机头、机尾处支架定线钢丝绳按工作面步距定线，定线时，钢丝绳涨紧合适，严禁张力过大。

(2) 定线后两人分别从两端头向工作面检查顶板情况，发现片帮深度达到移架步距的，必须进行移超前支架操作。

(3) 移架前，检查待移支架前后 5 m 范围内是否有人工作、行走，再检查支架操纵阀及各种管路连接是否完好，架前煤粉清扫是否干净，检查合格后方可进行拉移。

(4) 移架时，移架工侧身蹲在待移支架两立柱后方，面向面前，身体朝向进风侧，右手操作支架操纵阀，左手悬空，防止架间漏矸砸伤。

(5) 移架时，首先将支架护帮板收回，使护帮板离开煤帮处于垂直状态，架间喷雾开启，再进行降立柱操作，降柱行程在 200～500 mm 之间，升起起架油缸，抬起支架底座，操作移架手柄，左手靠在工作面支架线上，测量支架靠上风侧立柱与线的距离，当支架立柱与线距离小于 100 mm 时，停止移架操作，收回起架油缸，升起立柱，观察支架压力表，达到 24 MPa，停止立柱供液，升起护帮板，所有操作阀手柄恢复零位。

(6) 检查支架接顶情况，当支架前梁、顶梁有不接顶现象时，必须进行调整，使支架接顶严密，检查无问题后方可再拉移下一架。

四、操作要领

移架过程中要做到细、匀、净、快、够、正、平、紧、严。

细：认真检查管路、阀组和移架千斤顶是否处于正确位置，细心观察煤壁和顶板情况，煤壁有探头煤时要及时处理，底板松软时要预先铺设垫板或为实施其他措施作好准备，为支架的顺利前移创造条件；顶板破碎时，还必须为采取相应的护顶措施准备必要的材料。

匀：移架前要检查支架间距是否符合要求并保持均匀，否则移架时要调整架间距。

净：移架前必须将底上的浮煤、矸石清理干净，保证支架和工作面输送机顺利前移及支架底座接底。

快：移架要及时迅速做到少降快拉。

够：每次移架步距要达到规定要求。

正：支架要定向前移，不上下歪斜，不前倾后仰。

平：要使支架、顶梁与顶、底板接触平整，保证受力均匀。

紧：要使支架紧贴顶板，移架后必须达到初撑力。

严：架间空隙要挡严，侧护板要保持正常工作状态，防止顶板漏矸或采空区矸石窜入支架空间。

五、液压支架手指口述

（1）操作液压支架前的确认：有无冒顶片帮危险、支架状况、各立柱、千斤顶状况、液压管路、各阀组、各操作手、各U形销子、推移联接装置、邻架情况、有无障碍物、架间管线无刮卡现象。手指口述：

①支架前端、架间无冒顶、片帮危险，确认完毕。

②支架无歪斜、倒架、咬架，确认完毕。

③被移支架周围相邻3架无其他人员，确认完毕。

④架前无其他障碍物，确认完毕。

⑤架间管线无刮、卡现象，可以移架，确认完毕。

（2）移架后的检查内容：接顶情况、前插板、护帮板、能否通过采煤机、各操作手把、初撑力、后尾梁、步距。手指口述：

①支架前梁已接顶，确认完毕。

②前插板、护帮板已伸出，确认完毕。

③前梁与挡煤板之间的距离能通过采煤机，确认完毕。

④支架已升平、升紧达到初撑力，确认完毕。

⑤后尾梁已升起（放顶煤支架后插板已伸出），确认完毕。

六、安全规定

（1）采煤机割煤时，必须及时移架。当支架与采煤机之间的悬顶距离超过作业规程或发生冒顶、片帮时，应当要求停止采煤机。

（2）必须掌握好支架的合理高度：最大支撑高度不得大于支架的最大使用高度；最小支撑高度不得小于支架的最小使用高度。

（3）移架工序距采煤机后滚筒最少为3个架，最多不得超过6个架（不含6个架），并随时打开护帮板。

（4）备用的各种液压软管、阀组、液压缸、管接头等必须用专用堵头堵塞，更换时用乳化液清洗干净。

（5）检修主管路时，必须停止乳化液泵。
（6）移架工必须 2 人一组，首先观察顶板。
（7）移架前必须对支架管路及 U 型卡进行检查。
（8）移架工必须在支架顶梁以下、两根立柱以后操作。
（9）移架工必须进行调整操作。
（10）移架时必须一手操作把手、一手悬空。
（11）移架时必须查看周围无人后方可操作。
（12）移架前必须考虑漏矸、注意安全。
（13）移架前必须对坏管子进行更换。
（14）移动端头支架时必须通知上、下工作人员撤离到安全地点，方可移动支架。
（15）拆除和更换部件时，严禁将高压敞口对着人体。
（16）严禁在井下拆检立柱、千斤顶和阀组。整体更换时，应尽可能将缸体缩到最短；更换胶管和阀组液压件时，必须在无压状态下进行。
（17）严禁随意拆除和调整支架上的安全阀。
（18）严禁不开起支架喷雾移架和打不足初撑力。
（19）严禁不拉线移架和移完架后把手不回零位。
（20）严禁移架时手放在立柱和起架过梁上。
（21）严禁到面前工作和损坏支架。
（22）严禁不打起侧护板、不调正支架移架。
（23）严禁不起架、不更换坏管路、不收回油缸时移架。
（24）严禁顶溜槽时过渡段超过规定和操作完把手不归零位。

七、自保互保

（1）移架操作应面向煤壁，突然片帮时，立即撤到有掩护的地点躲避，确认安全后再继续操作。
（2）移架时，突然有管路破裂或有销子脱出时，立即向立柱后方或有掩护的地点撤离，并立即通知控制台停止乳化泵，处理完毕后再开泵。
（3）移架发生漏矸时，立即向支架下方撤离，防止被矸石砸伤。
（4）更换管路时，应将管路固定，并注意信号，若乳化泵突然开启，应立即撤到所更换管路长度以外的安全地点，并通知控制台停泵。
（5）操作时，确认操作把手灵敏可靠后，方可操作。
（6）移架前要对顶调油缸销子、防护链进行检查，确认牢固后方可操作。
（7）更换支架顶梁部位管路时，系好安全带，并关闭截止阀。

八、事故案例

（一）案例 1
（1）事故经过：2002 年 8 月 19 日早班，××矿综采队移架工翟××在 1302 工作面发现 32# 支架没有拉到位，于是本人面向采空区蹲坐在电缆槽上，左腿踩在支架前立柱位置的底座上，右手操作把手前移支架，这时采煤机的电机部在其蹲坐位置的后部，在移支架时，将翟××左腿大胯关节挤错位为轻伤。

（2）违反规定：《移架工操作规程》规定：移架前要首先检查支架的完好情况，并清理架间、架前的浮煤杂物，在确认支架周围无人后，方可站在架间操作。

（二）案例2

（1）事故经过：2002年5月15日早班，××煤矿综采队职工工崔××在1312工作面面对轨道顺槽方向，左脚踩在齿销轨上，右脚踩在电缆槽上，前移43#支架。支架到位后，升起前后立柱，护帮板还未来得及打起时，面前煤壁突然片帮。崔××左小腿被一块长约2米、高约1.5米的大煤块砸中，致使左小腿粉碎性骨折。

（2）有关安全规定：《煤矿安全技术操作规程》液压支架操作部分第10条规定：操作支架时，必须站在安全地点，面向煤壁操作，严禁脚蹬液压支架底座前端操作，严禁坐到电缆槽上操作。

（三）案例3

2004年7月12日夜班，某矿综采队两职工在4306工作面因支架歪斜调整52#支架时，用单体液压支柱起架，周某负责操作准备升架，张某因怕支柱歪斜就用左手扶着柱子，右手扶在52#支架的侧护板上，周某在看到支柱用力后就操作侧护板，因没提前和张某协调好，将其右手挤伤。

（四）案例4

2007年10月22日早班，某矿移架工历某在拉移支架时，立柱的一条供液管路缺U型卡子，历某没有仔细检查管路的连接情况就拉架，致使管路甩出将历某大腿抽伤。

第三节 运输机司机

一、上岗条件

运输机司机必须熟悉运输机的性能及构造原理。达到四会标准，会使用、会保养、会检查、会排除一般故障，经三级培训中心培训考试合格，取得操作资格证后，方可持证上岗。

二、操作顺序

运输机的操作顺序：检查→发出信号试运转→检修处理问题→正式启动→运转→结束停机。

三、操作方法

（1）检查机头、机尾处的顶板是否完好、支护是否完整，附近5 m内有无杂物、浮煤和矸石，电器设备处有无淋水，有淋水是否已妥善遮盖。

（2）检查本部运输机与相接的运输机、转载机、带式输送机搭接是否符合规定。

（3）检查各部件是否螺栓紧固、联轴器间隙是否合格、防护装置是否齐全无损；各部件轴承及减速器和液力耦合器的油量是否符合规定、有无漏油现象。

（4）检查防爆电器设备是否完好，电缆是否悬挂整齐，信号装置是否灵敏可靠。

（5）检修完毕后，发出开机信号，确认人员离开机械运转部件后，再点动两次，起动试运转，检查刮板、刮板链松紧程度，是否有跳动、刮底、跑偏、飘链等情况。

（6）对试运转中发现的问题要及时处理，处理时要先发出停机信号，将控制开关的把手扳到断电位置，并挂上停电牌。

（7）发出开机信号，正式启动运转。

（8）在运输机运转过程中，运输机司机要随时注意电动机、减速器等各部件运转声音是否正常，是否有剧烈震动，电动机、轴承是否发热（电动机温度不应超过 80 ℃，轴承温度不应超过 70 ℃），刮板链运行是否平稳无裂损；并应经常清扫机头、机尾附近及底溜槽漏出的浮煤。

（9）运行中发现以下情况时，要立即发出停机信号停机，进行妥善处理。

① 超负荷运转，发生闷车时。

② 刮板链出槽、飘链、掉链、跳齿时。

③ 溜槽被拉开或者被提起时。

④ 电气、机械部件温度超限或运转声音不正常时。

⑤ 液力耦合器的易熔塞溶化或其油质喷出时。

⑥ 发现大木料、支柱、金属网、大块煤矸等异物时。

⑦ 转载机停止时。

⑧ 信号不清时。

（10）运输机运行时，严禁清理转动部件的煤粉或用手调整刮板链，严禁人员横过运输机。

（11）本班工作结束后，将机头、机尾附近的浮煤清扫干净，待运输机内煤全部运出后，将运输机停机。在现场向接班司机详细交待本班设备运转情况、出现的故障和存在的问题。

四、手指口述

（1）地锚、压柱齐全可靠，确认完毕。

（2）输送机沿线信号闭锁装置灵敏可靠，确认完毕。

（3）传动装置、机头、机尾各部的螺栓齐全、完整、紧固，确认完毕。

（4）溜槽连接装置无有损坏，确认完毕。

（5）刮板无缺失、变形、少螺栓等现象，确认完毕。

（6）机头与转载机的搭接合理，确认完毕。

（7）机头防尘设施、冷却系统完好，确认完毕。

（8）试运转监听无异常声音，可以开机，确认完毕。

五、安全规定

（1）作业范围内的顶帮有危及人身和设备安全时，必须及时汇报处理后，方可作业。

（2）电动机及其开关附近 20 m 内风流中瓦斯浓度达到 1.5％时，必须停止运转，切断电源，撤出人员，进行处理；工作面回风巷风流瓦斯浓度超过 1.0％或二氧化碳浓度超过 1.5％时，必须停止运转，撤出人员，进行处理。

（3）开动运输机前必须发出开车信号，确认人员已经离开机器转动部件，发出预警信号或者点动两次后，方可正式开动。

（4）检修、处理运输机故障时，必须切断电源，闭锁控制开关，挂上停电牌。

（5）进行裁链、接链、点动时，人员必须躲离链条受力方向；正常运行时，司机不准面向运输机运行方向，以免断链伤人。

（6）运输机司机必须严守岗位，不准脱岗或干其他工作。

（7）严禁人员乘坐运输机，严禁用运输机运送物料。

（8）运输机在运转中严禁人员进入面前捡锚杆和其他杂物。

（9）运输机在运转中严禁人员横过运输机。

（10）严禁无冷却水无喷雾开运输机。

（11）运输机运行中严禁人员砸炭块。

六、自保互保

（1）运输机运转时，司机不得离开闭锁。

（2）运输机司机在回收两帮锚杆盘、帽时，清理好后退路，发生片帮立即向超前支架内撤离。

（3）运输机运行中发生大煤矸淤堵时，进行人工破碎，发生片帮，人员立即向支架间撤退。

（4）采煤机运行到两端头，运输机司机应随时提醒人员闪开滚筒运转方向，有锚杆等杂物抛出时，立即到架间躲避。

（5）有人员从转载机过桥通过时，应随时注意，发生意外立即闭锁查看。

（6）人工破碎大煤矸或捡拾锚杆等杂物时，必须停止运输机。

七、事故案例

（一）案例 1

（1）事故经过：××煤矿一井掘进三队运输机司机宋××在看溜子时，由于本人安全意识淡薄，选择看溜子位置不当，加上思想麻痹，精力不集中，溜子开起来时，被拉出来的大石头将溜子挤住，溜头被拉歪，将电机顶到煤壁上，电机的接线盒挤住了宋××的左小腿，造成粉碎性骨折。

（2）违反规定：作业规程规定：溜子司机的操作位置必须在溜头 0.5 m 以外处，任何情况下不准冲着运煤机方向。开溜前，要检查溜子中是否有人及大物件。如发现溜子中有人及大物件时不准开溜子，必须撤出人员或处理好大物件后方可开溜子。

（二）案例 2

（1）事故经过：××公司职工李×，在运输机中移电机时，由于运输机司机不打信号开溜子，导致电机随溜子下滑，挤伤李×小腿。

（2）违反规定：《煤矿安全技术操作规程》规定：刮板输送机司机开机前，要发出开机信号，待接到开机信号后，点动两次，再正式启动运转。

第四节 转载机司机

一、上岗条件

转载机司机必须熟悉转载机的性能及构造原理。做到四会标准，会使用、会保养、会检查、会排除一般故障，经三级培训中心培训考试合格，取得操作资格证后，方可持证上岗。

二、操作顺序

转载机的操作顺序：检查→发出信号试运转→检修处理问题→正式启动→运转→结束停机。

三、操作方法

（1）检查转载机、破碎机处的巷道支护是否完好、牢固可靠。

（2）检查电动机、减速器、液压联轴节、机头、机尾等各部分的联结件是否齐全、完好、紧固，减速器、液压联轴节有无渗油、漏油，油量是否符合规定。

（3）检查电源电缆、操作线是否吊挂整齐、有无挤压现象，信号是否灵敏可靠，喷雾装置是否完好。

（4）检查刮板链松紧情况，刮板与螺丝齐全紧固情况及转载机机尾与工作面运输机搭接情况。

（5）检查转载机桥身部分和底托板的固定螺栓是否紧固；在无载的情况下开机时，各部件的运转应无异常声音，刮板、链条、连接环有无扭绕、弯曲变形等。

（6）检查后合上磁力启动器。发出开机信号，确认人员离开机械运转部件后，先点动两次，再启动试运转，正常后对转载机、破碎机进行联合试运转。

（7）对试运转中发现的问题要及时处理，处理时要先发出停机信号，将控制开关的手把扳到断电位置，然后挂上停电牌。

（8）发出开机信号，待接到开机信号后，打开喷雾装置、电机冷却水，然后点动两次，再正式启动运转。

（9）在转载机运行中要注意机械和电动机有无震动，声音和温度是否正常；转载机的链条松紧是否一致，有无卡链、跳链等现象。发现问题要立即发出信号停机处理。

（10）在拉移转载机前要清理好机尾、机身两侧及过桥下的浮煤、浮矸，保护好电缆、水管、油管并将其吊挂整齐，要检查巷道支护并确保安全的情况下拉移转载机。

（11）待工作面采煤机停止割煤、推移完工作面运输机和运输机、破碎机、转载机内的煤全部拉完后，将磁力启动器开关把手打到停电位置，锁紧闭锁螺丝，关闭喷雾阀门。

（12）在现场向接班司机详细交待本班设备运转情况、出现的故障和存在的问题。

四、手指口述

（1）输送机沿线信号闭锁装置灵敏可靠，确认完毕。

(2) 传动装置、机头、机尾各部的螺栓齐全、完整、紧固，确认完毕。
(3) 溜槽连接装置无损坏，确认完毕。
(4) 刮板无缺失、变形、少螺栓等现象，确认完毕。
(5) 机头与皮带机的搭接合理，确认完毕。
(6) 机头防尘设施、冷却系统完好，确认完毕。
(7) 试运转监听无异常声音，可以开机，确认完毕。

五、安全规定

(1) 转载机司机必须与工作面运输机司机、带式输送机司机密切配合，按顺序开机、停机。
(2) 开机前必须发出信号，确定对人员无危险后方可启动。
(3) 破碎机的安全防护网和安全装置损坏或失效时，严禁开机；工作过程要经常检查，发现有损坏等情况时必须立即停机处理。
(4) 转载机的机尾保护等安全装置失效时，必须立即停机。
(5) 有大块煤、矸在破碎机的进料口堆积外溢时，必须停止工作面运输机运转。若大块煤、矸不能进入破碎机或有金属物件时，必须停机、停电处理。
(6) 检修、处理转载机、破碎机故障时，必须切断电源，闭锁控制开关，挂上停电牌。
(7) 转载机司机必须严守工作岗位，不得班中脱岗。

六、自保互保

(1) 转载机运行中，链子与链轮啮合处有杂物抛出，立即闪开受力方向，及时躲避。
(2) 转载机放煤口发生淤堵，踩在皮带上进行处理时，若皮带有异常立即向人行路侧躲避。
(3) 皮带跑偏进行调节时，应闪开转动方向操作，防止皮带突然开动。
(4) 拉移转载机时，应警告人员禁止通行，若有人员通过或转载机不动作时，立即停止操作，处理完好后方可继续操作。

七、事故案例

(1) 事故经过：2001年2月19日中班，××煤矿综采队职工刘×因横过运行中的转载机取工具时，被转载机内的块煤拌倒在转载机内，造成肺部挫伤。
(2) 违反相关安全规定：《煤矿安全技术操作规程》规定：转载机的机尾保护等安全装置失效时，必须立即停机，严禁开机行人。

第五节　带式输送机司机

一、上岗条件

带式输送机司机必须熟悉带式输送机的性能及构造原理。做到四会标准，会使用、会保养、会检查、会排除一般故障，经三级培训中心培训考试合格，取得操作资格证后，方可持证上岗。

二、操作顺序

带式输送机的操作顺序：检查→发出信号试运转→检修处理问题→正式启动→运转→结束停机。

三、操作方法

(1) 带式输送机司机上岗后应检查输送机机头范围的支护是否牢固可靠，有无障碍物或浮煤、杂物等不安全隐患。

(2) 将输送机的控制开关手把扳到断电位置闭锁好，挂上停电牌，然后配合维修工对下列部位进行检查：

①机头及储带装置所用连接件和紧固件应齐全、牢靠，防护罩齐全完整，各滚筒、轴承应转动灵活。

②液力耦合器的工作介质液量适当，易熔塞和防爆片应合格。

③制动器的闸带和轮接触严密，制动有效。

④减速器内油量适当，无漏油现象。

⑤托辊齐全、转动灵活，托架吊挂装置完整可靠，托梁平直。

⑥承载部梁架平直，承载托辊齐全、转动灵活、无脱胶。

⑦输送机的前后搭接符合规定。

⑧机尾滚筒转动灵活，轴承润滑良好。

⑨输送带接头完好，输送带无撕裂、伤痕。

⑩输送带中心与前后各机的中心保持一致，无跑偏，松紧合适，挡煤板齐全完好，动力、信号、通讯电缆吊挂整齐，无挤压现象。

(3) 开机时，取下控制开关上的停电牌，合上控制开关，发出开机警示信号，让人员离开输送机转动部位，先点动2次，再转动1周以上，并检查下列各项：

①各部位运转声音是否正常，输送带有无跑偏、打滑、跳动或刮卡现象，输送带松紧是否合适。

②控制按钮、信号、通讯等设施是否灵敏可靠。

③检查各种保护装置是否灵敏可靠。

(4) 经检查与处理合格后，方可正式操作运行。

(5) 在运转过程中，随时注意运行状况；经常检查电动机、减速器各轴承的温度；倾听各部位运转声音；保持正确洒水喷雾。

(6) 发现下列情况之一时，必须停机，妥善处理后，方可继续运行。

①输送带跑偏、撕裂。

②输送带打滑或闷车、皮带接头不合格。

③电气、机械部件温升超限或运转声音不正常。

④液力耦合器的易熔塞熔化或耦合器内的工作介质喷出。

⑤输送带上有大块煤（矸石）、铁器、超长材料等。

⑥危及人身安全时。
⑦信号不明或下一台输送机停机时。

(7) 接到停止信号后，将带式输送机上的煤完全拉净，停机后，将控制开关手柄扳到断电位置，锁紧闭锁螺栓。

(8) 关闭喷雾降尘装置的阀门，清扫电动机、开关、液力耦合器、减速器等部位的煤尘。

(9) 现场向接班司机详细交待本班输送机运转情况、出现的故障和存在问题，按规定填写好本班工作日志。

四、手指口述

胶带机开车前时手指口述：
(1) 滚筒轴承温度正常、不振动，确认完毕。
(2) 皮带不跑偏，确认完毕。
(3) 胶带机开车时检查内容：检修牌、各开关、各类保护、操作系统、信号、各仪表。

胶带机开车时手指口述：
(1) 检修牌已摘，确认完毕。
(2) 各开关无异常，确认完毕。
(3) 各保护无异常，确认完毕。
(4) 操作系统正常，确认完毕。
(5) 信号联系正确，确认完毕。
(6) 各仪表显示正常，确认完毕。
(7) 防尘洒水设施正常，确认完毕。

五、安全规定

(1) 必须按规定信号开、停输送机。

(2) 不准超负荷强行启动。发现闷车时，先启动2次（每次不超过15 s），仍不能启动时，必须卸掉输送带上的煤，待正常运转后，再将煤装上输送带运出。

(3) 输送机的电动机及开关附近20 m以内风流中瓦斯浓度达到1.5%时，必须停止工作，切断电源，撤出人员，进行处理。

(4) 严禁人员乘坐带式输送机，不准用带式输送机运送设备和笨重物料。

(5) 输送机运转时禁止清理机头、机尾滚筒及其附近的浮煤。不许拉动输送带的清扫器。

(6) 处理输送带跑偏时严禁用手、脚及身体的其他部位直接接触输送带。

(7) 拆卸液力耦合器的注油塞、易熔塞、防爆片时，应戴手套，面部躲开喷油口方向，轻轻拧松几扣后停一会儿，待放气后再慢慢拧下。禁止使用不合格的易熔塞、防爆片或用代用品。

(8) 输送机上检修、处理故障或做其他工作时，必须停机闭锁输送机的控制开关，挂上停电牌。严禁站在输送机上点动开车。

（9）禁止用控制开关的隔离手把直接切断或启动电动机。
（10）皮带撕裂、皮带接头不合格时，严禁开车。
（11）必须经常检查输送机巷道内的消防及喷雾降尘设施，并保持完好有效。
（12）认真执行岗位责任制和交接班制度，不得擅离岗位。

六、自保互保

（1）皮带运行时，人员闪开转动部位，防止有煤矸等杂物抛出。
（2）皮带跑偏调节时闪开转动部位，防止皮带突然开动。
（3）缩皮带时，人员闪开绳道，皮带不动作时立即停止操作，排查出原因后方可继续操作。
（4）皮带有异常需要上皮带操作，要等皮带停稳后闭锁再上，有异常时立即向人行路侧躲闪。
（5）横过皮带时必须走行人过桥。

七、事故案例

（一）案例 1

（1）事故经过：2004 年 5 月 11 日早班，××煤矿二井掘三队皮带机司机吕××在 9112 皮带道清扫皮带机尾时，在发现皮带跑偏的情况下，仍然用右手去拿底皮带上的矸石，被皮带机滚子挤去右臂。
（2）有关安全规定：《煤矿安全规程》第 630 条规定：清扫滚筒和托滚时，带式输送机必须停机上锁，并有专人监护，清扫工作完毕后解锁送电，并通知有关人员。

（二）案例 2

（1）事故经过：2005 年 2 月 27 日，区队安排职工张××去 3132 切眼接风筒。张××背着 2 节风筒行至 3132 皮带道第四部皮带机尾过桥处，当时皮带没开，便将风筒放在过桥上，脚踩皮带准备跨过，这时皮带突然开动，张××被皮带拉倒，并摔下皮带，造成右大腿骨折。
（2）有关安全规定：《煤矿安全规程》第 628 条规定：严禁人员攀越输送带，要走行人过桥。

第六节　乳化液泵站司机

一、上岗条件

乳化液泵站司机必须熟悉乳化液泵的性能和构造原理，具备保养、处理故障的基本技能，经过培训、考试合格，取得操作资格证后，方可上岗操作。

二、手指口述

（1）乳化液泵站司机班前手指口述：
①泵站各液压保护装置完好可靠，确认完毕。

②乳化液浓度达到配比要求，液位合适，确认完毕。
③自动配液装置完好，确认完毕。
④试运转监听无异常声音，可以开泵，确认完毕。
(2) 供水及乳化液配比情况检查内容：供水及乳化液。
①液箱供水正常，确认完毕。
②乳化液配比合格，确认完毕。

三、安全规定

(1) 上岗的乳化液泵站司机发现乳化液泵和乳化液箱处于水平稳固状态、乳化液箱位置高出泵体不足 100 mm 或无备用泵时，应立即汇报、调整、处理。

(2) 开关、电动机、按钮、接线盒等电气设备无法避开淋水时，必须妥善遮盖。

(3) 电动机及开关地点附近 20 m 以内风流中瓦斯浓度达到 1.5% 时，必须停止运转，切断电源，撤出人员，进行处理。

(4) 应坚持使用自动配液装置，必须保证乳化液浓度始终符合规定要求（单体液压支柱 2%～3%，液压支架 3%～5%），要对水质定期进行化验测定，保证配液用水清洁，符合规定。

(5) 必须保证乳化液泵的输出压力，为单体液压支柱供液的应不小于 18 MPa，为综采液压支架供液的应不小于 30 MPa。

(6) 检修泵站必须停泵；修理、更换主要供液管路时必须关闭主管路截止阀，不得在井下拆检各种压力控制元件，严禁带压更换液压件。

(7) 严禁擅自打开卸载阀、安全阀等部件，在正常情况下，严禁关闭泵站的回液截止阀。

(8) 供液管路必须吊挂，保证供液、回液畅通。

(9) 必须按以下要求进行定期检查、维修，并做好记录。
①每班擦洗一次油污、赃物，按一定方向旋转过滤器 1～2 次，检查两次乳化液浓度。
②每天检查一次过滤器网芯。
③每 10 天清洗一次过滤器。
④至少每月清洗一次乳化液箱。
⑤每季度化验一次水质。
⑥了解高低压压力装置的性能检查鉴定和各种保护装置检查结果。

(10) 操作时发现有异声异味、温度超过规定、压力表指示压力不正常，乳化液浓度、液面高度不符合规定，控制阀失效、失控、过滤器损坏或被堵不能过滤及供液管路破裂、脱开时，应立即停泵。

(11) 开泵前必须发出开泵信号；停泵时，必须发出停泵信号，切断电源，断开隔离开关。

(12) 泵站司机必须严守工作岗位，不得班中脱岗

(13) 电站司机开停设备必须听清信号，并利用扩音电话重复一遍，方可开启设备。

(14) 泵站压力必须达到 30 MPa，乳化液浓度必须大于 3%。

（15）泵站司机带电操作时，必须佩戴绝缘手套。
（16）泵站司机必须正常使用乳化液自动配比装置。
（17）泵站司机必须正常填写各种记录。
（18）泵站司机开停设备时必须听清信号，信号不清时不得开启设备。
（19）接班必须检查移动列车阻车器的使用情况。
（20）有以下情况之一时，必须立即停泵：
①异声异味。
②温度超过规定。
③压力表指示不正常。
④自动配比装置启动不正常。
⑤控制阀失效、失控。
⑥过滤器损坏或被堵不能过滤。
⑦供液管路破裂、脱开，大量漏液。

四、自保互保

（1）接班首先检查乳化泵、喷雾泵各管路 U 型卡是否插接完好，防止跳销伤人。
（2）停送电制度严格执行，确保安全。
（3）乳化泵执行好谁停泵谁开泵的原则，防止误操作。
（4）操作时注意各泵转动部位。
（5）泵或开关有异响或异常动作时，立即停电检查，确认无误后方可开启。
（6）锚杆拉直时人员应在防护删栏后操作，并闪开受力方向。

五、事故案例

（1）事故经过：2005 年 5 月，某煤矿综采队，由于乳化泵司机听不清信号，错误地开启乳化泵给工作面供液，高压乳化液把正在维修支架的维修工打伤；造成维修工左眼眉骨骨裂。
（2）有关安全规定：《煤矿安全规程》规定：泵站司机必须按信号指令开停，开泵前必须发出开泵信号，确认正常后方可开泵，乳化泵运行过程中，司机不得离开进行其他工作。

第七节　端头回撤工

一、上岗条件

端头回撤工必须熟悉单体支柱的性能及构造原理，熟悉工作面顶底板特征、作业规程规定的顶板控制方式端头支护形式和支护参数，掌握支护与顶梁的特性和使用方法，经培训合格后方可上岗操作。

二、手指口述

(1) 工作地点顶帮完好，安全出口畅通，确认完毕。
(2) 敲帮问顶后无危岩活矸，确认完毕。
(3) 机道内没有超前回柱，确认完毕。
(4) 端头回柱前已留好退路，确认完毕。
(5) 架设支柱时没有人员通过或逗留，确认完毕。
(6) 采煤机进两头时，已拉绳、挂牌警戒，确认完毕。
(7) 顶线密集支柱支设已达到规定要求，确认完毕。

三、安全规定

(1) 回柱严格执行"敲帮问顶"、"先支后回"制度，严格执行"一问、二松、三清、四支、五喊、六回、七运、八支"操作要令。严禁空顶作业，回撤前应先清理好退路。
(2) 上下端头回撤支柱，工作人员不能低于三人，两人回撤，一人观察顶板。
(3) 面前回柱时，不得跨越运转的转载机或站在运输机机头、机尾上作业。回柱前应提前观察好顶板、煤帮，顶板破碎时可用水平销配合顶梁支护，并支好临时支护，严禁空顶作业。
(4) 回柱或改柱时，要有专人在安全地点观察顶帮，严格执行"先支后回"制度，人要站在支护完好的安全地点，防止片帮或支柱等弹出伤人。
(5) 所支支柱必须全部拴绳防倒，初撑力达到 11.5 MPa 以上。
(6) 回贴帮支柱时应首先检查煤壁支护情况，支柱受煤帮压力较大时，人员必须站在可靠的安全地点，使用 1.2 m 的长柄工具进行回柱。严禁人员站在支柱弹出歪倒、煤壁片帮波及的地点。
(7) 回撤切顶密集支柱。
①回撤方法：先回密集支柱再拉移端头支架，回撤后及时支齐密集支柱，支设完后密集超前端头支架顶梁尾端不低于 0.8 m，不大于 1 m。严禁拖后回柱，密集支柱拖后端头支架顶梁尾端不大于 0.8 m。密集支柱必须回撤完毕后方可拉移端头支架。上、下端头不得出现空载顶梁。
②回撤端头密集支柱或抬棚时，严格执行"先支后回，由下而上，由里向外的三角回柱"法。回撤时使用卸载把手，作业人员要站在支架完整、支护条件可靠的地点操作。
③单体支柱放液后用葫芦拉出，然后再撤铰接顶梁，回撤顶梁时，必须使用 1.2 m 的长柄工具进行回撤，严禁人员进入采空区作业，严禁用绞车回撤支柱。
④回撤顶梁时严禁人员在其下方行走或站立，严禁拉移、活动过渡架。
⑤回柱放顶前，必须对放顶的安全工作进行全面检查，清理好后退路；并由有经验的人员观察顶板。
⑥切顶密集支柱支设时必须带柱帽，柱帽规格为 0.2×0.2 m 的方木座。密集支完后，支柱必须保证齐直，偏差不得超过 0.2 m。
⑦密集支设完后，要及时支设好切棚，切柱数量不少于 2 根，并拴好防倒绳。
⑧回撤皮顺支柱时，必须停止运输机和转载机运转，以保证回撤工作人员的安全。

⑨回撤出的支柱、顶梁、铁鞋必须上台上架，垛放整齐。

四、自保互保

（1）回撤时提醒相关人员注意，清理好后退路，确认安全后操作。

（2）使用注液枪时，闪开枪头受力方向，防止枪头突然脱落。

（3）执行好敲帮问顶和先支后回制度，回撤过程中顶板有异响立即撤离到安全地点，提醒人员闪开锚杆、锚索和单体支柱受力方向。

（4）及时替换硬柱坏柱，替换时闪开单体支柱受力方向操作。

（5）使用手拉葫芦时闪开大链受力方向，防止链子突然崩断。

（6）拉移转载机时，与相关岗位人员配合好，并观察好管路和电缆，防止损伤。

五、事故案例

（1）事故经过：××公司包工队董××在回撤过程中，观察顶板情况不细，没有及时摘掉顶板活石，在卸载支柱时被落下的片石划伤右脚脚面，造成轻伤。

（2）《煤矿安全技术操作规程》规定：在回撤巷道及后部切顶支柱时，必须一人工作一人照明，严格按"八字"要领操作，清理好后退路，及时摘掉活石。

第八节　人力攉煤工

一、上岗条件

攉煤工必须掌握作业规程中与攉煤相关的各项规定以及支护工、爆破工等相关工种的基本知识，经过培训、考试合格后，方可上岗操作。

二、操作工序

（1）备齐锹、镐、锤等工具。

（2）进入工作地点要首先进行敲帮问顶，详细检查顶板、煤壁及支护状况，及时处理不安全隐患。

（3）进入工作面或其他工作地点进行攉煤时应先洒水降尘。

（4）攉煤时要握紧锹把，自上而下攉煤，工作人员之间要留有至少 5 m 的安全间隙。

（5）工作面若遇大块煤矸时，应用镐、锤等工具进行人工破碎，严禁用放炮的方法进行处理。

（6）攉煤工要仔细将自己工作范围内的浮煤及时装运到运输机中，架间浮煤清扫时可借助相应的长把工具。

三、攉煤工手指口述

（1）工作地点顶帮完好，支护完好，确认完毕。

（2）敲帮问顶后无危岩活矸，确认完毕。

（3）工作地点已洒水降尘，确认完毕。

(4) 周围 5 m 内无其他人员，开始攉煤，确认完毕。

(5) 攉煤完毕，工具已整理，确认完毕。

四、安全事项

(1) 攉煤工进行工作前必须首先进行敲帮问顶，严禁空顶作业；必须在完好支护的保护下攉煤。

(2) 攉煤中，若发现有冒顶预兆时，必须立即撤离危险区，并向班（组）长汇报。

(3) 攉煤时严禁操作或维修工作人员 10 m 范围内的支架，若进入工作面后部支架尾梁下攉煤时，必须有专人看管支架操作把手，严禁任何人操作支架。

(4) 攉煤时严禁身体的任何部位进入采空区内。

(5) 严禁站（骑）在输送机上或进入输送机内攉煤。

(6) 要用镐、锤及时处理大块煤、矸。

(7) 攉煤后要收拾好工具，放到指定地点；按规定进行交接班。

五、自保互保

(1) 两顺槽攉煤时，首先检查顶板两帮完好，方可进行工作。

(2) 攉煤时，若有异响，立即向支护内撤离，敲帮问顶确认安全后方可继续操作。

(3) 攉煤过程中，若运输机突然开动，人员应立即闪开转动部位躲避。

六、事故案例

(1) 事故经过：2005 年 6 月 20 日中班，××矿职工宋××在溜尾以上 18 m 处面后攉煤时，由于思想麻痹，没有及时处理一根坏柱，坏柱歪倒砸在宋××的手背上，将手砸伤。

(2) 有关安全规定：《煤矿安全规程》规定：攉煤工必须在完好支护下攉煤，要随时观察支护情况，发现失效、卸载支柱应及时调整加固。

第九节 运 料 工

一、上岗条件

运料工必须熟悉工作范围内的巷道关系、车场、轨道、道岔、坡度情况及工作面和巷道支护状况，经过培训、考试合格后，方可上岗操作。

二、工艺流程

(1) 运料前应首先备齐绳索、铁丝等用品，了解工作面所需材料和存贮材料情况，所需材料车数量及存放地点。

(2) 检查运料线路的巷道支护情况，轨道、道岔的质量；材料车是否完好。发现问题，及时处理。

(3) 装料时一般应不超过车沿高度，若巷道顶或棚梁距离车沿净高 0.6 m 以上时，可超过车沿高度装料，但最多不得超出车沿0.3 m。所有物料必须绑牢。

(4) 装运木座等小件物料时，应用绳索将其捆绑结实，以防运送过程中散失。

(5) 搬取物料时，先取上层，从上往下逐层搬拿，不得先抽取中、底层而悬空顶层。严禁放垛取料。

(6) 一车内尽量装同一长度的物料。一车内装不同长度的物料时，必须将长料放在底层，短料放在上部。

(7) 两人同时装卸料时，必须互叫互应，要先起一头或先放一头，不得盲目乱扔。

(8) 材料必须卸在指定地点，不许放在有水的地方。若必须在水沟上卸料时，水沟上应横放牢固的木料或短钢轨，不得将料扔在水沟里。

(9) 卸料时应小心，不得砸坏水管、电缆、电话线等。

(10) 堆放材料场要保持整齐清洁。码放材料时按品种、规格、分类码放，料垛要下宽上窄，每码放一层要横放两块木板或笆棍，以防滚动。料垛的边沿距轨道不得少于0.5 m。

(11) 卸料后要将卸空的材料车、矿车推到不阻塞其他车辆的运行及影响行人与通风的指定地点。

三、手指口述

(1) 闸、离合器完好，声光信号正常，确认完毕。

(2) 绞车基础固定，安全设施齐全可靠，确认完毕。

(3) 钢丝绳、保险绳、钩头完好，确认完毕。

(4) 经检查一切正常，可以开车，确认完毕。

停车后检查内容：停车位置是否合适，有无障碍物。

停车后手指口述：停车位置合适，确认完毕。

四、安全事项

(1) 必须按作业规程要求的材料的规格质量下料，不准将不合格的材料运往工作面。

(2) 严禁在变电所、水泵房、空气压缩机房，爆炸材料库及附近5 m内，顶板破碎、压力大、支护损坏或不齐全处，巷道断面小、影响通风行人等处堆卸料。

(3) 装卸、运送单体液压支柱时，应将柱筒内的乳化液放净，活柱收缩到位。

(4) 装卸料时，应站在材料垛的一端，不许站在当中，以免材料滚下伤人。

(5) 装车前，必须将车停稳，把车轮制住，以防车自动滑行伤人。严禁使用损坏失修的材料车。

(6) 人力推车运料，必须遵守以下规定：

①推车工必须熟悉工作范围内的巷道关系、车场、轨道、道岔、坡度等情况。

②人力推车一次只准推一辆矿车，严禁在矿车两侧推车。同向推车的间距：巷道坡度小于或等于5‰时，不得小于10 m；坡度大于5‰时，不得小于30 m；坡度大于7‰时，严禁人力推车。严禁蹬车、放飞车。

③推车时要手扶矿车端头拉手，不得扶车沿和车帮，也不准将头伸进车上，防止挤伤。

④推车时要头戴矿灯，抬头注意前方，不要低头推车。开始推车、停车、掉道、发现前方有人或障碍物，从坡度较大的地方向下推车以及接近道岔、弯道口、风门、硐室出口时，推车人员必须及时发出警号，大喊"车来了"并控制车速，以防发生意外。

五、自保互保

(1) 绞车运行前，检查各连接部位是否牢固后，方可通知司机开车。
(2) 斜巷运输时，上下出口派专人值守，严格执行好行车不行人、行人不行车制度。
(3) 运料时，若料车突然掉道，跟车人员立即闪开受力方向，并立即通知绞车司机停车处理。
(4) 料车掉道跺辙时，人员闪开绳道，防止料车突然上道被挤伤。
(5) 绞车司机开车时，发现绞车绳有异常，应立即停车查看，确认正常后方可继续开车。

六、事故案例

(1) 事故经过：××公司通巷队运料工张××，从 1# 片盘往下山用车盘运铁轨，在没有用钢丝绳将铁轨封牢的情况下，跟在车后随料同行，在南一门口处车盘下辙，铁轨从车盘上滚下，砸在张××右腿上，造成小腿粉碎性骨折，经鉴定为重伤。
(2) 有关安全规定：①绞车道行人不行车。②运送铁轨应用车盘子封牢封实，并只准装一层。

第十节　单体支护工

一、上岗条件

单体支护工必须熟悉单体支柱的性能及构造原理，熟悉工作面顶底板特征、作业规程规定的顶板控制方式，端头支护形式和支护参数，掌握支护与顶梁的特性和使用方法，经培训合格后方可上岗操作。

二、操作顺序

挂梁→插水平销子→背顶→清理柱窝、垫柱鞋→立柱→用注液枪冲洗注液阀内煤粉→供液升柱并达到初撑力。

三、操作方法

(1) 支设支柱前的检查与处理。
①检查工作地点的顶板、煤帮和支护是否符合质量要求，发现问题应及时进行处理。
②检查铰接顶梁时，发现两端头有损伤裂纹、各部焊缝开裂、弯曲变形、耳子变形、连续缺"牙"不能卡住支柱、销子弯曲或无销时应立即更换。
(2) 挂顶梁、支设单体液压支柱的操作。
①挂梁：一人站在人行道上两手抓住铰接顶梁，将其插入已经安设好的顶梁两耳中，

另一人站在机子上，插上顶梁圆销并用锤将圆销打到位。

②插水平销子：将顶梁托起插入水平销子，使顶梁与顶板留有 0.1～0.15 m 的间隙。如遇巷道顶板高冒，必须将顶板整理平。

③需站在脚手架上工作时，脚手架要牢固。

④清理和定柱位：根据作业规程的规定确定柱位，清理浮煤，扒出柱窝将铁鞋平放在柱位上。

⑤立柱与升柱：两人将支柱抬到柱窝处，将支柱立在柱位上，一人站在机子上，抓住支柱手把，另外一人在底板扶好支柱，第三人拿好注液枪站在支柱下方，转动支柱使三用阀平行于巷道，且注液阀口朝向采空区。然后冲洗注液阀内煤粉，将注液枪卡套卡紧注液阀，开动手把供液升柱，使柱爪卡住梁牙并供液达到规定初撑力为止，退下注液枪挂在支柱手把上。用 ϕ5.08 mm 的钢丝绳或钢性支柱连接器将支柱连为一体，防倒绳的两端必须联到距离支柱最近的顶板经纬网上，并且要联接牢固。

四、手指口述

(1) 工作地点顶板、煤帮、支护完好，可以开工，确认完毕。

(2) 铰接顶梁完好，脚手架牢固可靠，可以挂梁，确认完毕。

(3) 柱窝已清好，铁鞋已放正，可以支设支柱，确认完毕。

(4) 支柱已放正，注液枪已卡好，可以供液，确认完毕。

(5) 支柱已达到初撑力，防倒绳连接牢固，确认完毕。

五、安全规定

(1) 所有工作人员必须懂得单体液压支柱的各种性能、构造、使用方法及管理制度。

(2) 井下使用的柱子必须是在地面测试过的合格产品。三用阀下井前，必须在地面做压力和高、低压性能实验，不合格产品严禁下井使用。

(3) 第一次使用前或修理后第一次使用的柱子，为防止漏气倒柱必须将缸体内的空气排放净。排放方法：反复注液、排液，直到排净为止。

(4) 每次注液前，要先用注液枪内的乳化液把三用阀注液嘴的污物冲洗干净。

(5) 为了便于撤柱及搞好安全，支柱时要保持三用阀和两顺槽平行。

(6) 撤柱时，要确认注液嘴前方 5 m 内无人时方准转动卸载手把 90°卸载。不准用任何工具代替卸载手把卸载。

(7) 在顶板破碎、压力大处，回柱前必须首先检查顶板情况。严格先支后回制度，并进行远距离卸载，即工作人员用绳子栓住卸载手把，躲在安全处卸载。

(8) 严禁出现空载支柱。

(9) 支柱前，必须检查支柱的外形零件是否齐全，支柱有无弯曲、凹陷等，有一项不合格不得使用。

(10) 支柱时，活柱体的伸出量不少于 150 mm，防止出现硬柱。

(11) 为保护好柱子的光洁度，使用单体液压支柱段放炮时，必须将该段及上、下 10 m 范围内的支柱用皮带（3.0 m×0.8 m）保护好。放炮前，皮带必须挡住活柱体，不使挡皮严禁放炮。

(12) 除柱子的顶盖外，不论支柱或三用阀的任何一部分都不准在井下检修。
(13) 严禁用支柱代替其他起重工具起重物体。
(14) 单体液压支柱在井下储存3个月以上或使用超过8个月，必须全部上井检修，不得直接转入其他接续面使用。
(15) 支柱必须定期进行抽查，抽查2%，合格率达到90%以上，方可继续使用，否则必须加倍抽查，如合格率仍达不到要求，必须全部上井检修。
(16) 支护必须符合作业规程的规定。
(17) 挂铰接顶梁时，顶梁应摆平并平行于巷道中心线。
(18) 升柱时应将水平销子防飞链联在顶梁或顶板菱形网上，防止销子飞出伤人。
(19) 支护时要注意附近工作人员的安全和各种管线。
(20) 卸柱时严禁将手放在注液阀上。

六、自保互保

(1) 支设支柱时，随时注意顶板状况，有异响时立即停止工作并撤离到安全地点，敲帮问顶确认安全后方可继续操作。
(2) 两人运送支柱时，相互交应好，保证安全。
(3) 对支柱进行二次注液时，人员闪开受力方向，支柱无故不升降时要立即停止注液，处理完好后再继续工作。
(4) 支设完的支柱要及时进行二次注液，保证初撑力。

七、事故案例

(1) 事故经过：2006年1月1日夜班，××矿职工郭×与高×在工作面溜头以下重排第二架钢梁时，因没有相互配合好，工作不协调，当高×用铁锤敲掉钢梁上的水平销子时，郭×扶柱子的右手躲闪不及，被钢梁砸伤，造成骨折。
(2) 有关安全规定：回梁时，站在支架完整的斜上方，用锤打脱调角楔后再将梁的圆销打脱，使该梁脱离连接后取出。

第十一节 超前支架工

一、上岗条件

超前支架工必须熟悉超前支架的性能及构造原理，熟悉工作面顶底板特征、作业规程规定的顶板控制方式、端头支护形式和支护参数，掌握超前支架特性和使用方法，经培训合格后方可上岗操作。

二、操作顺序

观察顺槽顶板煤帮→拉移超前锚固支架→拉移前超前支架→拉移中超前支架→拉移后超前支架→检查支架初撑力

三、操作方法

（1）拉移超前支架工作必须由两人一组配合操作。

（2）拉架前检查待移支架前后 5 m 范围内无人员工作、行走，观察好顶板，有无顶板破碎、网兜；检查顶调油缸的连接部位和防护链是否牢固可靠，检查支架操纵阀及各种管路连接是否完好，架前煤粉清扫是否干净，检查合格后方可进行拉移。

（3）移架时，移架工侧身蹲在待移支架两根立柱后方，身体朝向进风侧，右手操作支架操纵阀，左手悬空，防止架间漏矸伤人。

（4）移架时，首先将支架侧护板收回，使侧护板离开煤帮处于垂直状态，再进行降立柱操作，降柱行程在 200～500 mm 之间，操作移架手柄，进行拉架，待推移油缸全部伸出后停止移架操作，使用顶调、底调油缸把支架调正，升起立柱，观察支架压力表，达到 11.5 MPa，停止立柱供液，升起侧护板，所有操作阀手柄恢复零位。

（5）检查支架接顶情况，当支架顶梁有不接顶现象时，必须进行调整，使支架接顶严密，检查无问题后方可再拉移下一架。

四、手指口述

（1）操作超前支架前的确认：有无冒顶片帮危险、支架状况、各立柱、千斤顶状况、液压管路、各阀组、各操作把手、各 U 型销子、推移联接装置、邻架情况、有无障碍物、架间管线无刮卡现象。手指口述：

① 支架前端、架间无冒顶、片帮危险，确认完毕。
② 支架无歪斜、倒架，确认完毕。
③ 被移支架周围 5 m 范围内无其他人员，确认完毕。
④ 架前无其他障碍物，确认完毕。
⑤ 架间管线无刮、卡现象，可以移架，确认完毕。

（2）移架后的检查内容：接顶情况、侧护板、各操作手把、初撑力、顶调油缸、底调油缸。手指口述：

① 支架已调正，确认完毕。
② 支架前梁已接顶，确认完毕。
③ 侧护板已伸出，确认完毕。
④ 支架已升平、升紧达到初撑力，确认完毕。

五、安全规定

（1）工作面正常推进时，必须及时拉移超前支架。

（2）必须掌握好支架的合理高度：最大支撑高度不得大于支架的最大使用高度；最小支撑高度不得小于支架的最小使用高度。

（3）移架工序必须超前工作面推进一循环进行。

（4）备用的各种液压软管、阀组、液压缸、管接头等必须用专用堵头堵塞，更换时用乳化液清洗干净。

（5）检修主管路时，必须停止乳化液泵。

(6) 超前支架工必须2人一组,首先观察顶板。
(7) 移架前必须对支架管路及U型卡进行检查。
(8) 移架工必须在支架顶梁以下、两根立柱以后操作。
(9) 移架工必须进行调整操作。
(10) 移架时必须一手操作把手、一手悬空。
(11) 移架时必须查看周围无人后方可操作。
(12) 移架前必须考虑漏矸,注意安全。
(13) 移架前必须对坏管子进行更换。
(14) 移动超前支架时必须通知5 m范围内工作人员撤离到安全地点,方可移动支架。
(15) 拆除和更换部件时,严禁将高压敞口对着人体。
(16) 严禁在井下拆检立柱、千斤顶和阀组。整体更换时,应尽可能将缸体缩到最短;更换胶管和阀组液压件时,必须在无压状态下进行。
(17) 严禁随意拆除和调整支架上的安全阀。
(18) 严禁打不足初撑力和移完架后把手不回零位。
(19) 严禁移架时手放在立柱上。
(20) 严禁不打起侧护板、不调正支架移架。

六、自保互保

(1) 拉移超前架需两人进行,一人观察,一人操作。
(2) 拉移超前支架前观察好顶帮网是否完好,打好侧护板再落架移架。
(3) 拉移超前支架时,观察好顶板,防止顶板掉渣伤人。

七、事故案例

(1) 事故经过:××公司综采队职工王××,拉移超前支架时,没有敲帮问顶把顶板的活石放下来,被矸石砸在身上,造成背部擦伤。
(2) 有关安全规定:《煤矿安全技术操作规程》规定:在施工之前及施工过程中,要进行敲帮问顶,检查顶帮及支护,排除悬矸危岩,确定无安全问题后,方可施工作业。

第十二节 电站维修工

一、上岗条件

(1) 上岗前必须经过三级以上煤矿安全培训机构安全培训,并经考试合格后方可持证上岗。
(2) 必须进行专业技术培训,考试合格后上岗,能独立工作。学徒工不得独立进行操作。
(3) 必须熟悉《煤矿安全规程》的有关规定、《煤矿机电设备完好标准》、《煤矿机电设备检修质量标准》、《电气防爆标准》及《煤矿机电设备失爆检查评定标准》等有关规定。

（4）必须熟悉所使用电气设备、泵站的性能、结构和原理，具有熟练的维修保养以及故障处理的工作技能和基础知识。熟悉工作面所有设备的供电系统、设备分布、设备性能及电缆与设备的运行状况。

（5）必须掌握现场电气事故处理和触电事故抢救的知识。熟悉出现事故时的停电顺序和人员撤离路线。

二、手指口述

（1）停电前准备工作检查。手指口述：
①停（送）电工作票符合要求，与停（送）电开关一致，确认完毕。
②接地极、接地线符合要求，确认完毕。
③绝缘手套、绝缘靴穿戴正确，确认完毕。
④瓦斯浓度符合《规程》规定，确认完毕。
（2）停电检查内容：停（送）电工作票一致、隔离开关手把。手指口述：
①停（送）电开关与工作票一致，确认完毕。
②隔离手把已拉开、闭锁、挂牌，确认完毕。
③开关已停电，确认完毕。
（3）验、放电工作检查内容：验电工作是否完成、接地线。手指口述：
①验电工作完成，设备无电，确认完毕。
②放电工作完成、接地线已挂设，确认完毕。
（4）送电检查内容：接地线、开关闭锁。手指口述：
①接地线、警示牌已拆除，确认完毕。
②闭锁已打开，可以送电，确认完毕。

三、安全规定

（1）严格执行岗位责任制，坚守工作岗位，严格遵守停送电制度及有关规章制度。
（2）必须随身携带合格的便携仪、验电笔和常用工具、材料、停电警示牌、接地线等，并保持电工工具绝缘可靠。
（3）在检修、运输和移动机械设备前，要注意观察工作地点周围环境和顶板支护情况，严禁空顶空帮作业。
（4）所有电气设备、电缆不论是电压高低，在检修或搬移前，必须首先切断电源，严禁带电作业、带电搬运。
（5）打开电气设备的防爆结构前必须对设备前后 20 m 范围内进行瓦斯检查，只有在瓦斯浓度低于 1% 时方可操作。
（6）电气设备停电检修检查时，必须执行好停送电制度，严格执行好停电、闭锁、上锁、挂牌、站岗；停电、检电、放电、验电、挂接地线等制度，严禁约时送电、电话送电。
（7）检修检查高压电气设备时，应按下列规定进行：
①检查高压设备时，必须执行好工作票制度，切断前一级电源开关。

②停电后，必须使用与所测电压相符的电笔进行测试。

③确认停电后必须进行放电，放电时应注意：

——放电前要进行瓦斯检查。

——放电人员必须戴好绝缘手套，穿上绝缘鞋，站在绝缘台上进行放电。

——放电前必须将接地线的一端固定在接地网（极）上，接地必须良好。

——最后用接地线放电。

④放电后，再将检修高压设备的电源侧接上短路接地线，方准开始工作。

（8）检修中或检修后需要试车时，应保证设备上无人工作，先进行点动试车，确认安全正常后进行正式试车或投入正式运行。

（9）检修泵站的液压承载件时必须先卸压。

（10）检修泵站的精密部件时应使用塑料棒或铜棒，严禁使用铁器击打。

（11）工作过程中必须指定安全负责人，统一协调各检修工序。

四、操作准备

（1）检修负责人应向所有检修人员讲清检修内容、人员分工及安全、技术注意事项。

（2）准备设备检修所使用的材料、配件、棉纱、清洗液、工具、测试仪器、仪表及工作中的其他用品。

（3）到达工作现场后检修人员首先向有关人员了解设备的运转情况，查看设备运转记录。

五、正常操作

（1）首先对所有分管设备进行巡视、试验，发现问题及时解决，并填写好试验记录。

（2）在检修开关时，不准任意改动原设备上的端子位序和标记，所更换的保护组件必须是经过测试合格的。装盖前必须检查防爆器腔内有无遗留的线头、零部件、工具、材料等。

（3）开关停电时，要记清开关把手的方向，以防所控设备翻转。

（4）工作面及顺槽电缆、照明信号线、管路应按《煤矿安全规程》规定悬挂整齐。使用中的电缆不准有鸡爪子、羊尾巴、明接头。加强对移动电缆的防护和检查，避免受到挤压、撞击，发现损伤后，应及时进行处理。

（5）各种电器和机械保护装置必须定期检查维修，按《煤矿安全规程》及有关规定要求进行调整、整定，不准擅自甩掉各种保护装置。

（6）电气安全保护装置的维护与检修应遵守以下规定：

①不准任意调整电气设备保护装置的整定值。

②每班开始作业前，必须对低压检漏装置进行一次跳闸试验，严禁甩掉漏电保护或综合保护运行。

③移动变电站低压检漏装置的试验按有关规定执行。补偿调节装置经一次整定后，不能任意改变。用于检测高压屏蔽电缆监视性能的急停按钮应每天试验一次。

④做过流保护整定实验时，应与瓦斯检查员一起进行。

（7）泵站设备应按规定定期检查润滑情况，按时加油和换油，清洗油箱，油质油量必须符合要求不准乱用油脂。

六、自保互保

(1) 井下供电系统发生故障后，必须查明原因，找出故障点，排除故障后方可送电。禁止强行送电或用强行送电的方式寻找故障。

(2) 瓦斯自动检测报警断电装置与电源必须实行联锁。严禁任意停止局部通风机运转。

(3) 发生电气设备和电缆着火时，必须及时切断就近电源，使用电气灭火器材（如灭火器和砂子）灭火，不准用水灭火，并及时向调度室汇报。

(4) 发生人身触电事故时，必须立即切断电源或使触电者迅速脱离带电体，然后就地进行人工呼吸，同时向调度室汇报。触电者未完全恢复，医生未到达之前不得中断抢救。

(5) 各泵维修时停电挂牌并派专人站岗，泄完压力后方可检修。

七、收尾工作

(1) 设备检修完毕通知相关人员进行单机试运转，待正常后联合试运转。

(2) 泵站试车时必须得到支架检修负责人的允许后方可进行。

(3) 清点工具、仪器、仪表、材料及剩余备件，填写检修记录。

(4) 认真如实填写设备检修记录，排出第二天的检修计划。

八、事故案例

(1) 事故经过：×矿三井机电队维修工孙×，在变电所处理故障时，监测不戴绝缘手套，造成短路，产生电弧，被烧伤双手。

(2)《煤矿安全技术操作规程》规定：井下不得带电检修、搬迁设备，检修、搬迁时必须切断电源；操作高压电器设备主回路时，必须戴绝缘手套。

第十三节　皮带维修工

一、上岗条件

(1) 上岗前必须经过三级以上煤矿安全培训机构安全培训，并经考试合格后方可持证上岗。

(2) 必须经过专业技术培训，考试合格后方可上岗。

(3) 必须熟悉《煤矿安全规程》的有关规定、《煤矿机电设备完好标准》、《煤矿机电设备检修质量标准》、《电气防爆标准》及《煤矿机电设备失爆检查评定标准》等有关规定。

(4) 必须熟悉所使用带式输送机的结构、性能、工作原理、各种保护的原理和检查试验方法，具有熟练的维修保养以及故障处理的工作技能和基础知识。熟悉皮带头设备的供电系统、设备性能及电缆与设备的运行状况。

(5) 必须掌握现场电气事故处理和触电事故抢救的知识。熟悉出现事故时的停电顺序和人员撤离路线。

二、安全规定

(1) 上班前不准喝酒,上班不准干与本职无关的工作,遵守有关各项规章制度。

(2) 必须随身携带合格的便携仪、验电笔和常用工具、材料、停电警示牌、接地线,并保持电工工具绝缘可靠。

(3) 皮带机的电动机及开关附近 20 m 以内风流中瓦斯浓度达到 1.5% 时,必须立即停止工作,切断电源,撤出人员,并及时向调度室汇报。

(4) 在进行电气作业时必须严格执行停送电制度和停电、检电、放电、验电、挂接地线制度,坚持谁停电谁送电。

(5) 工作过程中衣袖必须绑扎,所有纽扣必须扣好。

(6) 工作过程中必须指定安全负责人,统一协调各检修工序。

三、操作准备

(1) 大的零部件检修时,要制定专项检修计划和安全技术措施,并贯彻落实到每一个检修人员。

(2) 检修负责人向所有检修人员传达当天检修内容、人员分工、安全注意事项以及技术措施。

(3) 准备设备检修所使用的材料、配件、棉纱、清洗液、工具、测试仪器、仪表及工作中的其他用品。

(4) 检修人员达到工作现场后首先向有关人员了解皮带运行情况,检查皮带运转记录,巡视整部皮带,优先解决影响生产的问题。

四、正常操作

(1) 处理输送带跑偏时严禁用手、脚及身体的其他部位直接接触输送带。

(2) 拆卸液力耦合器的注油塞、易熔塞、防爆片时,应戴手套,面部躲开喷油方向,轻轻拧松几扣后停一会儿,待放气后再慢慢拧下。禁止使用不合格的易熔塞、防爆片或用代替品。

(3) 在滚筒注油、更换皮带滑子、更换除尘器、架杆、接煤簸箕、打扣等工作时输送机开关必须停电、上锁、悬挂"有人工作,不准送电"的停电牌,并且锁上闭锁螺杆,随身携带钥匙,只有当所有工作干完后方可开锁送电。

(4) 在皮带机尾作业时必须与电站司机用通讯电话联系好,停下工作面的闭锁,并设专人看管。

(5) 皮带打扣时必须在检修负责人的监护下进行,以保证工程质量。

(6) 抽皮带时各部绞车速度要一致,听从检修负责人的统一指挥。

(7) 皮带机电气部分的检修按电气设备检修操作规程进行。

(8) 试运转时发出信号后必须在得到皮带机尾回发的信号后方可点动试车。

五、手指口述

(1) 皮带停电检修时执行电钳工手指口述。
① 张紧绞车、钢丝绳、轨道正常，确认完毕。
② 清扫器、喷雾装置工作正常，确认完毕。
③ 各类护网、护罩吊挂正常，确认完毕
④ 给煤机工作正常，确认完毕。
⑤ 漏煤嘴完好，确认完毕。
(2) 检修检查内容：开关是否停电、闭锁、挂牌。手指口述：
① 胶带机开关已停电、闭锁、挂牌，可以检修，确认完毕。
② 胶带机检修正常，可以试车，确认完毕。

六、自保互保

(1) 处理皮带跑偏时，人员闪开转动部位操作。
(2) 拆检液力耦合器等转动部位，要等其停稳后方可操作，并且闪开喷油方向。
(3) 处理皮带头、皮带尾设备时，派专人看管闭锁。
(4) 需要在皮带机尾处处理问题时，必须与相关岗位司机叫应好，打好闭锁，待问题处理完毕后，方可运转。
(5) 需要开动皮带时，及时通知沿途相关人员，确认安全后方可开动。

七、收尾工作

(1) 检修完毕必须通知相关人员试运转，试运转时先单机试运转，待正常后再进行联合试运转。
(2) 清点工具、材料及剩余备件。
(3) 认真如实填写设备检修记录，排出第二天的检修计划。

八、事故案例

(1) 事故经过：××公司采煤队夜班在运转时，皮带突然断裂，班长带领张×及其他6名职工在带电紧皮带时，张×右脚蹲在皮带架上，左脚蹬在皮带主动轮轮上操作，维修工送电用点动法紧皮带时，打断负荷销，将张×左下肢卷入主动轮和从动轮之间，造成左下肢胫骨、股骨骨折，被截肢。
(2) 有关安全规定：作业规程规定：皮带安装及断裂后续接皮带必须采用人力及手拉葫芦配合作业，严禁带电操作。

第十四节　采煤机维修工

一、上岗条件

（1）上岗前必须经过三级以上煤矿安全培训机构安全培训，并经考试合格后方可持证上岗。

（2）经过技术培训并考试合格后，方可上岗。

（3）具备一定的电工、钳工基本操作、液压基础知识及电气维修知识。

（4）熟知《煤矿安全规程》有关内容、《煤矿矿井机电设备完好标准》、《煤矿机电设备检修质量标准》、《煤矿机电设备失爆检查评定标准》等有关规定。

（5）熟知所检修采煤机的结构、性能、传动系统、液压、冷却系统和电气部分，能独立工作。

二、安全规定

（1）上班前不准喝酒、上班不得干与本职工作无关的工作，严格遵守各项规章制度。

（2）检修煤机前必须对采煤机前后10架支架进行二次注液，打足初撑力，维护好面前煤帮、顶板，严格执行每15 min一次敲帮问顶制度。

（3）采煤机检修过程当中必须在下风侧悬挂便携式瓦斯报警仪，当瓦斯浓度达到1.5%时停止作业。

（4）进入面前及处理滚筒截齿、喷雾时，必须一人专职监护顶板、煤帮。

（5）工作过程中必须指定安全负责人，统一协调各检修工序。

三、操作准备

（1）检修人员应配齐需用的工具、起吊用具、仪器、仪表、棉纱、清洗液、凡士林，当日检修所需的材料、备件的数量要充足。

（2）检修负责人应向全体检修人员讲清检修内容、人员分工及安全措施、技术措施、注意事项。

（3）到达工作现场后首先向有关人员询问设备情况，检查采煤机运转记录，巡视采煤机及电缆、水管，优先处理紧急问题。

（4）检修前要将采煤机相关设备停电、闭锁、挂停电牌，坚持谁停电谁送电制度，并与相关设备的司机及相关环节的人员进行联系。

四、正常操作

（1）液压件带入井下时，应有防污措施。

（2）需要进行起吊工作时，起重工具及连接环、销必须合格，安全性能可靠，连接必须牢固。

（3）拆装时，重要部位、加工表面应使用铜棒。

（4）拆卸生锈或使用了防松胶的部位时，应先用松动剂或震动处理后进行。

（5）对常用工具无法或难以拆除的部位和零部件要使用专用工具，严禁破坏性拆除。

（6）拆下的零部件及使用的工具应放在专用箱内，不准随便乱放，以防污染、丢失或落入机体内。

（7）更换的零部件必须是合格产品，不准代用。

（8）安装骨架油封时应用导向装置，防止翻唇。

（9）重要接合面及紧固螺栓应按要求使用防松胶。

（10）注入油池的各种润滑油必须经过过滤以保持清洁。

（11）关键部位的紧固件如滚筒、行走箱等必须使用力矩扳手，且紧固到规定的力矩。

（12）采煤机电气部分的检修按电气设备检修操作规程进行。

（13）恢复送电前，检修人员必须撤离运转部位，并向相关人员发出开机的通知及开车信号后方可送电，并由采煤机司机按规定开机。

五、手指口述

（1）煤机开关已停电，便携仪已挂好，可以开始检修，确认完毕。

（2）采煤机上下十架达到初撑力，确认完毕。

（3）运输机已闭锁，顶板、煤帮完好，可以进入面前检修，确认完毕。

（4）检修完毕，人员已闪开，可以试运转，确认完毕。

六、自保互保

（1）采煤机检修时严格执行好停送电制度。

（2）检修时人员观察好顶板煤帮及架间有无漏矸现象保证安全。

（3）人员进入面前操作前用半圆木等护好煤帮。要派专人看管闭锁并与相关连岗位配合好，有异常情况立即闪开运行部位。

（4）使用手拉葫芦起吊重物时人员应闪开小链受力方向操作，并且确保连接部位牢固可靠。

（5）检修过程中，采煤机需要送电时，提醒周围人员闪开，确认安全后方可开启。

七、收尾工作

（1）检修完毕，必须进行单机试运转，正常后再进行全面试车，观察是否有异常。

（2）清点工具及剩余的材料、备件，更换下来的零部件升井，并做好检修记录。

（3）认真如实填写设备检修记录，排出第二天的检修计划。

八、事故案例

（1）事故经过：2007年8月10日早班某煤矿职工李某在维修煤机过程中，未打闭锁，运输机突然启动，被刮板链伤到脚部。

（2）有关安全规定：进入面前检修必须闭锁运输机并派专人看管；运输机在启动前，

必须发出开车信号，确认无问题后，先点动开车，再进行开机。信号不明或发现有人在刮板机上时，严禁开车。

第十五节　液压支架维修工

一、上岗条件

（1）经过技术培训并考试合格后，方可上岗。

（2）具备一定的钳工基本操作及液压基础知识。熟悉《煤矿机电设备检修质量标准》、《煤矿机电设备完好标准》及有关规定。

（3）熟知液压支架的结构、性能、传动系统、动作原理、技术参数，能独立工作。

二、安全规定

（1）上班前不准喝酒，上班不准干与本职无关的工作，遵守有关各项规章制度。

（2）当检修地点 20 m 内风流中的瓦斯浓度达到 1.5% 时，必须停止作业，撤出人员。

（3）更换液压支架支撑件时必须首先附加支撑力。

（4）进入面前工作时必须控制好煤帮、顶板，并按下工作面闭锁按钮，派专人看管。

（5）工作过程中必须指定安全负责人，统一协调各检修工序。

三、操作准备

（1）大的零部件检修时，要制定专项检修计划和安全技术措施，并贯彻落实到每一个检修人员。

（2）综采工作面所有支架要编号管理，要分架建立检修档案。

（3）检修人员达到工作现场后首先向有关人员了解支架工作情况，检查支架运转记录，巡视全部支架，优先处理紧急问题。

（4）准备好足够的备件、材料及检修工具；凡需专用工具拆装的部件必须使用专用工具。

（5）检修负责人应向检修人员讲清检修内容、人员分工及安全注意事项。

四、正常操作

（1）检修过程中由检修负责人统一向控制台发出开停乳化泵、喷雾泵的指令，任何人不得乱发开泵命令。

（2）检修时，各工种要密切配合；必要时采煤机和刮板输送机要停电、闭锁并专人看管，以防发生意外。

（3）支架液压系统的各种阀、液压油缸不准在井下拆卸和调整，若阀或油缸有故障时，要由专人负责用质量合格的同型号阀或油缸进行整体更换。

（4）在拆卸或更换安全阀、测压阀及高压胶管时，应在有关液压油缸卸载后进行。

(5) 在更换高压胶管、阀、缸体、销轴等需要支架承载件卸载时，必须对该部件采取防降落、冒顶、片帮的安全措施。

(6) 向工作地点运送的各种胶管、阀、液压油缸等液压部件的管路连接部分，都必须用专用堵头堵塞，只允许在使用地点打开。

(7) 液压件装配时，必须用乳化液冲洗干净，并注意有关零部件相互配合的密封面，防止因碰伤或损坏而影响使用。

(8) 处理单架故障时，要关闭本架及相邻支架的断路阀，盖上防护罩，以防误动作而造成支架动作。处理总故障时，要停下乳化泵，严禁带压作业。

(9) 组装密封件时，应检查密封圈唇口是否完好，加工件上有无锐角或毛刺，并注意密封圈与挡圈的安装方向必须正确。

(10) 管路快速接头使用的 U 型卡的规格、质量必须合格，严禁单孔使用或用其他物件代替。

五、手指口述

(1) 工作地点顶帮完好，确认完毕。

(2) 乳化泵已停止运行，管路已卸载，周围人员已闪开，可以开始检修，确认完毕。

(3) 检修完毕，各管路阀组完好可靠，把手回到零位，可以开泵，确认完毕。

六、自保互保

(1) 严格执行好谁停泵谁开泵的制度，操作时尽量关闭相关阀门，防止意外。

(2) 架间检修时注意有无漏矸现象，进入面前操作注意好顶板煤帮并派专人看管闭锁，尽量闪开转动部位操作。

(3) 拆卸管路要在完全卸载的状态下操作，防止管路余压伤人。

(4) 检修过程中需要开泵时要注意把手是否回到零位，并通知相关联人员注意。

(5) 管路连接要使用质量合格的 U 型卡，防止操作过程中脱销伤人。

(6) 维修顶梁及高处时，系好安全带并确认连接牢固。

(7) 起吊重物时注意个连接部位是否牢靠，并闪开受力方向操作。

七、收尾工作

(1) 检修工作完毕后，必须将液压支架认真检查，并进行试压动作几次，确认无问题后方可使用。

(2) 检修时卸载的立柱、千斤顶要重新承载。

(3) 检修完工后，各液压操作手把要打到零位。

(4) 认真清点工具及剩余的材料、备品备件，并做好记录。

(5) 认真如实填写设备检修记录，排出第二天的检修计划。

八、事故案例

(1) 事故经过：2003 年 6 月 18 日，某矿支架维修工尹某，在维修 35 号支架时，已通知泵站司机停泵，在支架卸压开始维修时，泵站司机突然将乳化泵开起来，35号支架一条管路被甩起来，正好打在尹某的头部，致使其当场昏迷。

(2) 有关安全规定：《煤矿安全规程》规定：泵站司机必须按信号指令开停，严格执行谁停谁开的原则，开泵前必须发出开泵信号，确认正常后方可开泵，乳化泵运行过程中，司机不得离开进行其他工作。

第十六节　三机维修工

一、上岗条件

(1) 必须经过专业技术培训，考试合格后方可上岗。
(2) 具备一定的钳工基本操作及液压基础知识。熟悉《煤矿机电设备检修质量标准》、《煤矿机电设备完好标准》及有关规定。
(3) 熟知工作面三机设备的结构、性能，能独立工作，具有熟练的维修保养以及故障处理的工作技能和基础知识。

二、操作准备

(1) 大的零部件检修时，要制定专项检修计划和安全技术措施，并贯彻落实到每一个检修人员。
(2) 检修负责人应向所有检修人员讲清检修内容、人员分工及安全注意事项、技术注意事项。
(3) 准备好足够的备品备件、材料及检修工具；凡需专用工具拆装的部件必须使用专用工具。
(4) 检修人员达到工作现场后首先向有关人员了解三机设备的运行情况，检查三机运转记录，巡视全部三机设备，优先处理紧急问题。

三、正常操作

(1) 检修时，各工种要密切配合，与电站司机、皮带机司机互相联系好，以防发生意外。
(2) 拆卸生锈或使用了防松胶的部位时，应先用松动剂或震动处理后进行。
(3) 对常用工具无法或难以拆除的部位和零部件要使用专用工具，严禁破坏性拆除。
(4) 关键部位的紧固件如刮板、舌板、立板等必须使用力矩扳手或风动扳手紧固，且紧固到规定的力矩。
(5) 紧固运输机刮板螺栓时必须三人协同作业，一人专职监护顶板、看管闭锁。
(6) 检查破碎机锤头时必须停电、挂牌、上锁，并派专人看管，没有停电人的许可任何人不得送电。
(7) 注入油池的润滑油必须经过过滤以保持清洁。

四、手指口述

(1) 三机开关已停电并派专人看管，确认完毕。
(2) 工作地点顶帮完好，可以开始检修，确认完毕。
(3) 检修完毕，各设备完好可以试运转，确认完毕。
(4) 试运转完好正常，可以开启，确认完毕。

五、安全规定

(1) 上班前不准喝酒，上班不得干与本职工作无关的工作，严格遵守各项规章制度。
(2) 在检修、运输和移动机械设备前，要注意观察工作地点周围环境和顶板支护情况，严禁空顶空帮作业。
(3) 进入面前工作时必须先控制好煤帮、顶板，严格执行每 15 min 一次敲帮问顶制度，并且派专人监护顶板。
(4) 工作过程中必须指定安全负责人，统一协调各检修工序。

六、自保互保

(1) 三机设备检修时观察好顶帮及支护情况。
(2) 在运输机内操作时与相关岗位配合好，并派专人看管闭锁。
(3) 起吊电机等重物时人员应闪开受力侧，并注意各连接部位是否牢固可靠，谨慎操作。
(4) 需要点动输送机时与机头机尾司机配合好并通知其他各相关人员注意，确认安全后方可开启。

七、收尾工作

(1) 检修完毕必须通知相关人员试运转，试运转时先单机试运转，待正常后再进行联合试运转。
(2) 清点工具、材料及剩余备件。
(3) 认真如实填写设备检修记录，排出第二天的检修计划。

八、事故案例

(1) 事故经过：某矿维修工刘×，站在皮带上检修转载机时，皮带突然开启，刘×被拉倒，脸部碰到转载机头被磕伤。
(2) 相关安全规定：设备检修时必须停电闭锁，坚持谁停谁开的原则；需要在皮带上作业时，必须与相关连岗位人员配合好。

第十七节 破碎机司机

一、上岗必要条件

（1）破碎机司机必须熟悉设备的性能及构造原理和顶板支护的基本知识，善于维护和保养转载机、破碎机，会处理故障，经过培训考试合格后，方可上岗。

（2）备齐扳手、钳子、螺丝刀、小锤、铁锹等工具，各种必要的短接链、链环、螺栓、螺母、破碎机的保险销子等备品配件，润滑油、透平油等。

（3）破碎机司机到达工作地点后，要严格执行好交接班制度，对岗位交接出的问题要持积极的态度去解决，保证交接班时出现的各类问题得以及时处理，为工作面正常生产提供可靠的外部环境。

二、运行前的准备工作

（1）检查破碎机处的巷道支护是否完好、牢固。

（2）检查电动机、减速器、液压联轴节、机头、机尾等各部分的联接件是否齐全、完好、坚固，减速器、液压联轴节有无渗油、漏油，测量是否符合要求。

（3）检查电源电缆、操作线是否吊挂整齐、有无受挤压现象，信号是否灵敏可靠，喷雾洒水装置是否完好。

（4）检查刮板链松紧情况，刮板与螺丝齐全紧固情况及转载机机尾与工作面刮板输送机机头搭接情况。

（5）检查转载机桥身部分和倾斜段的侧板和底托板的固定螺栓是否紧固。

（6）在无载情况下开机时，各部件的运转有无异常声音，刮板、链条、连接环有无扭挠、扭麻花、弯曲变形等。

（7）检查转载点防尘设施是否处于完好，周围电缆、管路是否悬挂整齐。

三、操作工序

（1）确定人员离开机械运转部位后，发出开机信号，起动试运转，正常后对转载机、破碎机进行联合试运转。

（2）对试运转中发现的问题要及时处理，处理时要先发出停机信号。

（3）发出开机信号，及时打开喷雾装置。

（4）运行中要随时注意机械和电动机有无震动，声音和温度是否正常；

（5）随时注意转载机的链条松紧是否一致（在满负荷情况下，链条松紧量不允许超过两个链环长度），有无卡链、跳链等现象，发现问题要立即发出信号停机处理。

（6）结束工作前将机头、机尾和机身两侧的煤、矸清理干净，待工作面采煤机停止割煤、推移完工作面刮板输送机和刮板输送机、破碎机、转载机内的煤全部拉完后，关闭喷雾阀门，停止运行。

（7）移动转载机前要清理好机尾、机身两侧及过桥下的浮煤、浮矸，保护好电缆、水管、油管并将其吊挂整齐，要检查巷道支护并确保安全的情况下移动转载机。

(8) 移动转载机时要保持行走小车与带式输送机机尾架接触良好，不跑偏，移设后搭接良好，转载机机头、机尾保持平、直、稳，千斤顶活塞杆及时收回。

四、手指口述

1. 转载机运行手指口述
(1) 检查转载机完好情况。
(2) 检查刮板无缺失、变形、少螺栓等现象。
(3) 开启机头防尘设施、冷却设施。
(4) 试运转监听无异常声音，可以开机，确认完毕。
(5) 人员闪开，打开闭锁，开破碎机、转载机。控制台开启。
(6) 转载机已开启，运行正常，确认完毕。

2. 拉移转载机手指口述
(1) 检查地锚锚链完好，确认完毕。
(2) 检查联接部位完好，确认完毕。
(3) 检查锚链波及范围内有无人员工作。
(4) 无人员工作，确认完毕。
(5) 开始拉移。（拉移中）
(6) 转载机拉移完毕，把手回到零位，确认完毕。

五、安全注意事项

(1) 破碎机司机必须与工作面刮板输送机司机、运输巷带式输送机司机密切配合，按顺序开机、停机。
(2) 开机前必须发出信号，确定对人员无危险后方可起动。
(3) 破碎机的安全保护网和安全装置损坏或失效时，严禁开机；工作过程要经常检查，发现有损坏等情况时必须立即停机处理。
(4) 转载机的机尾保护等安全装置失效时，必须立即停机。
(5) 有大块煤、矸在破碎机的进料口堆积外溢时，应停止工作面刮板输送机运转。若大块煤、矸不能进入破碎机或有金属物件时，必须停机处理。
(6) 处理转载机、破碎机故障时，必须打好闭锁，必要时切断电源，挂上停电牌。
(7) 转载机联轴节的易熔塞或易炸片损坏后，必须立即更换，严禁用木头或其他材料代替。
(8) 在现场向接班司机详细交待本班设备运转情况、出现的故障和存在的问题，按规定填写破碎机工作日志。

六、自保互保

(1) 破碎机运行中，破碎机司机要站在机头挡煤板一侧，防止转载机抛出杂物伤人。
(2) 停机进入转载机处理问题时，要打住闭锁派人看管，并通知皮带司机。
(3) 拉移转载机时，应拉线站岗禁止人员通行。拉移前，应站在高处躲开锚链松脱或断裂所能波及范围。

七、事故案例

2008年5月29日夜班,某矿综采二队转载机司机范某在拉移转载机时不顾他人劝阻,强行进入拉移区域,恰巧转载机拉移锚链断裂,将范某腿部抽伤。

第二章 综掘队"手指口述"工作法与形象化工艺流程

第一节 锚杆、锚索支护工

一、上岗条件

(1) 锚杆锚索支护工必须经过专人培训、考试合格后方可上岗。

(2) 锚杆锚索支护工必须掌握作业规程中规定的巷道断面、支护形式和支护技术参数和质量标准等,熟练使用作业工具,并能进行检修和保养。

二、操作顺序

现场交接班→施工准备→安设临时支护→打顶部锚杆眼→安设顶部锚杆→打两帮锚杆眼→安设两帮锚杆→挂帮网敷设钢带→打设钢绞线眼→安设钢绞线→安装锚索梁或锚钉盘→清理现场,搞好文明施工。

三、操作方法

1. 现场交接班

(1) 由外向里用长柄工具"敲帮问顶",摘除危岩活石,每隔 15 min 进行一次。

(2) 详细交接工作中出现的各种情况、机械运转情况、巷道围岩情况、压力显现情况。

(3) 将风钻、锚杆机、钻杆、搅拌器、风水管、油壶、吹杆、吊环、前探梁等工具现场交接检查好,损坏的及时维修或更换,确保正常使用。

2. 施工准备

(1) 根据工作需要备齐施工工具,并将各工具按顺序在综掘机桥式皮带运输机以外 5 m 处摆放整齐。

(2) 检查风水管路及密封圈完好情况,然后与风钻、锚杆机联接,并安设牢固卡子。工作中随时观察卡子的牢固情况,发现松动时及时紧固。

(3) 检查搅拌器完好情况,观察各处焊接点是否牢固,有无开裂现象;固定螺栓是否齐全,有无滑丝失效现象;发现存在问题时更换合格搅拌器。

3. 安设临时支护

(1) 使用前探梁作为临时支护时,做好以下工作:

①班组长安排 2~3 人在靠近迎头的三排拱部锚杆下按由外向里的顺序分别安设一个

吊环，吊环要拧满帽。将每个吊环的压紧板放到最下端，并将同一组的三个吊环调整，使其前后顺齐（成一线）、方向一致。

②现场施工的2~3人分别在后部、前端抬起一条前探梁，按由后向前的顺序分别穿过同一排的三个吊环，并使前探梁前端靠近迎头端面，保留100~200 mm的间隙，以便使于前探梁紧固。安设好一条后再安设另两条。前探梁要放在吊环压板的上部，以便于紧固。

③根据迎头控顶距离，现场施工人员在后部锚网支护下，在后部面向迎头手持采用联网丝把钢带或梯子梁绑扎的顶网，将其从三条前探梁的一侧穿到控顶距内前探梁上，并用长柄工具调整顶网的位置，使两端长度均匀、后部搭接合理。

④现场1~2人用长柄工具托起顶网，1人在后部面向迎头在顶网下安设背板，背板左右两条为一组，分别安放在中间及左右两侧前探梁上，每条背板两端超出前探梁的长度要一致，共计安设3组背板，背板前后摆放要均匀并留出锚杆孔位置。

⑤背板安设好后，紧固吊环压板，使顶网足顶，不足顶时安设木楔或背板足顶。木楔或背板要用锤楔紧加牢。

（2）使用机载式液压支护作为临时支护时，由专人在综掘机桥式皮带机6 m以外安全地点，根据锚杆间排距将准备支护用的金属网与钢带联接好，待综掘机截割一个循环后，把综掘机截割部收回并倒机至永久支护段把综掘机停电闭锁，然后把联接好的菱形网与钢带在前探支护护板上按由里向外的顺序放好（居中调正放置，位置必须适当），采用12#双股铁丝按间距200 mm联接在综掘机的护板上并保证钢带在护板上的位置不影响锚杆机打眼。在综掘机前探支护护板上的金属网铺设完毕后，由综掘机司机负责将液压支护护板升至距顶板0.3 m时停止护板动作，把综掘机停电闭锁。然后由有经验的老工人进行敲帮问顶，确认顶板无问题后，由支护工将上一个循环准备好的一张菱形金属网与放在机载式临时支护护板上的钢带和菱形金属网联接好。

4. 打顶部锚杆眼

（1）根据作业规程规定的锚杆间排距，拉三角线确定各锚杆眼的位置并做出明确标记。

（2）用打顶锚杆机按由上向下、由外向里的顺序打设顶部锚杆眼，打眼前应在钎子上做好标志，先用短钎（1~1.2 m）后用长钎续打。

（3）掌钎点眼人首先将短钎安放在风钻或锚杆机上，一手握住钻杆中上部，一手帮助钻手扶住钻机。钻手缓送气腿阀门，使气腿慢慢升起，对准眼位顶紧，点动钻机，待眼位固定并钻进30~50 mm深度后，点眼人退到钻手身后侧负责监护，钻手开水并加大风量钻进。

（4）锚杆机打眼时钻手要手握锚杆机把手，与锚杆机操作把手手柄成一直线操作。

（5）锚杆机更换、续接钻杆时，要关闭供风开关将压风量减少到最小，慢慢关闭升降开关使锚杆机低速转动，慢慢回落到最低位置后方可更换钻杆。

（6）锚杆眼打好后应用吹杆将眼内的岩渣、积水清理干净，使孔壁清洁。

5. 安设顶部锚杆

（1）安设顶部锚杆时，按由中间向两帮的顺序逐棵进行。

（2）将锚固剂按顺序依次送入锚杆眼内，用锚杆顶住锚固剂，然后在锚杆末端安设搅拌器，并将搅拌器安放在锚杆机上，然后移动（升起）锚杆机，将锚固剂顶到眼底，开动锚杆机带动锚杆旋转，搅拌锚固剂，并随搅拌将锚杆顶入锚固剂内，保持锚杆外露在100 mm 左右。搅拌时间达到30 s 后停止搅拌，再等待10～60 s 后撤去锚杆机，取下搅拌器，安放好锚杆盘，拧上螺帽。锚固剂固化前，不要使杆体移位或晃动，更不能拧紧螺母。

(3) 锚固剂凝固后及时用机械或专用气动扳手上紧锚杆帽给锚杆施加一定预紧力，保证锚杆盘压紧钢带、钢带贴紧岩面。

6. 打设两帮锚杆眼

(1) 用风钻或打帮锚杆机，按由上向下、由外向里的顺序打设两帮锚杆眼。钻机钻腿要放正，高度根据眼位调整好，使钻机和钻杆垂直于锚杆眼所在部位的巷帮。

(2) 掌钎点眼人一手帮助钻手扶住钻机，一手握住钻杆前部将钻头对准眼位，钻手点动钻机，待眼位固定并钻进30～50 mm 深度后，点眼人退到钻手身后侧负责监护。钻手开水并加大风量全速钻进，打至设计深度后来回串动钻杆以清除钻孔内煤岩渣。

(3) 两帮锚杆眼打完后应用吹杆将眼内的煤岩渣、积水清理干净，使孔壁清洁。

7. 安设两帮锚杆

(1) 采用锚杆机搅拌锚固剂固定锚杆，安设顺序按由上向下、由外向里的顺序逐棵进行。

(2) 将锚固剂按顺序依次送入锚杆眼内，用锚杆顶住锚固剂，并送入眼底，然后在锚杆末端安设搅拌器，并将搅拌器套在锚杆机上，然后开动锚杆机带动锚杆旋转、搅拌锚固剂，并随搅拌将锚杆顶入锚固剂内，保持锚杆外露在100 mm 左右。搅拌时间达到30 s 后停止搅拌，再等待10～60 s 后撤去锚杆机，取下搅拌器。锚固剂固化前，不要使杆体移位或晃动。

8. 安设帮网

(1) 按由顶部向下、先外后里的顺序安设帮网，安设的帮网要与上部顶网和外部帮网按要求搭接。

(2) 要求金属网间相互搭接100 mm，联网丝采用双股12#铁丝，每200 mm 联一扣，每扣拧2～3 圈，搭接尺寸不足100 mm 时应扣扣相连，每扣拧2～3 圈。

(3) 采用钢带压网时，先将帮网先在里部一排锚杆上安设好，然后按由上向下的顺序逐棵卸下搭接处锚杆的盘帽，将原来钢带的上半部松开，将帮网搭接后重新将钢带上半部安设好，将锚杆盘帽重新上紧，最后将钢带的下半部松开并按要求将帮网压紧，使锚杆达到设计预应力。

9. 打钢绞线眼

(1) 根据作业规程、措施要求标定出钢绞线眼的位置。

(2) 将锚杆机在垂直于钢绞线眼所在部位的巷帮处安设好，将钻杆放入锚杆机上钻孔内，钻手双手紧握操作把手，分腿站立，身体保持平衡，与把手手柄成一直线操作。掌钎点眼人一手帮助钻手扶住钻机，一手握住钻杆上部将钻头对准眼位。钻手缓送气腿阀门，使气腿慢慢升起，对准眼位顶紧，点动钻机，待眼位固定并钻进30～50 mm 深度后，点眼人退到钻手身后侧负责监护。钻手开水并加大风量全速钻进，钻进中来回串动钻杆以清除钻孔内煤岩渣。

(3) 锚杆机更换、续接钻杆时，要关闭供风开关将压风量减少到最小，慢慢关闭升降开关使锚杆机低速转动，慢慢回落到最低位置，先关风后关水，掌钎人进入拔下钻杆，再续接一根钻杆，然后撤到钻手身后侧负责监护。钻手继续升钻打眼至规定深度，然后加大水量冲刷孔壁。然后关闭供风开关将压风量减少到最小，使锚杆机回落到最低位置，关风关水，从下住上依次卸下钻杆，把钻杆放在规定地点。

10. 安设钢绞线

(1) 将锚固剂按顺序依次放入钢绞线眼内，用钢绞线顶住锚固剂并送入眼底。

(2) 在钢绞线末端安设搅拌器，并将搅拌器放在锚杆机孔内。现场辅助人员手扶钻机，钻手缓送气腿阀门，使气腿慢慢升起，同时缓慢开动锚杆机带动钢绞线旋转，随钢绞线逐步搅入锚固剂，逐步加大旋转速度。待钢绞线搅拌至设计深度，外露长度在200～250 mm 后停止锚杆机气腿的升降；搅拌达到规定时间后，停止搅拌；稳定 1 min 后退下锚杆机，卸下搅拌器。

(3) 在 T 型钢带上打钢绞线时，在外露的钢绞线上安设索具，将张紧油顶套在钢绞线末端，开动油泵张拉钢绞线。

11. 安设锚索梁（锚钉盘）

(1) 将锚索梁（锚钉盘）托起，串在钢绞线末端，锚索梁（锚钉盘）要靠近岩面。

(2) 在外露的钢绞线上安设索具，顶紧锚索梁（锚钉盘）。

(3) 将张紧油顶套在钢绞线末端，开动油泵张拉钢绞线。油顶形程一次不够长时，收回油顶，重新张拉至设计拉力。

12. 清理现场，搞好文明施工

(1) 将现场剩余的支护材料按类别放回原处，摆放整齐。

(2) 将工具撤到耙装机后部，分类摆放整齐。

(3) 重新检查紧固锚杆，检查钢筋网联接情况，发现问题及时处理合格。

四、锚杆、锚索支护工手指口述

(1) 操作前检查内容：敲帮问顶、临时支护、支护材料、工具管路等情况。手指口述：

班长：机已退出，安排专人敲帮问顶。

班组长：敲帮问顶、摘除活石是否完毕？

操作工：敲帮问顶、摘除活石已完毕。

班组长：使用临时支护。

班组长：临时支护使用好了吗？

操作工：临时支护已使用完毕。

班组长：准备支护，运进材料、工具，试验锚杆机。

操作工：全部准备完毕。

班组长：请开 1 号水门、1 号风门，检验管路是否畅通，检验锚杆机是否正常。

操作工：全部检查完毕，畅通、正常。

(2) 操作过程中检查内容：点眼、续接钎子、眼位、支护紧固等情况。手指口述：

班组长：点眼！

掌钎工：已定好眼位，开始打眼！（打眼时严格执行好相关的操作规程）

操作工：第一钎已到位，准备续接钎子！（续接钎子时，必须注意上边钎子以防下滑伤人）

掌钎工：续接完毕，继续打眼。

操作工：眼已到位，准备安装。

掌钎工：已准备完毕，准备紧固。

操作工：开始紧固锚杆，注意安全。（紧固时相关人员一定要闪开操作把手左边，以防锚杆机左旋伤人）

（3）操作完成后检查内容：锚杆施工质量情况。手指口述：

操作工：锚杆已紧固完毕，检查支护质量。

操作工：质量符合规定，打下一个眼，确认完毕。

五、安全规定

（1）由外向里采用长柄工具"敲帮问顶"摘除危岩活石，每隔 15 min 进行一次。

（2）检查风水带及密封圈完好情况，发现有破损漏风、水的及时更换合格，检查两端接头上的密封圈是否完好，发现破损及时更换，并将两端接头清理干净，并将一端安设在风、水阀门上，用风、水将风、水带内壁冲刷干净。然后与风钻、锚杆机联接，并安设牢固卡子。工作中随时观察卡子的牢固情况，发现松动及时紧固。

（3）检查搅拌器完好情况，观察各处焊接点是否牢固，有无开裂现象；固定螺栓是否齐全，有无滑丝失效现象；发现存在问题时更换合格搅拌器。

（4）打眼过程中，钻进中钎子不能上下左右移动，以免造成闷气断钎伤人。两台及以上风钻打眼时要划分好范围，风钻不准重叠布置，风钻下不准站人。还必须做到定人、定机、定位。

（5）掌钎点眼人严禁戴手套，衣袖口要扎紧，并系好工作服纽扣。打眼时，钻手要立于风钻一侧，不准用两腿夹住钻，也不准手握风钻钻腿。锚杆机周围 1.2 m 范围内，除钻手外不准其他人员靠近，防止打住钎子、锚杆机左旋伤人。

（6）打至设计深度后，来回串动钻杆清除钻孔内煤岩渣。

（7）锚杆眼打好后应用吹杆将眼内的岩渣、积水清理干净，使孔壁清洁。

（8）锚固剂凝固后及时用机械或专用气动扳手上紧锚杆帽给锚杆施加一定预紧力。

（9）张紧钢绞线时，油顶形程一次不够长时，收回油顶，重新张拉至设计拉力。

（10）张紧中随时调整锚索梁（锚钉盘）位置，达到位置合理、安设牢固的最佳状态。操作人员要避开张拉油缸弹出方向。

六、自保互保

（1）在进行"敲帮问顶"过程中，要清理好退路，以确保可以及时躲避滚落的矸石。

（2）若发现施工过程中顶板有矸石下落，施工人员可迅速将身体贴在两帮侧，避开矸石的下落和滚动方向。

（3）施工人员站在锚杆机上将锚固剂安装完毕后，应向顶板支护完整的迎头外侧跳下，严禁跳向空顶区内。

(4) 锚杆拉力计要拧满丝紧牢固,拉力计与煤岩面间安放锚杆盘,填实空隙减小拉力计行程。做拉力试验时现场人员要躲开拉力受力挣脱后弹出方向。顶部做拉力试验前,要在被拉锚杆、钢绞线周围,距离锚杆、钢绞线 200~300 mm 处均匀打设 2~3 棵顶柱,顶牢顶板,拉力计下方及弹出方向严禁有人。做完拉力试验后,首先将锚杆上紧,用油顶将锚索重新张紧后方可卸掉顶柱。

(5) 吹眼时,无关人员要立即撤出。吹眼的俩人要配合好,要把吹杆慢慢伸入眼内,并随吹杆的伸入逐渐加大风量,以免堵塞吹杆。开风吹眼时人要躲开钻孔方向。供风量的大小由阀门控制,不准用馈风管子代替阀门。

(6) 打眼过程中,时刻观察顶板情况,当出现裂隙、掉渣、顶板有响声等需及时进行"敲帮问顶"。

七、事故案例

事故案例分析材料一——席某轻伤事故

(一) 事故基本情况

(1) 时间、地点:2005 年 8 月 19 日早班,某矿 4301 工作面。

(2) 事故简单经过:2005 年 8 月 19 日早班,某矿在 4301 皮顺迎头施工时,截割一个循环后,对顶板和两帮进行支护。打完第一个眼后,组长席某在向里放药卷捣上锚杆挂网时,被顶板掉下的一块长 0.3 m、厚 0.2 m、宽 0.6 m 的煤块将腿砸伤。

(二) 事故原因

(1) 组长席某不执行"敲帮问顶"制度、违章作业,是造成事故的直接原因。

(2) 班长责任不到位、在现场没有发挥应有的作用,是造成事故的主要原因。

(3) 现场作业人员自主保安意识差、不能搞好相互保安,是造成事故的主要原因。

(三) 有关安全规定

《煤矿安全技术操作规程》规定:在支护前和支护过程中要敲帮问顶,及时摘除危岩悬矸。

(四) 事故损失和危害

事故虽然没有造成大的人身伤害和经济损失,但是作为一名组长带头违章作业,对本组安全生产所产生的影响确实是严重的。

事故案例分析材料二——相某轻伤事故

(一) 事故时间

2007 年 12 月 3 日早班。

(二) 地点

某矿 4303 外段轨道顺槽。

(三) 事故经过

2007 年 12 月 3 日早班,在 4303 外段轨道顺槽施工时,组长相某采用综掘机截割一个循环后进行支护,班长席某命令组长相某和锚杆支护工贾某准备进行顶板支护。在打完第一个锚杆眼时,从顶板掉下一块长 0.3 m、厚 0.2 m、宽 0.2 m 的岩石,将相某的握在

MQT—120气动锚杆机的左手无名指砸伤。

（四）事故原因

（1）组长相某手指口述执行不到位，不执行敲帮问顶制度，违章作业，是造成事故的直接原因。

（2）班长席某不认真履行职责，在现场没有起到应有的作用，是造成事故的主要原因。

（3）现场作业人员自主保安和相互保安意识差，是造成事故的重要原因。

（五）有关安全规定

《煤矿安全技术操作规程》规定：在支护前和支护过程中要每隔15 min采用长柄工具进行一次敲帮问顶，及时摘除危岩悬矸，并且一人操作一人监护，同时清理好退路。

（六）事故损失和危害

这起事故使相某左手无名指前端截肢，住院一个月。

事故案例分析材料三——赵某轻伤事故

（一）事故时间

2007年12月15日早班。

（二）地点

某矿4303外段轨道顺槽。

（三）事故经过

2007年12月15日夜班，在4303外段轨道顺槽施工时，组长赵某采用综掘机截割一个循环后进行支护，班长田某命令组长赵某和锚杆支护工刘某准备进行顶板支护。在打完第一个锚杆眼进行锚杆紧固时，从顶板金属网前方掉下一块长1.1 m、厚0.3 m、宽0.4 m的岩石将锚杆机砸倒，锚杆机又砸到赵某并将其挤到截割部上，造成其尿路挤伤。

（四）事故原因

（1）组长赵某及支护工刘某手指口述执行不到位，不执行敲帮问顶制度，违章作业，是造成事故的直接原因。

（2）班长田某不认真履行职责，在现场没有起到应有的作用，是造成事故的主要原因。

（3）现场作业人员自主保安和相互保安意识差，是造成事故的重要原因。

（五）有关安全规定

《煤矿安全技术操作规程》规定：在支护前和支护过程中要每隔15 min采用长柄工具进行一次敲帮问顶，及时摘除危岩悬矸，并且一人操作一人监护，同时清理好退路。

事故案例分析材料四——某矿掘三队曹某死亡事故

（一）事故基本情况

时间：2003年11月18日19时10分。

地点：某矿230采区东翼轨道上山掘进工作面。

事故经过：2003年11月18日中班现场交接班后，班长安排掘进作业。19时，掘进工作面放炮完毕，在没有使用前探梁及其他临时支护的情况下，组长曹某空顶作业，违章进入迎头使用手镐松顶。19 时 10 分，在松顶的过程中顶板突然冒落，将曹某埋住，后经抢救无效死亡。

（二）事故原因

（1）死者曹某思想麻痹、安全意识淡薄、自主保安能力差，违反操作规程、严重违章、空顶作业，是造成这次事故的直接原因。

（2）现场管理混乱，工程质量差，前探梁使用不正常；区队管理不严不细，大而化之，对一些违章现象看惯了、干惯了，没有及时采取有效措施；当班没有区队跟班干部，管理出现空隙和漏洞。

（3）安全教育不到位，职工安全意识淡薄，自主保安和相互保安意识不强，一起作业的人员监护不利，没能及时制止曹某的违章行为。

（三）违反相关规定

《煤矿安全规程》第一章第四十一条：掘进工作面严禁空顶作业。

（四）防范措施

（1）加强职工安全培训，提高职工安全素质，增强自保互保意识，规范职工群体、个体行为，是搞好安全工作的基础。

（2）强化薄弱环节的安全监督检查。安全工作必须从最薄弱的环节抓起。一个班组、一个区队、一个煤矿井都是一个安全整体，每个个体安全行为的得失直接关系到整体安全水平。

事故案例分析材料五——陈某轻伤事故

（一）事故时间

2007 年 4 月 7 日早班。

（二）地点

某矿 4306 外段轨道顺槽。

（三）事故经过

2007 年 4 月 7 日早班，在 4306 外段轨道顺槽施工时，组长赵某采用综掘机截割一个循环后进行支护，班长张某命令组长赵某和锚杆支护工陈某准备进行顶板支护，在打完第一个锚杆眼进行锚杆紧固时，锚杆锚固剂已经凝固，组长赵某继续发力紧固锚杆，造成 MQT—120 气动锚杆机左旋，锚杆机手柄打在陈某头部，致使其头部红肿。

（四）事故原因

（1）组长赵某手指口述执行不到位，锚杆机操作不规范，是造成事故的直接原因。

（2）班长张某不认真履行职责，在现场没有起到应有的作用，是造成事故的主要原因。

（3）现场作业人员自主保安和相互保安意识差，是造成事故的重要原因。

（五）有关安全规定

《煤矿安全技术操作规程》规定：锚杆机打眼操作必须定人、定机、定位。操作人员必须扎紧衣袖口，禁止戴手套。点眼人员点眼后，必须撤至锚杆机机体 1.2 m 范围以外，防止锚杆机打住钎子左旋伤人；续接钎子时，人员之间必须相互配合叫应好，防止失误伤人。

（六）事故损失和危害

这起事故使陈某头部红肿，修养一个月。

事故案例分析材料六——某矿三井掘三队张某轻伤事故

（一）事故基本情况

（1）时间、地点：2002年9月11日8时，某矿三号井431下山顶盘拐弯处。

（2）伤者概况：张某，男，49岁，工龄27年，三号井掘三队维修工。

（3）事故简单经过：2002年9月11日8时，七五点维修工张某处理431下山顶盘掘进迎头锚杆机风管跑风时，因没有合适型号U型卡子，在没有关风的情况下用铁丝联接，风管接头突然冒出，打伤其面部。

（二）事故原因

（1）伤者张某安全意识淡薄，图省劲、怕麻烦，处理跑风不先关风，是造成这起事故的直接原因。

（2）区队安全教育管理不到位，锚杆机的风管接口应该用规定型号的U型卡子联接，但在现场却用铁丝，是造成这起事故的重要原因。

（三）有关安全规定

《煤矿安全技术操作规程》规定：在接风管子或处理跑风时，先关风门，无风门时必须停压风机，风管子无风后方可作业。

（四）事故损失和危害

张某因下颌被击伤，近半月无法正常进食，带来很大的痛苦和不便。

（五）事故教训

（1）加强区队零散岗位及单岗作业人员的安全教育和管理，严格按章操作，上标准岗，干放心活。

（2）锚杆机风管联接必须使用专用型号的U型卡子，严禁用铁丝代替。

第二节　综掘机司机

一、上岗条件

（1）司机必须经过专人培训，考试合格后方可上岗。

（2）司机必须熟悉机器的结构、性能和动作原理，能熟练、准确地操作机器，并懂得一般性维护保养故障处理知识。

二、操作顺序

现场交接班→操作准备→启动综掘机各系统→截割→停机。

三、操作方法

1. 现场交接班

（1）进入工作地点认真询问综掘机的工作状况。

(2) 认真检查工作面围岩和支护、通风、瓦斯及掘进机周围情况。

2. 操作准备

开机前,对综掘机必须进行以下检查:各操纵手把、按钮、各部件螺丝、螺栓、液压油箱油位、电缆、油管水电闭锁、红外线探头、截齿、综掘机外喷雾油泵、液压系统工作压力、油缸、除尘机液压前探支护等是否完好,发现问题严禁开机作业。

3. 启动综掘机各系统

(1) 司机进入工作岗位要戴好防尘口罩。开机前必须先发警报,观察其他人员是否全部撤至桥式皮带机机尾 6 m 以外,并打开各转载点喷雾装置,合上电控箱总开关,启动油泵电机。

(2) 后支撑手把前推或下压时,撑腿抬起或落下。向前推或下压铲板操作手把,铲板抬起或下落。

(3) 行走左右把手一起前推或下压时,综掘机向前运行或后退;需转弯时,要把一个把手置于中间位置,前推或下压另一手把即可。也可一个把手下压,另一把手前推进行转弯。运行及转弯时,要防止桥式皮带机掉道和碰坏支护。

(4) 启动桥式转载皮带运输机和刮板输送机。

(5) 当耙爪操作手把向前推进或下压时,耙爪正转或反转;把手置于中间位置时,耙爪停止。耙爪正转与反转之间相互转换时,必须将把手先置于零位置,否则容易造成液压管路破裂而发生事故。

4. 截割

(1) 按下切割预警信号按钮开始报警,然后按下切割电机启动按钮,切割电机开始工作。截割头操作把手从中间位置(零位)转换到右边时割头右摆,转换到左边时左摆;前推截割伸缩把手,截割臂向前伸出,当手把后拉时,切割臂缩回。

(2) 启动截割头,严格按作业规程规定的截割顺序图作业。先底部掏槽,掏槽时向前切割 100~150 mm,必须向左或向右水平切割 200~300 mm,然后再向纵深切割,在完成一个水平掏槽之后,由左或右边缘向上切割,每向上切割 100~150 mm 须水平摆动 200~300 mm,如此切割完整个断面。

(3) 司机应经常注意清底及清理机体两侧的浮煤(岩),扫底时应一刀压一刀,以免出现硬坎,防止履带前进时越垫越高。

(4) 截割电机长期工作后,不要立即停冷却水,应等电机冷却数分钟后再关闭水路。

(5) 切割头变速时,应首先切断截割电机电源,当其转速几乎为零时方可操作变速器手柄进行变速,严禁在高速运转时变速。

(6) 切割硬度较小的岩石和掘上下山巷道及在崎岖不平的底板上作业时,要放下后支撑稳定综掘机,短进刀、下刀时必须放慢速度。

(7) 当综掘机运行过程中遇到片帮冒顶、断层等地质构造、瓦斯涌出异常、运输机运转失灵以及有透水预兆等特殊情况时,应及时停止截割进刀、退出综掘机并停止综掘机运行,及时汇报班组长以便及时组织处理。

5. 停机

当切割够一个循环进度时,收起后支撑、升起铲板,将综掘机退出迎头,放下铲板,由外向里扒装底板上的浮煤,并保证巷道底板平整,空顶距不能超过作业规程所规定的最大空顶距。将综掘机退出 3 m，把截割部放到巷道底板并使用护罩将截割部封闭，断开综掘机上的电源开关和磁力启动器的隔离开关。然后进行迎头支护工作，支护工作完成后再开始进行下一个循环截割。

四、综掘机截割手指口述

综掘机开机前，手指口述：

综掘机司机：现在准备送电开机，可以吗？

综掘机副司机：综掘机前后无人，可以开机。

皮带操作工：桥式皮带两侧无人，外部皮带已开，可以开机。

综掘机开机过程中，手指口述：

综掘机司机：开机了！现在启动运输系统，看好右侧准备截割。

综掘机副司机：知道了。

综掘机司机：现在截割完毕，右侧成型如何？后面注意，可以倒机吗？

综掘机副司机：成型不错、中线不偏，可以倒机。

综掘机倒机时，手指口述：

操作工：可以倒机。

综掘机司机：机已到停止位置，截割头已落底，现在停电，盖好截割头护罩。

五、安全规定

（1）认真检查各部件螺丝、螺栓是否齐全、完整、紧固可靠，各销、轴有无断裂现象，卡销器是否松动、脱落。

（2）检查液压油箱，各减速机油位是否符合要求。油位必须保持在油位指示范围内。

（3）检查综掘机上电缆、油管有无挤压情况，摆放位置是否得当，油管有无漏油现象。

（4）检查液压控制部分各操作手把及电控部分各旋钮是否灵可靠、准确无误。

（5）检查水电闭锁是否正常、红外线探头是否正常；检查截齿是否齐全完整，发现短缺或缺含合金钢头的必须立即更换。

（6）检查截割头运转是否正常。在截割头运转前必须确认铲板前方是否有人，只有在铲板前方无人时方可开动截割头。

（7）检查综掘机外喷雾能否正常使用，综掘机溜尾装载点的喷雾和后部桥式皮带转载点的喷雾是否符合要求，防尘装置不能正常使用时严禁开机作业。

（8）检查油泵是否正常，液压系统工作压力是否符合要求、水压是否达到要求。

（9）检查小溜减速机的运转声音、温度是否正常。

（10）检查各油缸动作是否正常。

（11）检查除尘机是否正常运转，除尘机内喷雾能否正常喷雾。

（12）截割头电机启动延时要求在 8～11 s 范围内；截割头必须在旋转状况下才能截割煤岩。不许带负荷启动，推进速度不宜太大，禁止超负荷运转。

（13）油缸行至终止时，应立即放开手柄，避免溢流阀长时溢流造成系统发热。

（14）注意机械各部、减速器和电机声响以及压力变化情况，压力表的指示出现问题时应立即停机检查。

（15）截割电机长期工作后，不要立即停冷却水，应等电机冷却数分钟后再关闭水路。

（16）切割头变速时，应首先切断截割电机电源，当其转速几乎为零时方可操作变速器手柄进行变速，严禁在高速运转时变速。

六、自保互保

（1）综掘机司机双手不得离开操作把手，一旦发生意外应立即打到零位。

（2）当综掘机副司机发现综掘机异常时，立刻按下"急停"按钮。

（3）综掘机截割下的大块煤矸，采用综掘机截割部将其破碎成小块方可进行运输。

（4）更换管路时，应将管路固定并注意信号。若乳化泵突然开启，应立即撤到所更换管路长度以外的安全地点并通知控制台停泵。

（5）发现危急情况时，必须用紧急停止开关切断电源，待查明事故原因、排除故障后方可继续开机。

（6）切割中，如发生冒顶、出水等紧急情况，应采用"急停"按钮停车。

七、事故案例

综掘机截割事故案例分析材料———张某轻伤事故

（一）事故时间

2006年10月8日早班。

（二）地点

某矿4304外段轨道顺槽。

（三）事故经过

2006年10月8日早班，在4304外段轨道顺槽夜班和早班交接班时，夜班组长张某迎头支护完毕后，一边在交接班一边站在综掘机左侧铲板前方进行连接帮网。早班接班组长汤某急于打迎头，在迎头人员未全部撤出就开起综掘机，在综掘机耙爪动作后，将夜班组长张某耙入综掘机溜子处，幸亏其他施工人员发现，及时发出信号停止综掘机运转，幸免未出现大的伤亡事故。此次事故造成张某胸部被挤压红肿。

（四）事故原因

（1）早班组长汤某未将综掘机铲板及截割臂附近人员全部撤出就开启综掘机这一违章作业，是造成事故的直接原因。

（2）班长席某不认真履行职责，在现场没有起到应有的作用，是造成事故的主要原因。

（3）现场作业人员自主保安和相互保安意识差，是造成事故的重要原因。

（五）有关安全规定

《煤矿安全技术操作规程》规定：开动掘进机前，必须发出警报，只有在铲板前和截割臂附近无人时，方可开动掘进机。

（六）事故损失和危害

这起事故使张某胸部挤伤，住院一个月，修养两个月。

综掘机截割事故案例分析材料二——王某轻伤事故

（一）事故时间

2000年6月10日早班。

（二）地点

某矿1315轨道顺槽。

（三）事故经过

2000年6月10日早班在1315轨道顺槽掘进施工过程中，综掘机司机周某将迎头截割完毕后在倒机过程中放下后支撑，将在综掘机右侧清理浮煤的王某右脚挤伤。幸亏其他施工人员发现，及时发出信号停止综掘机运转，幸免未出现大的伤亡事故。此次事故造成王某右脚挤压红肿。

（四）事故原因

（1）综掘机司机周某未将综掘机两侧附近人员全部撤出就开始倒机违章作业，是造成事故的直接原因。

（2）现场作业人员自主保安和相互保安意识差，是造成事故的重要原因。

（五）有关安全规定

《煤矿安全技术操作规程》规定：开动掘进机前，必须发出警报，只有在铲板前和截割臂附近无人时，方可开动掘进机。

（六）事故损失和危害

这起事故使王某右脚挤伤，修养一个月。

第三节　胶带运输机司机

一、上岗条件

运输机司机必须熟悉运输机的性能和构造原理，达到"四会"标准，即会使用、会保养、会检查、会排除一般故障，经三级培训机构培训考试合格、取得操作资格证后方可持证上岗。

二、操作顺序

交接班（询问上一个班的使用情况）→全面检查设备→发出信号试运转→听信号开带（或松带、紧带）→听信号停带。

三、操作方法

（1）进入工作地点，认真询问皮带运输机的上一班工作状况。

（2）胶带输送机司机在开车前应做以下工作：

①认真检查设备的传动装置、电动机、减速器、液力偶合器等各部螺栓是否齐全紧固，是否有渗漏油现象，油位是否正常。

②检查清扫器和各种保护是否可靠正常。

③检查输送带张紧是否合适，输送带接头是否良好，输送带上有无损坏输送带的硬物，输送带有无卡堵现象。

④检查各驱动滚筒、改向滚筒和上下托辊齐全、可靠、安全牢固。

⑤检查消防设施是否齐全。

⑥检查文明生产环境是否良好，各种管线有无挤压、破损。

⑦检查通讯、信号系统是否正常。

⑧机头、机尾固定部件必须齐全可靠。

（3）皮带机运行中注意事项：

①运行中要注意皮带是否跑偏和各部油温、声音及皮带接头是否正常，发现问题及时汇报处理。

②对大块煤、矸要及时处理，防止损坏皮带或造成皮带跑偏。处理煤矸时，必须停止搭接皮带机运转，并规定好事故信号及事故处理完毕信号，在处理煤矸时，两部皮带司机必须都将各自的运输机控制开关把手打到停止位置，在听到事故解除并发出开车信号时，必须将机头、机尾保护栏按规定安设齐全牢固后，方可恢复送电运转。

③在皮带机运行中，不管何处、何人发出停车信号，都要立即停车，查明原因进行处理。皮带机在运行过程中，严禁横过皮带及在皮带上方进行其他作业。

（4）听到停带信号后，立即停止皮带运输机运转并停电闭锁。

四、胶带运输机及刮板输送机司机手指口述

（1）信号灵敏可靠、按钮完好，六大保护试验正常。

（2）消防设施齐全有效，防尘喷雾正常，机头地锚固定合格。

（3）发出信号，准备开机。

（4）信号已回，开机运转。

（5）接到停机信号，停机、停电。

五、安全规定

（1）严禁超载运行。液力偶合器的使用必须符合要求，严禁使用可燃性传动介质。

（2）胶带机的旋转部位要设防护装置并挂警示牌。

（3）设备检修时必须停电、上锁、挂牌，坚持谁停电谁送电的原则。

（4）检修皮带输送机、延长皮带或缩短皮带时，严禁站在皮带机上开车，严禁用手直接拉皮带或用脚踩蹬皮带。

（5）严禁人员乘坐非乘人胶带输送机，不准用皮带运送设备和大件物料，运送小型物料必须有安全技术措施。人跨越带式输送机时要走行人过桥。

（6）带式输送机必须装设防滑保护、堆煤保护、防跑偏保护及温度保护、烟雾保护、自动洒水装置，且动作灵敏可靠。

（7）机头地点应按照规定设齐防灭火装置。

（8）及时更换胶带接头金属卡子及维修严重变形或破损的胶带接头或重新连接胶带；控制大块物料及铁器给到输送机上，若发现输送机有卡阻物，应及时清除。

六、自保互保

（1）运输机司机及其他人员严禁站在运输机司机运行方向相对侧工作或逗留，防止皮带运输机上载有长料飞出伤人。
（2）人员需要横跨皮带运输机时必须走行人过桥。
（3）任何人员严禁站在皮带运输机皮带上进行工作。
（4）皮带运输机进行检修或停止运行时，必须停电并闭锁。
（5）皮带运输机司机在确认信号无误的情况下，方可开带运行。
（6）发现皮带机皮带扣连接不合格时，及时停止皮带运输机进行打扣。

七、事故案例

皮带运输事故案例分析材料一——张某轻伤事故

（一）事故时间
2006年9月12日早班。
（二）地点
某矿130采区南翼集中皮带巷。
（三）事故经过
2006年9月12日早班，当班班长张某发现130采区南翼集中皮带巷皮带运输机一直没有开带，就对皮带进行检查。发现皮带机尾被石块堵住，于是就伸手到皮带尾内去扣石块。皮带司机郑某此时不知道皮带尾有人处理，发出皮带信号未等待收到回信号就开启皮带运输机，造成张某右臂被皮带尾缠住，右臂骨折。幸好皮带尾其他工作人员及时打信号将皮带停止，没有发生更大的事故。
（四）事故原因
（1）皮带司机郑某未收到回复信号就开启皮带运输机，是造成事故的直接原因。
（2）皮带运输机在检修期间不执行停电闭锁制度，是造成事故的重要原因。
（五）有关安全规定
《煤矿安全技术操作规程》规定：
（1）皮带运输机司机在发出开带信号后，必须接到回复开带信号后方可进行开带，并进行两次点动。
（2）在输送机上检修、处理故障或做其他工作时，必须闭锁输送机的控制开关，挂上"有人工作，不许合闸"的停电牌。
（六）事故损失和危害
这起事故造成张某右臂骨折，住院一个月，休假三个月。

皮带运输事故案例分析材料二——白某轻伤事故

（一）事故时间
2005年10月16日早班。
（二）地点

某矿 4304 皮带顺槽。

(三) 事故经过

2005 年 10 月 16 日早班,在皮带运输机检修期间,维修工文某和白某在对综掘机桥式皮带机尾电动滚筒进行检修时,白某站在停止运转的皮带上进行施工。皮带司机韩某此时不知道皮带尾有人处理,发出皮带信号未等待收到回信号就开启皮带运输机,结果造成白某被拉倒,左腿被皮带运输机机尾缠住,左小腿骨折。幸好皮带尾其他工作人员及时打信号将皮带停止,没有发生更大的事故。

(四) 事故原因

(1) 皮带司机韩某未收到回复信号就开启皮带运输机,是造成事故的直接原因。

(2) 皮带运输机在检修期间不执行停电闭锁制度,是造成事故的重要原因。

(五) 有关安全规定

《煤矿安全技术操作规程》规定:

(1) 皮带运输机司机在发出开带信号后,必须接到回复开带信号方可进行开带,并进行两次点动。

(2) 在输送机上检修、处理故障或做其他工作时,必须闭锁输送机的控制开关,挂上"有人工作,不许合闸"的停电牌。

(六) 事故损失和危害

这起事故造成综掘机维修工白某左小腿骨折,住院两个月,休假半年,给白某带来了严重的经济损失和身体的痛苦。

第四节 刮板运输机

一、上岗条件

(1) 刮板运输机(以下简称溜子)司机必须由经过专门培训、熟悉设备性能和一般构造原理、经考试合格的专职人员担任,并持证上岗。

(2) 刮板运输机的司机应做到:一坚守、二做到、三勤快、四严格、五认真。

二、操作顺序

交接班(询问上一个班的使用情况)→检查设备→发出信号试运转→听信号开机→听信号停机→清扫设备,搞好卫生。

三、操作方法

1. 交接班时注意事项

(1) 认真检查传动装置中各部螺栓是否齐全、牢固。

(2) 检查通讯信号系统是否畅通,操作按钮是否灵敏可靠。

(3) 检查减速器油量是否符合规定,检查联轴节及减速箱有无渗漏现象。

2. 操作注意事项

(1) 溜子要铺设平、直、稳、牢固,接头严密,刮板、螺丝零部件齐全,刮板不弯曲，防护设施可靠，链子松紧适宜。

（2）溜子要安设灵活、清晰、可靠的信号装置。信号装置要保护好，吊挂整齐，不受挤压，防止损坏。溜子司机要做到：信号不清不准开车，不准乱打信号。

（3）溜子司机必须严格执行现场交接班制度和岗位责任制。每班开机前，要空载运行一周，检查电机运行是否正常，刮板、螺丝是否齐全、可靠，发现问题及时处理。无问题后，按信号开车。

（4）溜子司机的操作位置必须离开溜子 500 mm 处，任何情况下不准冲着运煤方向。开车前，要检查溜子中是否有人及大的物料。如发现溜子中有人不得开车。开车时要先发出开车信号，然后点动开关 2～3 次，间隔 5 s，刮板最大移动距离不大于 200 mm。无问题后再进行开车。

（5）若溜子启动不起来，应及时停车，查明原因，进行处理。连续启动不得超过三次，启动时间不超过 15 s。

（6）在溜子运转过程中，司机不得脱离操作地点，要集中精力注视溜子运行情况，发现异常或无论任何人在任何地点发出信号都要立即停车，查明原因，处理完毕后方可继续开车。

（7）延长或缩短溜子时，采用 5 t 葫芦张拉刮板链的方式将刮板链连接处摘开，然后抽接溜子。抽接溜子时，必须将链子拾下机头链轮并切断电源。班组长应在现场负责检查安全工作，每次延长或缩短完毕后，必须及时检查溜头、溜尾的地锚固定情况，地锚打设及连接做到齐全可靠。

（8）在溜子运转过程中，发出信号停车后，开车时还由发出停车信号者发出信号，严禁乱打启动和催动信号。如果在运转过程中出现事故，要立即发出信号停车处理，并同时发出事故信号。事故处理完毕，要发出事故解除信号，方可开车。在处理事故过程中，无论何处发出信号，都严禁开车，以防发生意外事故。

（9）运转过程中要经常检查电动机、减速器和各轴承的温度是否正常，一般不能超过 65 ℃～70 ℃。当闻到焦糊烟味时，说明温度过高，应立即停止运转，进行详细检查和处理。

四、手指口述

（1）信号灵敏可靠、按钮完好，六大保护试验正常。

（2）消防设施齐全有效，防尘喷雾正常，机头地锚固定合格。

（3）发出信号，准备开机。

（4）信号已回，开机运转。

（5）接到停机信号，停机、停电。

五、安全规定

（1）点动输送机，无问题后试运转一圈，细听各部声音是否正常，检查所有链条、刮板链连接螺栓有无丢失或松动和弯曲过大等现象。

（2）在处理事故过程中，无论何处发出开车信号，都严禁开车，以防发生意外事故。

（3）禁止在溜子里乘人和运送爆炸材料及溜头、电机及其他物料设备。

（4）链条出槽时不能用手扶、脚蹬的办法复位。接链及调整链子长度，可采用紧链器配合手拉葫芦进行。接链及调整链子时，必须切断溜子电源。手拉葫芦额定载荷不低于 5 t，接链地点必须支护牢固、可靠。

(5) 断底链需吊溜子时，要在起吊处顶板打设起吊锚杆，使用 5 t 葫芦配直径不小于 18.5 mm 的新钢丝绳套进行起吊。起吊锚杆必须使用双帽紧固；吊起的溜子要垫牢固。需反倒溜子时，要清扫干净溜子上的煤、矸、料。

(6) 停车维修时，必须停电进行并严格执行停送电制度。

(7) 司机要经常检查机头、机尾处的地锚固定情况，确保地锚齐全可靠；机头周围 5 m 处浮煤、矸石、物料要清理干净，机头、电机上方煤尘要及时清除，保持清洁。不得有煤粉、矸石、淤泥、物料埋住电机。

(8) 凡转动或传动部位应按规定设置保护罩或保护栏杆；机尾应设盖板；需横跨溜子的地点要设过桥。

(9) 溜子搭接处要垫上木座并打设地锚，地锚应牢固可靠，木座应垫实。两部溜子与溜尾搭接时，搭接高度不得低于 0.5 m。

(10) 所有固定溜子必须安设挡煤板。

(11) 紧、接链时使用紧链器进行，严禁点开电动机进行接链、紧链。

六、自保互保

(1) 所有人员都要避开运输机的机头和机尾方向，防止发生折溜伤人。

(2) 刮板机在运行中发现有闷车、跳链、跳齿、机械部件运转声音不正常，有大块浮煤等异物时，应及时停机进行处理。

(3) 防止链轮咬进杂物，如发现刮板链下有矸石或金属杂物，要立即取出；边双链的刮板链长短调整一致，过度弯曲的刮板要及时更换，缺少的刮板要补齐。因链轮咬进杂物而造成掉链，可以反向断续开动或用撬棍撬，刮板链就可上轮。如果掉链时链轮咬不着链条，即链轮能转而链条不动，只可用紧链装置松开刮板链，然后使刮板链上轮。

(4) 如果煤中夹有矸石或拉上坡时，可以加密刮板；刮板输送机的机头、机尾略低于中部溜槽，呈"桥"形。发现刮板链飘出以后，首先停止装煤，然后对刮板输送机的中间部进行检查；如果不平，应将中间垫起。放煤时如果冲力太大而常靠一边，可在放煤口的溜槽帮上垫上一块木板，或铺一块搪瓷溜槽，块煤经过木板或搪瓷溜槽减少冲力，使煤流到溜槽中间。

(5) 在生产班中发现底链出槽时，应将溜槽垫平，特别是调节槽，将溜槽里的煤运干净，再将输送机打倒车，在一般情况下底链出槽段经过机尾处都能恢复正常。

七、事故案例

只因思想麻痹　出事悔之晚矣
——某矿一井掘进三队宋某重伤事故案例解析

(一) 事故基本情况

(1) 时间、地点：1995 年 7 月 20 日 18 时 10 分，某矿一井 777 溜子道。

(2) 伤者概况：宋某，男，26 岁，初中文化，1994 年 6 月入矿，一井掘进三队掘进工,农民包工队员。

(3) 事故经过:1995年7月20日中班,宋某在777溜子道迎头看溜子时,由于本人安全意识淡薄,选择看溜子位置不当,加上思想麻痹、精力不集中,溜子开起来时,被拉出来的大石头将溜子挤住,溜头被拉歪,将电机顶到煤壁上,电机的接线盒挤住了宋某的小腿,造成其粉碎性骨折。

(二) 事故原因

(1) 宋某安全意识淡薄,自主保安能力不强,没选好看溜位置,思想麻痹,是造成这次事故的直接原因。

(2) 区队安全教育不扎实,迎头人员重进度、轻安全,在扒装时没有事先将大石头敲碎,是事故发生的主要原因。

(三) 有关安全规定

作业规程规定:溜子司机的操作位置必须在溜头0.5m以外处,任何情况下不准冲着运煤机方向。开溜前,要检查溜子中是否有人及大物件。如发现溜子中有人及大物件,不准开溜子,必须撤出人员或处理好大的物件后方可开溜子。

(四) 事故损失和危害

这起事故不仅给区队造成一定的经济损失和不良影响,而且给伤者造成终身痛苦,伤者治愈后被包工队辞退。

(五) 事故教训

(1) 在工作现场必须集中注意力,按章操作,发现问题及时处理,防患于未然,事故是可以避免的。

(2) 如果现场安监、管理人员充分发挥安全监督作用,及时清除工作现场存在的不安全因素,事故也不会发生。

第五节 综掘迎头延长皮带机尾

一、操作顺序

检查现场情况→发出信号试运转→延长皮带尾→固定皮带机尾→回复皮带运输机。

二、操作方法

(1) 班组长安排迎头人员将迎头物料、设备、工具清理回撤到指定地点,按照标准码放整齐。

(2) 班组长、综掘机司机、副司机、皮带尾操作工巡视检查,确认综掘机铲板前方、综掘机两侧、桥式皮带后6m范围内无人后,准备倒机延带。

(3) 综掘机司机发出警报,送电倒机。

(4) 倒机过程中,司机要集中精力、正确操作,观察司机侧的情况,同时副司机要注意观察另一侧的情况,发现问题及时发出警报或使用"紧急停止";皮带尾操作工要时刻注意桥式皮带小跑车的运行情况,若发现小跑车走不正或掉道,要立即向综掘机司机发出警报并采取措施进行处理。

(5) 综掘机倒到位后，皮带尾操作工向司机发出到位停止信号，并向皮带运输机司机发出松带信号。

(6) 皮带运输机司机接到松皮带信号后，将皮带松开，然后向带尾回信号，表明皮带已松开。

(7) 班组长安排人松开皮带尾的固定，将皮带尾与桥式皮带拴好，然后向司机发出信号延皮带。

(8) 司机接到延皮带的信号后，首先要对综掘机前后及两侧巡视，无问题后发出警报开始延带。

(9) 到位后皮带尾操作工发出信号，班组长安排人固定皮带尾，安装 H 架、架杆、滑子。

(10) 固定安装完毕后，操作工向运输机司机发出紧带、开带信号。

三、综掘迎头延长皮带机尾手指口述

综掘机倒机前手指口述：

综掘机司机：现在准备倒机延皮带，怎么样？

综掘机副司机：物料、人员已撤出，可以倒机。

皮带尾操作工：综掘机两侧无人，可以倒机。

综掘机倒机时手指口述：

综掘机司机：现在开始倒机，看好皮带尾。

皮带尾操作工：机已到位，请停机停电。

班长或组长：发信号，松开皮带。

皮带尾操作工：信号已发出，皮带已松开。

综掘机司机：皮带尾是否拴好。

皮带尾操作工：皮带尾已拴好。

综掘机司机：现在开始延带，注意听清信号。

皮带尾操作工：信号已回，延带。

综掘机司机：皮带尾延到位了吗？

皮带尾操作工：皮带尾已延到位，请停机停电。

综掘机到位时手指口述：

综掘机司机：综掘机已停机停电，请固定皮带尾，使好 H 架、架杆、滑子。

操作工：皮带尾已按标准固定完毕，H 架、架杆、滑子已按标准设好，可以紧带、开带。

班组长：发出信号，紧带、开带、调试皮带。

四、安全规定

(1) 延皮带过程中，皮带尾操作工要随时观察皮带尾的运行情况，发现不正时要及时调整，发现皮带异常时要及时与皮带司机联系。

(2) 延长皮带过程中，综掘机桥式皮带机两侧和皮带机尾外 6 m 范围内严禁有人停留或工作。

(3) 皮带机尾延长到位后，必须对皮带运输机机尾重新固定方可进行开机运转。
(4) 延长皮带尾过程中，所有参与人员必须集中精力，听清信号相互配合好。

五、自保互保

(1) 皮带尾与综掘机连接处必须连接牢固，经第二人检查无误后方可进行牵引。施工人员必须闪开连接钢丝绳断绳方向。
(2) 施工人员要看好自己的脚下，不要放到设备下方。
(3) 皮带尾操作工要看好皮带机尾小跑车的运行情况，并避开小跑车掉道方向。
(4) 施工人员相互叫应好，相互监督。

六、事故案例

综掘机延长皮带运输机机尾事故案例分析材料————李某轻伤事故

(一) 事故时间
1999年2月8日早班。

(二) 地点
某矿1315皮带顺槽。

(三) 事故经过
1999年2月8日早班，早班人员接班后，班长李某某组织人员进行延长皮带运输机机尾，李某某开机，李某某在综掘机右侧清理浮煤，桥式皮带机尾附近施工人员钱某看皮带运输机机尾，当钱某和皮带司机联系后松开皮带运输机张紧装置并将皮带尾与综掘机连接完毕，示意综掘机司机李某某开机开始延长皮带机机尾。在综掘机开机过程中，将李某某右脚挤伤。

(四) 事故原因
(1) 早班班长李某某未将综掘机两侧人员撤出就开综掘机进行延长皮带机机尾这一违章作业，是造成事故的直接原因。
(2) 现场作业人员自主保安和相互保安意识差，是造成事故的重要原因。

(五) 有关安全规定
《煤矿安全技术操作规程》规定：开动掘进机前，必须发出警报，只有在铲板前和截割臂附近和综掘机两侧无人时，方可开动掘进机。

(六) 事故损失和危害
这起事故使李某某右脚被挤伤，住院20天，修养两个月。

第六节　皮带尾（溜尾）固定

一、上岗条件

(1) 固定人员必须由专职支护工担任。
(2) 支护工必须经过专门培训，考试合格后方可上岗。
(3) 支护工必须掌握作业规程中规定的地锚相关技术参数和质量标准等，熟练使用作业工具，并能进行检修和保养。

二、操作顺序

施工准备→点眼→打眼→安装锚固剂→固定锚杆→使用钢丝绳绳套、锚杆盘及螺母。

三、操作方法

1. 施工准备

(1) 根据工作需要备齐施工工具。

(2) 检查风水带和密封圈完好情况，发现有破损漏风、水的要及时更换。检查两端接头上的密封圈是否完好，若发现破损应及时更换。

2. 点眼

(1) 根据皮带尾（溜尾）按中线延长后的位置，在皮带尾（溜尾）后部两侧根据钢丝绳绳套的长度在巷道底板进行点眼。

(2) 首先将钻杆安放在风钻上，掌钎点眼人一手握住钻杆中上部，一手帮助钻手扶住钻机。钻手缓送气腿阀门，使气腿慢慢升起，对准眼位顶紧，点动钻机，待眼位固定并钻进 30～50 mm 深度后，点眼人退到钻手身后侧负责监护。

3. 打眼

(1) 按锚杆眼的位置将风钻调整好，使其与巷道底板垂直或成不小于 75°角度，保证地锚眼垂直于底板深度不小于 1.0 m。钻进中钎子不能上下左右移动。风钻不准重叠布置，风钻下不准站人。

(2) 待点眼人退到钻手身后侧负责监护，钻手开水并加大风量钻进。打眼时，钻手要立于风钻一侧，不准用两腿夹住钻腿，也不准手握风钻钻腿。直至钻进至设计深度，保证地锚外露长度在 200～250 mm 内，然后先关风再关水。

(3) 地锚眼打好后用吹杆将眼内的岩渣、积水清理干净，使孔壁清洁。

4. 安装锚固剂

(1) 每条地锚采用 1 块 MSCK2350 树脂药卷（红色）和 2 块 MSK2350 树脂药卷（白色）固定。

(2) 锚固剂排列顺序：MSCK2350 树脂药卷（红色）位于最里端，2 块 MSK2350 树脂药卷（白色）位于外端。

5. 固定锚杆

将锚固剂按顺序依次送入锚杆眼内，用锚杆顶住锚固剂，然后在锚杆末端安设搅拌器并将搅拌器安放在锚杆机上，然后移动（升起）锚杆机，将锚固剂顶到眼底，接着开动锚杆机带动锚杆旋转，搅拌锚固剂，并随搅拌将锚杆顶入锚固剂内，保持锚杆外露在 200～250 mm。搅拌时间达到 30 s 后停止搅拌，再等待 10～60 s 后撤去锚杆机，取下搅拌器。锚固剂固化前，不得使杆体移位或晃动。

6. 使用钢丝绳绳套、锚杆盘及螺母

每条地锚与 1 条直径不小于 18.5 mm、长度适宜的新钢丝绳绳套以及锚杆托盘（钢丝绳绳套套口过大时采用规格为 200×200×20 mm 的锚钉盘）和锚杆帽固定，锚杆帽必须采用力矩扳手上紧。

四、皮带尾（溜尾）固定手指口述

班组长：准备支护，运进材料、工具，试验锚杆机。
操作工：全部准备完毕。
班组长：请开 1 号水门、1 号风门，检验管路是否畅通，检验锚杆机是否正常。
操作工：全部检查完毕，畅通、正常。
班组长：点眼！
掌钎工：已定好眼位，开始打眼！（打眼时严格执行好相关的操作规程）
操作工：眼已到位，准备安装。
掌钎工：已准备完毕，准备紧固。
操作工：开始紧固锚杆，注意安全。（紧固时相关人员一定要闪开操作把手左边，以防锚杆机左旋伤人）
操作工：锚杆已紧固完毕，检查支护质量。
操作工：质量符合规定，打下一个眼。

五、安全规定

（1）检查搅拌器完好情况，观察各处焊接点是否牢固，有无开裂现象；固定螺栓是否齐全，有无滑丝失效现象。发现存在问题时更换合格搅拌器。
（2）打眼过程中，钻进中钎子不能上下左右移动，以免造成闷气断钎伤人。两台及以上风钻打眼时要划分好范围，风钻不准重叠布置，风钻下不准站人。还必须做到：定人、定机、定位。
（3）掌钎点眼人严禁戴手套，衣袖口要扎紧，并系好工作服纽扣。打眼时，钻手要立于风钻一侧，不准用两腿夹住钻腿。也不准手握风钻钻腿。锚杆机周围 1.2 m 范围内，除钻手外不准其他人员靠近，防止打住钎子、锚杆机左旋伤人。
（4）打至设计深度后，来回串动钻杆清除钻孔内煤岩渣。
（5）锚杆眼打好后应用吹杆将眼内的岩渣、积水清理干净，使孔壁清洁。

六、自保互保

（1）吹眼时，无关人员要立即撤出。吹眼的俩人要配合好，要把吹杆慢慢伸入眼内，并随吹杆的伸入逐渐加大风量，以免堵塞吹杆。开风吹眼时，人要躲开钻孔方向。供风量的大小用阀门控制，不准用馈风管子代替阀门。
（2）打眼过程中，时刻观察施工地点顶板情况，若出现裂隙、掉渣、顶板有响声等，需及时进行"敲帮问顶"。

七、事故案例

皮带运输机机尾固定事故案例分析材料———周某轻伤事故

（一）事故时间
2004 年 5 月 8 日早班。

（二）地点

某矿 4306 皮带顺槽。

（三）事故经过

2004 年 5 月 8 日早班，早班人员接班后，组长席某组织人员进行延长皮带运输机机尾后，班长刘某安排周某、贾某固定皮带运输机机尾。在打设皮带机尾地锚过程中，周某用双腿夹住钻腿，由于打设过程中钻腿推力过大，钻腿挤住周某的右脚，造成周某右脚脚面红肿。

（四）事故原因

(1) 周某在打设地锚过程中用腿夹住钻腿这一违章作业，是造成事故的直接原因。

(2) 现场作业人员自主保安和相互保安意识差，是造成事故的重要原因。

（五）有关安全规定

《煤矿安全技术操作规程》规定：风钻打眼时，钻手要立于风钻一侧，不准用两腿夹住钻腿，也不准手握风钻钻腿。

（六）事故损失和危害

这起事故使周某右脚被挤伤，住院 20 天，修养两个月。

第七节　小绞车司机

一、上岗条件

(1) 小绞车司机必须经专业培训考试合格后，持证上岗操作。

(2) 小绞车司机必须了解绞车的结构、性能、原理、主要技术参数、完好标准和《煤矿安全规程》的相关规定，能进行一般性检查、维修、润滑保养及故障处理。按照本规程要求进行操作。

(3) 小绞车司机必须了解绞车巷道的基本情况，如巷道长度、坡度、变坡地段、中间水平车场、支护方式、轨道状况、安全设施配置、信号联系方法、牵引长度及规定牵引车数等。

二、操作顺序

检查绞车、安全设施、运输路线及钢丝绳→发出信号试运转→挂车→发出信号→听信号开车→听信号停车→摘车→绞车电源开关停电闭锁。

三、操作方法

1. 上岗前的检查

(1) 检查小绞车工作闸的动作是否可靠。检查当闸皮紧靠闸轮的状态下闸柄是否距极限位置尚有一定的余量，若无应用调整螺母及时调整，使其符合操作规程的规定。

(2) 开车前，应首先检查绞车固定是否良好，安全间隙、制动闸、限位螺丝、销轴、按钮、回铃、护板、钢丝绳等是否符合规定，必须做到绞车设备好、巷道规格及支护好、轨道质量好；有信号及躲避硐室是否有声光兼备信号，如有问题必须及时汇报或设法处理，否则不准开车；岗位责任制、检查维修维护制度是否落实。

（3）绞车运行前，必须由绞车司机、信号把钩工至少三人进行设备及安全设施检查和线路巡检并站岗，以防出现意外。具体要求如下：绞车运行前，绞车司机进入操作岗位等待开车信号，信号工进入躲避硐室准备接收并发出信号，同时巡检人员进入巷道内从外向里详细检查巷道沿途的物料垛放、安全设施、钢丝绳磨损、保安绳固定以及人员等情况，确保各项安全和运输设施齐全有效，保安绳固定牢固可靠，同时撤出人员至绞车钢丝绳运输行程以外并清除路面障碍物，确保安全和畅通无误后，方可发出开车信号。否则，不得发出开车信号，只有当所有问题处理完后，方可发出开车信号。

（4）小绞车在正式开动之前应点动一下，检查滚筒表面露出的钢丝绳缠绕是否正常和钢丝绳有无明显断丝、断股或打结现象，如发现不正常现象应及时进行处理后方能正式使用。

2. 小绞车操作

（1）绞车司机在获得开车信号后，先送电 $1\sim 2$ min 以通过语言报警通知工作人员即将开动绞车，启动电机，然后绞车才可运转，若发现异常情况应立即停车处理。

（2）开车前必须对信号进行检查保证其使用可靠。绞车信号规定如下：

一声：停车；二声：进车；三声：出车；五声：事故；六声：行人；七声：解除。绞车司机听不清信号时，严禁开车。

（3）在下放重物时，应注意钢丝绳拉紧状态，如下放中突然发现钢丝绳出现松弛现象（可能时出现了掉道或局部阻力），要及时放慢下放速度，使钢丝绳保持适当的拉紧状态；上提重物时要注意钢丝绳有无突然颤抖现象和电动机声响是否正常，如发现钢丝绳颤抖严重或电动机声响不正常，应及时减慢速度或停车查明原因。

（4）小绞车运行中要注意钢丝绳是否夹入底层钢丝绳缠绕圈中，以防止滚筒向下放方向旋转而钢丝绳却向上提方向运动的不正常情况的发生。

（5）钢丝绳在滚筒上缠绕盘绳时，应按顺序排列，严禁用手拨、脚蹬或其他物料拨动进行盘绳。每次开、停车时，必须逐渐增、减速度，不允许作急骤的开、停车，以防损坏传动机件（特殊情况例外）。松车时必须送电，使滑轮松，严禁放飞车。

（6）接近停车位置时，应先慢慢闸紧制动闸，同时逐渐松开离合闸，使绞车减速。听到停车信号时，闸紧制动闸，松开离合闸，停车停电。

（7）当采区小绞车停止使用时，应及时停掉电源，并将制动闸手柄置于制动位置。

四、小绞车司机手指口述

（1）绞车固定牢固，按钮完好，钢丝绳无断丝，安全设施齐全，灵活可靠，信号清晰，等待开车。

（2）滑头已挂好，安全设施已打开，请发出开车信号。

（3）信号已发，行车严禁行人。

（4）已接到开车信号，准备开车。

五、安全规定

（1）绞车运行必须严格执行"行车不行人、行人不行车"制度，安装在各行人道口的

"正在行车，不准行人"的语言报警必须正常有效。

（2）小绞车司机上岗必须做到"六不开"：绞车不完好不开，钢丝绳打结断丝或磨损超限不开，安全设施及信号设施不齐全不开，超挂车不开，信号不清不开，"四超"车辆无专项运输措施不开。

（3）在提升过程中绞车垛绳、突然停车，钢丝绳受力太大出现卡、挤压等现象时要立即停车检查；并应经常检查钢丝绳断丝情况。如断丝超过规定或锈蚀严重，有点蚀、麻坑及外层钢丝绳松动等现象，应立即采取措施或换绳后方准开车。

（4）禁止两个闸把同时压紧，以防烧坏电机。

（5）启动困难时，应查明原因，不准强行启动。

（6）应根据提放煤、矸、设备、材料等载荷不同和斜巷的起伏变化，酌情掌握速度，严禁不带电放飞车。

六、自保互保

（1）绞车运行期间，严禁任何人进入绞车钢丝绳道内，避开钢丝绳断绳方向。

（2）当采区小绞车停止使用时，应及时停掉电源，并将制动闸手柄置于制动位置。

（3）绞车司机必须站在绞车护绳板后部操作。

（4）在运输过程中，应使用安全设施。

七、事故案例

绞车运输事故案例分析材料一——孙某轻伤事故

（一）事故时间

2006年8月10日中班。

（二）地点

某矿Ⅲ区集中轨道巷。

（三）事故经过

2006年8月10日中班，孙某、张某、李某、张某四人在Ⅲ区集中轨道巷转运支护料施工时，绞车司机孙某将装有支护材料的车盘自底车场向上拉车至中途，由于车盘掉道造成钢丝绳吃力，绞车排绳及运输困难，绞车司机孙某没有听信号，未将绞车停止运行，采用绞车生拉硬拖复位，用钢钎一手开车一手处理爬绳，此过程中钢丝绳突然跳出打在孙某的左手食指，造成指甲脱落。

（四）事故原因

（1）绞车司机孙某听到信号未及时停车，采用边开车边使用钢钎处理钢丝绳违章操作，是造成事故的直接原因。

（2）现场作业人员自主保安和相互保安意识差，是造成事故的重要原因。

（五）有关安全规定

《煤矿安全技术操作规程》规定：

（1）矿车掉道时禁止用小绞车硬拉复位。

（2）绞车司机必须在护绳板后操作，严禁在绞车侧面或贯通前面（出绳侧）操作，严禁一手开车一手处理爬绳。

（六）事故损失和危害

这起事故使孙某左手食指指甲脱落，住院10天。

绞车运输事故案例分析材料二——袁某重伤事故

（一）事故基本情况

（1）时间、地点：2004年10月18日3时，某矿一430南大巷9010一节底车场。

（2）伤者概况：袁某，男，44岁，初中文化，1997年12月参加工作，井下摘挂工。

（3）事故简单经过：2004年10月18日夜班，袁某在9010一节底车场摘挂。3时许，从二节顶盘往外推车，拥到一节底盘时，将前面第一个载车撞到底弯路上，只是两个轮子下辙。这时袁某摘开连接环后将后两个车向后推了1m掩住，然后反向用背部向后倒第二个载车。此时，下辙的第一个载车下滑，将袁某左前臂挤伤，造成左尺骨骨折、下尺绕关节脱位，经医院诊断为重伤。

（二）事故原因

（1）袁某自主保安意识差，当发现煤矿车脱轨时，没有立即汇报班长组织人员处理，在未将矿车掩好的情况下，图省劲、怕麻烦，违章操作，是造成这起事故的直接原因。

（2）班长班前会安排工作不符合现场实际，现场工作人员不足，一人兼顾两个岗位，是造成事故的直接原因。

（3）区队领导对班长安排的工作不闻不问，责任落实不到位，是造成这起事故的重要原因。

（三）有关安全规定

《煤矿安全技术操作规程》规定：车辆脱轨时，要组织人员按照有关规定进行复辙，严禁信号把钩工个人复辙。

（四）事故损失和危害

这起事故造成袁某左臂受伤，不能再从事重体力劳动，给今后的生活带来终生不便。

（五）事故教训

（1）现场工作中，要严格按章操作，搞好自主保安和相互保安。

（2）加强单岗作业人员的教育和管理，认真接受教训，杜绝类似事故发生。

绞车运输事故案例分析材料三——孙某重伤事故

（一）事故基本情况

（1）时间、地点：2006年2月20日8时20分，某矿矸石山顶。

（2）伤者概况：孙某，男，46岁，初中文化，1977年参加工作，运搬区矸石山扒子工。

（3）事故简单经过：2006年2月20日8时20分，矸石山北钩松下100m左右时，信号工王某发现南钩绳跳动，估计发生故障，立即打信号停车，当走到矸石山顶回头轮处时，发现伤者孙某倒在回头轮附近。

（二）事故原因

（1）孙某违反岗位责任制度规定，在开钩期间随意走动，被钢丝绳刮倒，是造成这起事故的直接原因。

(2) 区队安全教育管理不到位，职工安全意识淡薄，上岗违章作业，是造成这起事故的主要原因。

(三) 有关安全规定

(1) 扒子工在开钩期间严禁随意走动，防止钢丝绳刮伤身体。

(2) 扒子工严格执行岗位责任制，在作业时应四下看好并站稳，防止滑倒。

(四) 事故损失和危害

伤者失去一条手臂，医疗费用达数万元，造成终身残疾；同时给公司安全生产造成很坏的负面影响。

(五) 事故教训

(1) 认真组织职工学习《煤矿安全技术操作规程》，各工种要严格按岗位标准规范操作，杜绝违章作业，消除不安全行为。

(2) 分三班组织职工学习事故案例，举一反三，抓好现场安全工作，杜绝各类事故发生。

(3) 认真抓好职工的安全教育，严格按照"三不伤害"的原则，搞好自主保安和相互保安。

第八节 梭车司机

一、上岗必要条件

(1) 梭车司机必须经培训合格后，持证上岗操作。

(2) 梭车司机必须了解梭车的结构、性能、原理、主要技术参数、牵引能力及完好标准，并会一般性检查、维修、保养及故障处理。

(3) 梭车司机必须了解梭车沿线的基本情况、变坡地段、信号联系方法、信号设置地点及规定牵引车数。

二、安全规定

(1) 梭车使用必须执行"停车停电、停电闭锁"制度，司机在离开岗位前，必须停电并闭锁，防止误操作造成事故。

(2) 每次开始运输前，必须首先检查梭车的安全设施是否齐全有效，托绳轮、导向轮、压绳轮等是否齐全有效，回绳站固定是否牢固可靠，同时清除路面障碍物，确保安全和畅通。

(3) 梭车应根据运输对象和巷道条件等情况决定梭车滑轮的松紧程度，确定梭车的牵引速度的大小，运送支护材料、综掘机部件等大型设备时须慢速。运行过程中，要时刻注意钢丝绳牵引力大小的变化，出现异常时必须停止梭车运行，发出信号进行处理，处理不好不准开车。

(4) 每次开、停车时，必须逐渐增、减速度，不允许作急骤的开、停车，以防损坏传动机件。

(5) 司机在工作中要熟悉运输路线的坡度变化等情况,在钢丝绳上作好标记,以便到适当位置增减速度或停车。松车时必须送电,用滑轮松车,以防意外。

(6) 梭车绳轮上钢丝绳出现打滑现象时,司机应立即停车,检查原因并进行处理,处理不好严禁开车。

(7) 巷道内轮系的维护:压绳轮、托绳轮、外绳轮和纠偏轮的轮系要随时清理浮煤等杂物,保证转动灵活,并定期加润滑油。轮体磨损严重的要及时更换。

(8) 在运行中出现车辆掉道时,不能用梭车强行复轨,必须先发停车信号再进行处理。采用"杠杆法"复轨,杠杆采用12#工字钢或22 kg/m的铁路;复轨时,将工字钢或铁路一端伸入矿车端头下部的一段不少于200 mm,并在其下面垫上枕木或木板,把矿车撬起并慢慢移动工字钢或铁路,使矿车复轨。复轨人员在另一端压"杠杆"时,必须在"杠杆"的一侧,用力一致叫应好,防止"杠杆"反弹伤人。复轨后检查轨道是否符合规定,发现问题妥善处理;清理车辆周围工具,人员撤离至安全地点后方可正常操作。

(9) 回绳站随巷道每掘进150 m延伸一次,回绳站采用地锚固定,锚杆采用$\phi 18 \times 1800$ mm的20MnSi螺纹钢锚杆,每条锚杆采用两块树脂药卷锚固并配双螺帽及托盘固定,锚固力不小于83.3 kN。

(10) 梭车使用后必须对轮衬磨损情况进行日常检查,当轮衬因磨损形成明显沟槽导致钢丝绳咬绳、爬绳时,必须对轮衬进行更换处理。

三、上岗前的检查

(1) 信号工检查信号系统是否齐全有效。

(2) 梭车司机检查梭车固定是否可靠,梭车的安全间隙、制动闸、限位螺丝、销轴、信号装置、护板、钢丝绳等是否符合规定,复查各项记录是否属实;把钩工检查牵引车钢丝绳固定及尾绳轮固定情况,并对沿途钢丝绳磨损情况进行认真检查,发现问题必须立即进行处理,当班无法处理时必须汇报区队值班领导并标明梭车停止运行。

(3) 全面检查结束后,梭车司机进入操作岗位等待开车信号,信号工进入躲避硐准备接收并发出信号,同时把钩工进入巷道内从外向里详细检查巷道沿途的物料堆放、安全设施、轮系、钢丝绳磨损、回绳站固定等情况,确保各项安全及运输设施齐全有效,尾绳轮固定牢固可靠,如路面有障碍物应及时清除,确保安全畅通无误,所有问题处理完后方可从尾绳轮处发出开车信号。梭车运行出车前,尾绳轮处的信号工必须站岗把勾,严禁任何人进入绳道内。

(4) 开车前必须对信号进行检查保证其使用可靠。梭车信号规定如下:一声:停车;二声:进车;三声:出车;五声:事故;六声:行人;七声:解除。梭车司机听不清信号,严禁开车。

四、操作注意事项

(1) 梭车司机在获得开车信号后,先送电1~2 min以通过语言报警通知工作人员,注意开车方向,启动电机,确定电机运转方向后梭车即可运转,发现异常情况应立即停车处理。

(2) 梭车司机操作时必须精力集中、谨慎操作,不得擅离工作岗位,不得做与本岗位无关的事情。

（3）梭车信号工要时刻注意钢丝绳运行情况，严防钢丝绳被压绳轮卡住而损坏，发现情况立即发出信号停车处理。

（4）梭车司机应根据运输对象和巷道条件等情况决定梭车滑轮的松紧程度，确定梭车的牵引速度的大小，运送支护材料、综掘机部件等大型设备时须慢速。

（5）接到停止信号或离开操作台时，必须停电、闭锁。

（6）梭车运行期间，严禁任何人进入梭车钢丝绳道内。

（7）严禁设备带病运转。

（8）司机必须严格按信号开车，信号不清严禁开车。梭车司机在获得开车信号后，应先给声光信号送电，使声光信号正常工作，然后正常启动电机，梭车运转；在运行期间，梭车司机应集中精力，密切注视钢丝绳运行情况，发现异常现象或获得停车信号时，应立即制动梭车、切断电源。

（9）摘挂钩时必须停车，挡车棍、吊梁等安全设施的使用必须正确。

（10）梭车在运行中，任何人不得用手、工具或其他物品触及钢丝绳、压绳轮、托绳轮、尾轮、牵引车等。

五、薄弱环节

（1）绞车司机盲目操作，精力不集中。

（2）区队对职工的安全教育不够，职工业务水平低。

（3）不严格执行"停车停电、停电闭锁"制度。

（4）未按照规定检查梭车的安全设施是否齐全有效。

（5）在运行中出现车辆掉道时，用梭车强行复轨。

六、手指口述

重点检查内容：闸、离合器、声光（语言）信号、红绿灯（语音警号）、基础固定、钢丝绳等安全设施齐全。

开车前手指口述：

闸、离合器完好，声光信号正常，确认完毕。

梭车基础固定，安全设施齐全可靠，确认完毕。

经检查一切正常，可以开车，确认完毕。

接到开车信号后，手指梭车大声口述：

信号已接收，人员已撤离，信号已回复，现在开车，开车了……

本工序适用范围：本工序适用于许厂煤矿梭车司机现场作业。

七、事故案例

2004年5月23日早班，某矿综掘一队曾某和孙某二人在运送料车时，由于曾某送电时把开关把手送反，牵引车车便反方向往里拉，孙某发现后立即打了停车信号，可曾某认为料车离牵引车很近，车开出来自己就能看到，便没有停车，牵引车开到了尾轮处将绳拉断，牵引车领车及料车沿路快速下滑，被领车自带制动闸将车挡住，侥幸没有造成严重后果。

第九节 综掘机司机

一、上岗条件

(1) 综掘机司机必须由经过专门培训、考试合格、取得司机证的人员担任，并持证上岗，其他人员不准随便开机。

(2) 司机必须熟悉机器的结构、性能和动作原理，能熟练、准确地操作机器，并懂得一般性维护保养和故障处理知识。

(3) 必须配备正、副两名司机，正司机负责操作，副司机负责监护。司机必须精神集中，不得擅自离开工作岗位，不得委托无证人员操作。

二、交接班时注意事项

(1) 综掘机司机必须严格现场交接班制度，详细检查电缆有无漏电、撞击、挤压、水淋等现象，液压管路有无漏液现象，操作把手是否保证灵活可靠，检查各部位的油位、油温是否超过规定，供水、冷却、喷雾装置及截齿等是否完好，各零部件齐全有效，并试运转 30 s 后正常时，方可截割运转。交班司机必须向接班司机详细交待上一班工作中出现的问题，以便于及时维修，严禁综掘机带病运转。

(2) 检查通讯信号系统是否畅通，各操作把手、按钮是否灵敏可靠。

(3) 认真检查传动装置中各部螺栓是否齐全、牢固；检查备品、备件是否齐全。

(4) 交接班时交班司机必须将设备运转情况、地质条件变化情况等向接班司机交待清楚，另外两人还要同时对文明生产情况做认真检查。

(5) 综掘机停止工作和检修以及交班时，必须将综掘机切割头落到底板并使用好防护罩。综掘机司机离开操作台时，必须立即断开电气控制回路和综掘机上的隔离开关电源。

三、使用时注意事项

(1) 司机进入工作岗位时要带好防尘口罩。每班必须检查截齿完好情况，发现短缺或缺含合金钢头的必须立即更换。综掘机上的所有安全闭锁和保护装置，不得擅自改动或甩掉不用，不能随意调整液压系统、雾化系统各部的压力。

(2) 综掘机在截割工作前，必须先用后支撑将机体撑起并将铲板下放在最低位置后，按下列顺序开机操作：发出信号后先启动后部皮带运输机，送综掘机电源启动液压运转、内外喷雾、综掘机桥式皮带转载机、综掘机刮板运输机、切削运转、集装臂、摆动、伸缩滚筒截割。停机时按相反顺序停机。遇有特殊情况时，可采用综掘机本身司机操作台上的紧急停止按钮或综掘机右侧紧急停机按钮，但正常情况下只准使用电气控制回路和综掘机隔离开关，不准使用该按钮停机，以防止对综掘机造成不应有的损坏。

(3) 司机开机前，必须先发警报，观察其他人员是否全部撤至桥式皮带机机尾 6 m 以外，并打开各转载点喷雾装置，喷雾装置不能正常使用时禁止开机。合上电控箱总开关，启动油泵电机，启动桥式转载皮带运输机及刮板输送机。开机后，严禁任何人员进入铲板前方，只有在综掘机滚筒停止转动并放到底板，使用好截割头护罩，切断综掘机电源停电闭锁后方可进入铲板前方和迎头工作。

（4）综掘机司机开机后，严禁脱离工作岗位。操作时，必须集中精力、精心操作，要随时观察开机地点巷道围岩支护及迎头顶、帮和综掘机的运转情况，发现不安全因素立即停机、停电采取有效措施处理，处理安全后方可工作。司机严格按照现场中线、规程设计的断面及规定的空顶距截割，严禁超空顶距截割作业。

（5）开动综掘机前进或后退前，必须提前发出警报并进行巡视，将铲板后方栅栏打开并将综掘机身与巷帮间封闭，只有在铲板前方和截割臂附近及桥式皮带机尾部前后 5 m 内无人时，方可开动综掘机，以防止司机误操作伤人。

（6）开动综掘机前进或后退时，首先将行程范围内的所有物料集中放在综掘机后部，保证行程路线畅通无阻。并有专人吊挂电缆，电缆严禁落地。行走时必须控制行走速度，要慢速行走，并在前进或后退时将铲板落下或抬起，使截割滚筒处于最低位置。前进时要随时清扫机体两侧的浮煤。

（7）综掘机遇有超过设计截割硬度的岩石时，应退出综掘机，采用放炮的方法处理。

（8）综掘机作业时，应使用内、外喷雾装置，内喷雾装置的使用水压不得小于 3 MPa，外喷雾装置的使用水压不得小于 1.5 MPa；如果内喷雾装置的使用水压小于 3 MPa 或无内喷雾装置，则必须使用外喷雾装置和除尘器。

（9）综掘机截割一个循环后，必须将机退出迎头 3 m，方可允许人员进入迎头进行支护工作。退机时，必须在综掘机桥式转载机尾部有专人指挥和看护综掘机电缆。

（10）综掘机停止工作或检修、更换截齿及交接班时，必须断开综掘机上的所有隔离开关并切断综掘机供电电源。

（11）综掘机掘进遇有半煤岩时，应先截割煤层装运煤，后截割岩层装运岩石。遇有超过设计截割硬度的岩石时，严禁使用综掘机进行切割，必须采用放震动炮方式松动岩石，然后利用综掘机刷宽成巷并进行扒装。放震动炮时必须将综掘机倒机至距迎头 15 m 以外处，并采用旧皮带和木板对综掘机的液压管路和电气设备进行保护，未进行保护或保护不全面时严禁放震动炮。

（12）综掘机在软底板上工作时，在左右履带下每隔 1~1.5 m 应铺放足够长的木条保持机身稳定，防止综掘机倾斜。

（13）为防止大块的煤岩卡在综掘机第一部刮板运输机装载入口处造成停机，必须将煤岩截割成 300 mm 以下的小块。

（14）必须将启动或停止各部电机的控制按钮、把手复合或分离到位，以防止电机低速运转。综掘机在开机作业时如出现原因不明的响声，应立即停机、进行检查，原因查不清或查出原因却不采取措施处理，严禁开机作业。

（15）截割作业中巷道分先后两次进行截割，并按照先下后上、先中间后四周的原则进行截割。第一次截割时先从巷道的左下角开始进刀，按照从左向右再从右向左的顺序往返截割，直至截割出 2.4 m 高、3.0 m 宽的断面空间；第二次截割时从巷道的左下角进刀截割至设计要求断面。

（16）当巷道顶板有较大淋水时，在迎头综掘机运行 20 m 范围内搭设雨棚，上山施工必须提前顺好巷道内水沟将水引至外部水窝，以保护综掘机的电气设备。下山施工时，必须在迎头处安设水泵将积水排出后，方可进行综掘机截割作业。综掘机机后电缆严禁在积水中浸泡或拖地，须及时吊挂防止挤坏。

(17) 当遇巷道围岩破碎时，必须缩小循环进尺，执行窄割宽刷的制度，或者先截割一边支护好后再截割另一边。

四、安全规定

(1) 不准综掘机在前进的同时进行截割作业，防止截割负载过量及损坏截割减速齿轮或滚筒轴承和其他设备。

(2) 综掘机截割作业时，严禁人员进入铲板前方和截割臂处。停机后，必须等扒装系统和截割滚筒停止运转，滚筒摆到一帮并下落到底板时，方可人员进入工作。

(3) 电动机、开关附近 20 m 内风流中瓦斯浓度达到 1.5% 时，必须停止运转，切断电源，撤出人员，进行处理。

(4) 掘进机割煤时，必须开启喷雾装置喷雾降尘。无水或喷雾装置损坏时必须停机。

(5) 在综掘机非操作侧，必须装有能紧急停止运转的紧急按钮。

(6) 综掘机必须装有只准以专用工具开、闭的电气控制回路开关，专用工具必须有专职司机保管。司机离开操作台时，必须断开综掘机上的电源开关。

(7) 无论综掘机在前进或后退及截割时，综掘机第二部桥式转载机尾部 5 m 内，严禁有人工作、逗留或通过。

(8) 综掘机必须装有前照明灯和尾灯并保持正常照明。综掘机必须设置机载式甲烷断电仪或便携式甲烷检测报警仪。

(9) 更换截齿前先将截割头开至合适高度，然后停电并闭锁开关。更换截齿必须用专用工具，带涨圈的用涨钳卸下圈，把齿环取出，安上新截齿，用涨圈固定好；带销的必须将销铆圈好。除机组操作人员外，其余人员全部撤至桥式胶带机头外。

五、薄弱环节

(1) 采煤机周围检查瓦斯。

(2) 综掘机司机操作时，精力不集中，没有及时观察开机地点巷道围岩支护及迎头顶、帮和综掘机的运转情况等。

(3) 综掘机作业时，使用的内、外喷雾装置不灵。

(4) 综掘机截割作业时，有人员进入铲板前方和截割臂处。

(5) 开动综掘机前进或后退前，未提前发出警报并进行巡视。

(6) 综掘机检修时，未断开综掘机上的电源开关。

六、手指口述

重点检查内容：迎头段支护，综掘机冷却喷雾系统，各部运输机，机后净化水幕，除尘风机，综掘机两侧及迎头物料人员撤出情况，小跑车，跟机电缆。

(1) 第二循环截割时（或延皮带到位后），班长巡视现场后，手指迎头及综掘机两侧（手指对象根据口述内容改变）大声口述："综掘机副司机及支护工负责检查迎头支护质量及物料、人员撤出情况。"

然后再手指综掘机大声口述："综掘机司机检查综掘机各部是否完好可靠，操作把手是否在零位。"

再去皮带尾手指皮带大声口述:"皮带尾工负责检查小跑车、跟机电缆及皮带试运转情况。"

(2) 待检查完迎头支护情况,撤出物料及人员后,综掘机副司机手指迎头及综掘机两侧大声口述:"迎头支护质量完好,物料人员已全部撤出,确认完毕。"

综掘机司机检查完综掘机冷却喷雾系统及各部运输机、除尘风机、闭锁装置等后,手指综掘机各检查部大声口述:"综掘机各部检查完好可靠,操作把手都在零位,确认完毕。"

皮带尾工检查完小跑车及跟机电缆,然后发出信号,开起皮带,调试皮带正常运转后,手指各处大声口述:"小跑车正常,无挤压电缆,皮带已正常运转,确认完毕。"

(3) 班长手指综掘机命令司机,大声口述:"各处已确认完毕,人员各就各位,准备截割。"

综掘机司机大声口述:"综掘机已做好准备,确认完毕,开始截割。"

综掘机司机依次打开闭锁,启动液压电机,开启冷却降尘喷雾、除尘风机,依次启动桥式皮带、第一运输机、耙爪、炮头等,开始截割。

(4) 截割一个循环后,综掘机司机手指迎头大声口述:"请副司机检查空顶距与截割断面质量。"

副司机用工具检查完后,手指迎头截割段大声口述:"截割断面与最大空顶距离符合技术要求,确认完毕。"

综掘机司机开空溜子及桥式皮带、停止各部运输机,再停止炮头、耙爪、除尘风机、各处喷雾后,大声口述:"看好皮带尾,现在准备退机。"

皮带尾工手指小跑车与电缆,大声口述:"小跑车正常,无挤压电缆,确认完毕,可以退机。"

待机退到位后,副司机手指迎头段退机距离大声口述:"综掘机已退到位,确认完毕。"

综掘机司机将炮头落地,停电闭锁后,下来与副司机将炮头护罩盖好,手指炮头大声口述:"炮头已落地,护罩已盖好,一切准备就绪,可以进行支护,确认完毕。"

七、事故案例

2005年7月17日早班,某矿西翼采区2320皮带顺槽迎头正常组织生产,掘二队副司机负责掘进机右侧照明和清扫工作。由于掘进机切割过程中卧底量较大,司机将掘进机后支撑打起,造成掘进机履带悬空。副司机工作中注意力不集中,左脚滑入履带下面。司机在未发出开机警报的情况下,继续向前开机,履带下落过程中将副司机左脚压住,造成左脚肌肉挫伤。

第十节 综掘机维修工

一、上岗条件

(1) 维修工必须经过专业技术培训并考试合格后方可上岗。

(2) 备齐扳手、钳子、螺丝刀、小锤、铁锹等工具，各种必要的短接链、链环、螺栓、螺母等备品配件以及润滑油、透平油等。

(3) 必须熟悉机器的结构、性能和工作原理，具有一定的机械电气基础知识，掌握维修技术。

二、操作准备

(1) 带齐维修工具、备品备件及有关维修资料和图纸。

(2) 检查电动机、减速器、液压联轴节、机头、机尾等各部分的联结件是否齐全、完好、紧固，减速器、液压联轴节有无渗油、漏油，油量是否符合规定。

(3) 检查电源电缆、操作线是否吊挂整齐、有无挤压现象，信号是否灵敏可靠，喷雾装置是否完好。

(4) 维修前必须认真检查掘进机周围的顶板、支护、通风、瓦斯情况，以确保工作区域安全。切断机器电源，将开关闭锁并挂停电牌、站岗。

(5) 对试运转中发现的问题要及时处理，处理时要先发出停机信号，将控制开关的手把扳到断电位置，然后挂上停电牌。

三、操作方法

(1) 严格按规定对机器进行"四检"（班检、日检、旬检、月检）和维护保养工作。

(2) 润滑油、齿轮油、液压油牌号必须符合规定，油量合适，并有可靠的防水、防尘措施。另外，应对油脂各指标进行定期效验。

(3) 液压系统、喷雾系统、安全阀、溢流阀、节流阀、减压阀等必须按照规定使用维修说明规定的程序进行维修并将其调整到规定的压力值。

(4) 机器要在井下安全地点加油，油口干净，严禁用棉纱、破布擦洗，并应通过过滤器加油，禁止开盖加油。

(5) 需用专用工具拆装维修的零部件，必须使用专用工具，严禁强拉硬扳，不准拆卸不熟悉的零部件。拆卸下来的零部件必须妥当保存在专用容器内，谨防丢失或污损。

(6) 油管破损、接头渗漏时应及时更换和处理。更换油管时应先卸压，以防压力油伤人和油管打人。

(7) 所有液压元件的进出油口必须带尘帽，接口不能损坏和进入杂物。

(8) 更换液压元件应保证接口清洁，螺纹连接时应注意使用合适的拧紧力矩。

(9) 液压泵、马达、阀的检修和装配工作应在无尘场所进行，油管用压风吹净，元件上试验台试验合格后戴好防尘帽，再造册登记入库保管。

(10) 紧固螺钉必须按规定程序进行，并应按规定力矩拧紧。采用防松胶防松，必须严格清洗螺钉及螺钉孔。

（11）在起吊和拆卸零部件时，对接合面、接口、螺口等要严加保护。

（12）电气箱、主令箱和低压配电箱应随掘进机进行定期检查和清理，各电气元件、触头、插件联接部分，接触要良好。

（13）防爆面要严加保护，不得损伤或上漆，应涂上一层薄油，以防腐蚀。

（14）电气系统防爆性能必须良好，杜绝失爆。

（15）电机的运转和温度、闭锁信号装置、安全保护装置均应正常和完好。

（16）在机器下进行检修时，保证机器操作阀在正确位置锁定。

（17）机器在中、大修时，应按规定更换轴承、密封、油管等。

（18）设备外观要保持完好，螺丝和垫圈应完整、齐全、紧固，入线口密封良好。

（19）严格按规定的内容对掘进机进行日常和每周的检查及维护工作，特别是对关键部件须经常进行维护和保养。

（20）应经常检查和试验各系统的保护和监控元件，确保正常工作。

四、安全规定

（1）维修时必须将掘进机切割头落地，使用好防护罩，并断开掘进机上的电源开关和磁力启动器的隔离开关；严禁其他人员在截割臂和转载桥下方停留或作业。

（2）要严格按照技术要求，对机器进行润滑、维护保养，不得改变注油规定和换油周期。

（3）开机前必须发出信号，确定对人员无危险后方可启动。

五、掘进机的安装

（1）安装主机架和行走机构（履带总成）。

（2）用手拉葫芦把转塔吊起并与主机架联接。

（3）装载机构的副铲板安装在主铲板上。

（4）安装切割臂总成。

（5）分别安装外支架机构、外支架、控制开关箱、液压部总成、司机台，各部联接后用螺栓紧牢固。

（6）安装转盘、各部油缸。然后安装各类盖板和护板。

（7）最后，综掘机配电并试运转后，将后支撑油缸和铲板油缸升起，把主机架下面的枕木抽出。

六、日常检查维修工作

（1）检查截割头截齿磨损或损坏情况，更换磨损严重和损坏的截齿。

（2）检查喷雾喷嘴有无堵塞、丢失、损坏现象，如有应及时清洗、更换。

（3）检查各部位螺栓的联接情况，对松动的螺栓进行紧固，丢失的全部安设齐全。

（4）检查油箱、减速齿轮及枢轴等部件油位、油脂情况，如油量不足应加油或油脂。

（5）检查各液压、油压管路、元件是否有渗漏、损坏现象，如有应采取拧紧或更换等措施处理。

（6）检查供水、冷却、喷雾是否畅通并清除过滤器内的杂物。

（7）检查刮板运输机刮板链、桥式转载机胶带的张拉情况，如出现松弛、打滑等现象，应及时调整张拉。

（8）检查电机、油泵、油马达及减速机的运转情况，如出现温度超过规定，必须采取冷却降温措施。

（9）综掘机在运转作业时，如出现原因不明的异常响声，必须立即停止综掘机所属各部位设备的运转，查明原因并处理后方可开机作业。

七、定期检查维修工作

（1）检查滚筒齿座，如齿座或滚筒螺旋刀片磨损严重，应采用焊接方式添加钢板或更换滚筒。

（2）检查装载部油量和耙爪衬套等易损部件，如油量不足应加油，耙爪衬套等易损部件损坏时应更换。

（3）检查刮板运输机的链轮、链条、联接环，桥式转载机的皮带、托辊的磨损情况，如磨损严重应更换。

（4）检查液压系统，调节释放阀压力。检查液压油是否减少，必要时进行更换。

（5）检查液压缸密封件是否漏油，如漏油应更换密封件；检查衬套的磨损情况，如磨损严重应更换。

（6）检查各回转、旋转部位的油脂情况，如达不到规定应添加油脂。

（7）检查电气各部位接线终端和紧固螺栓情况，如有松动应紧固。检查接点的磨损情况，如磨损严重应更换。

八、薄弱环节

（1）综掘机运行时间长，维修不及时。
（2）使用运输机运送物料。
（3）检修、处理转载机故障时，没有切断电源、闭锁控制开关、挂上停电牌。

九、收尾工作

本班工作结束后，将截割头附近的浮煤清扫干净，待刮板运输机内煤全部运出后，将综掘机停机。在现场与接班司机详细交待本班设备运转情况、出现的故障及存在的问题。

十、手指口述

重点检查内容：作业地点的支护情况、综掘机四周人员和设备情况、综掘机待修部位的供电液压系统。

维修工检查作业地点的顶板及两帮巷道支护情况、综掘机四周人员和设备情况后大声口述："顶板两帮支护完好，综掘机四周人员已撤出，无其他设备设施，确认完毕。"

维修工检查综掘机的闭锁装置、各操作把手情况后，手指综掘机大声口述："综掘机已停电闭锁，各操作把手都在零位，可以维修，确认完毕。"

维修工维修液压系统时必须先卸压并大声口述："油管已卸压，可以维修，确认完毕。"

维修工维修综掘机电控箱时，必须执行好上述维修电气设备的手指口述。

待综掘机维修试验合格后，维修人员手指综掘机交给现场施工班长并大声口述："综掘机维修试验合格，可以操作施工，确认完毕。"

十一、事故案例

2005年10月21日早班，某矿4304轨道顺槽综掘机司机在延长完皮带后进行迎头切割，在切割过程中，截割头突然不转、无法切割，经维修工检查，发现是联动轴承坏了，马上停机检修，导致当班无法生产。

第十一节 锚杆支护工

一、上岗条件

操作人员必须掌握锚杆机的性能、操作方法以及作业规程中规定的巷道断面、支护形式和技术参数及质量标准等。熟练使用作业工具，并能进行检查和保养。

二、交接班注意事项

（1）交班人员要将锚杆机具的使用情况、巷道围岩的变化情况向接班人员详细说明。

（2）交接班人员必须共同检查风、水管路有无破裂，钻机各部件是否齐全、完好，油壶油位是否符合要求，并对锚杆钻机进行试运转。

三、作业前的检查

（1）接装进气、进水接头前，钻机气阀、水阀旋钮必须处于关闭位置。

（2）每次接进气、进水接头时，都应先冲洗出管内杂物，包括压缩空气管路内的冷凝水。

（3）钻孔前先空运转，检查马达旋转、气腿升降、水路启闭全部正常后才能正式投入作业。

（4）检查气动马达和传动箱，在滚动轴承和齿轮副处加 AL-2 润滑脂，数量以加满传动箱内空腔的三分之二为宜。

（5）检查钻机各零部件是否齐全，紧固件是否松动，各操纵机构是否灵活可靠。

（6）检查工作气压应保持在 0.4～0.63 MPa；压缩空气要洁净干燥。

（7）现场应有备用润滑油料：30#机械油及气动马达中的滚动轴承、钻机传动箱的齿轮副和滚动轴承的润滑使用专用润滑油脂。

四、操作注意事项

（1）当截割完毕后，将综掘机倒到规定位置停电并闭锁后使用好截割头护罩。同时将钻机抬入工作地点，再把接入钻机的高压风、水管路引入工作地点。风、水管路接入风钻机前，必须由两人叫应好把高压风、水管路内的杂物吹干净，以防堵塞钻机。

（2）按照作业规程规定进行临时支护。

(3) 打眼前和支护过程中，必须经常认真地检查工作地点的顶帮及支护安全情况，严格执行"敲帮问顶"制度。

(4) 操作者应站在钻机摇臂端的外侧，扶钻人员应站在钻机右后侧。按顶板高度选用合适的初始钻杆。钻杆过长，会使顶板钻孔不垂直；钻杆过短，会增加套钎作业次数，降低作业效率。

(5) 操作钻机时，注意不要用手触摸高速旋转的钻杆，以免擦伤，并严禁戴手套触摸旋转钻杆。

(6) 支腿汽缸在升降过程中手不要按在汽缸上，以防挤伤手。支腿在磨损及出现裂纹时要及时更换，以免发生爆裂。

(7) 操作支腿升降时，应缓慢开启或关闭支腿升降扭矩，严禁快速开启。

(8) 锚杆机中使用的铝合金和非金属等特殊材料不能随意更换其他类型的零部件。

(9) 操作钻机时，必须保证顶板和煤帮的稳定，进行安全作业。

(10) 禁止钻机平置地面，因为若钻机平置地面，一旦通气误操作，会造成意外。

(11) 开眼位时，应扶稳钻机进行开眼作业。

(12) 钻孔时，应均速加大气腿推力，避免因推力不均而造成钻孔速度慢、卡钻、断钎、崩裂刀刃等事故。

(13) 打顶板眼时，先打顶中部眼，后打两边眼，严格按作业规程规定角度打眼。

(14) 使用锚杆机打设帮锚杆眼时，按作业规程规定量取间排距，标定眼位后用手镐点好眼位。

(15) 根据作业规程规定标定锚索眼位、打眼，每根钻杆打完后，落下钻机，先关风后关水，拔下钻杆，再续接一根，待扶钻工撤离后，继续升钻打眼至规定深度，溢水清孔。打眼过程中要注意观察钻杆的垂直度以及接头的完好情况。

(16) 采用锚杆拉力计对锚杆进行锚固力检测。

(17) 作业结束后：①应先关水并用水冲洗钻机外表，然后空运转10秒钟，以去水防锈。②检查各部位是否有损伤、螺栓是否松动并及时处理。③将风、水管挂整齐，并将锚杆机具抬放到距工作面5 m以外的安全地方竖直放置，避免综掘机行走时压伤。

五、锚杆机的使用及维护注意事项

(1) 钻机加载和卸载时，会出现反扭矩，但均可把持摇臂取得平衡，特别是突然加载和卸载时，操作者更应注意站位，合理把持摇臂手把。

(2) 锚杆机连续使用500 h要进行一次小修，累计使用2 000 h要进行一次大修。

(3) 需要整体维修时：①检查本机各零部件是否齐全。②检查各操纵机构是否灵活可靠。③拆卸零件时应按照相应程序进行拆卸和安装，不要擦伤各密封部位。

(4) 常见故障及排除手法参见下表：

故障类别	原因	处理办法
1. 马达转速太慢	1. 气压低	1. 查看气压表，气压应为0.4~0.63 MPa
	2. 进气管路有异物阻塞	2. 吹净进气管路，清理过滤器和滤网

续表

故障类别	原 因	处 理 办 法
2. 气腿下降太慢	1. 缺少润滑	1. 检查注油器有否润滑油,并检查油量调节情况
	2. 气腿损坏或被卡	2. 检查气腿是否损坏,若是损坏,则上井维修
	3. 放气阀损坏	3. 检查快速放气阀是否堵塞,应使排气畅通
3. 钻孔速度降低	1. 气压低	1. 检查气压,应达到要求
	2. 使用了不合适的钻头	2. 使用合适的钻头
	3. 钻头磨损	3. 更换钻头
	4. 岩质坚硬	4. 降低转速,加大人工推力
	5. 水压低	5. 检查水压,压力应为 0.6~1.2 MPa。检查水路是否阻塞
4. 钻孔时钻机过分摇摆	1. 钻杆变形不直	1. 应配用合格的钻杆
	2. 钻套磨损	2. 检查钻套是否磨损,若已磨损,需更换钻套
	3. 气腿磨损	3. 修理气腿,更换磨损零件
5. 气腿推力小	1. 气路不畅	1. 检查气腿的进气气路,确保气路畅通
	2. 放气阀泄漏	2. 检查放气阀阀芯的密封面是否损坏,修复或更换零件
	3. 气腿密封圈损坏	3. 检查气腿的密封圈是否磨损,更换磨损的零件
6. 钻孔时,手把上感觉到反扭矩较大	1. 气压高,水压低	1. 检查气压、水压,其值应正常
	2. 钻头损坏	2. 检查并更换损坏的钻头
	3. 操作时,突然加大了推力	3. 应改进操作方法,平稳作业
7. 不能将锚杆顶推和安装到位	1. 气压低	1. 检查气压,其值应达到要求
	2. 气腿推力小	2. 检查气腿和放气阀的密封圈
	3. 钻机偏离锚杆孔	3. 将锚杆机对准锚杆孔
	4. 使用了不合适的树脂药卷	4. 检查药卷是否符合要求
	5. 使用了不直的锚杆	5. 更换用直线度合格的锚杆
8. 操纵臂漏水	水阀密封圈损坏	更换水阀密封圈
9. 钎套不出水	水管通道阻塞	检查进水通道,清洗过滤网

六、薄弱环节

（1）职工缺乏安全意识，自保、互保意识差。
（2）区队对职工的安全教育不够。
（3）未观察顶板情况，锚杆间漏矸。
（4）未观察周围人员活动情况，操作伤人。

七、手指口述

现场重点检查内容：敲帮问顶、临时支护、支护材料、钻具、风水管路、点眼位、钻眼深度、锚杆支护质量。

"手指口述"工作法过程：

（1）综掘机截割完毕后，班长巡视迎头，然后手指空顶段大声口述："组长与点眼工负责敲帮问顶，摘除活石，使用好临时支护。"

然后手指钻机大声口述："锚杆机操作工负责准备钻具及风水管路，准备打眼。"

手指支护材料大声口述："支护工负责检查支护材料是否符合要求。"

（2）组长与点眼工敲帮问顶，摘除活石，使用好临时支护后，由组长手指迎头大声口述："敲帮问顶后无危岩活矸，临时支护已使用好，确认完毕。"

锚杆机操作工检查钻具，接好风水管路，试钻机后手指钻机大声口述："锚杆机已检查好，风水管路连接可靠，确认完毕。"

支护工手指支护材料大声口述："支护材料齐全、合格，确认完毕。"

（3）班长待各项工作确认完毕后，手指迎头大声口述："各处安全检查已确认完毕，点眼工量好中线拉线点眼，现在开始迎头支护。"

锚杆机操作工与点眼工开始打眼，打眼过程中，锚杆机操作工与点眼工相互根据实际情况进行手指口述，提醒现场人员注意相互保安。待打完一个眼后，锚杆机操作工手指锚杆眼大声口述："锚杆眼深度符合要求，可以安装锚杆，确认完毕。"

点眼工安装完锚杆后，手指锚杆大声口述："锚杆已安装好，可以进行搅拌紧固，确认完毕。"

待锚杆机操作工搅拌紧固完成后，点眼工检查锚杆紧固情况后，手指已紧固好的锚杆大声口述："锚杆支护质量符合技术要求，可以打下一个眼，确认完毕。"

然后移钻，再开始下一个锚杆眼的打设。

八、事故案例

2005年12月12日夜班，某矿掘进三队掘进工陈某、朱某等三人在2311轨道顺槽打锚索。陈某打眼，朱某点眼。在点眼时，由于朱某工作服袖口没有扎紧，被钻杆缠住，将右胳膊拧成轻微骨折。

第十二节　机电维修工

一、上岗条件

(1) 经过培训合格后持证上岗，无证不得上岗进行电气操作。

(2) 熟知《煤矿安全规程》有关内容、煤矿机电设备完好标准、煤矿机电设备检修质量标准和电气设备防爆的有关标准和规定。

(3) 具备电工基本知识，熟悉所维修范围内的供电系统、电气设备和电缆线路的主要技术特征以及电缆的分布情况。

(4) 了解所负责维修的设备性能原理和保护装置的运行状况，有维修及故障处理等方面的技能和基础理论知识，能独立工作。

(5) 熟悉矿井巷道布置，了解作业地点的瓦斯浓度，熟悉在灾害情况下的停电顺序及人员撤离路线，掌握电气防灭火方法和触电抢救知识。

二、操作准备

(1) 井下电气维修工入井前应检查、清点应带的工具、仪表、零部件、材料，检查验电笔是否保持良好状态。

(2) 供电干线需停电检修时，事先必须将停电及影响范围通知有关区队。

(3) 办理计划停电审批单、高压停电工作票，与通风区联系安排瓦斯检测事项。

(4) 在工作地点交接班，了解前一班机电设备运行情况、设备故障的处理情况及遗留问题、维护情况和停送电等方面的情况，安排本班检修、维修工作计划。

三、安全规定

(1) 上班前不喝酒，遵守劳动纪律，上班时不做与本职工作无关的事情，遵守本操作规程及各项规章制度。

(2) 高压电气设备停送电操作，必须填写工作票。

(3) 检修、安装、挪移机电设备、电缆时，禁止带电作业。

(4) 井下电气设备在检查、修理、搬移时应由两人协同工作，相互监护。检修前必须首先切断电源，经验电确认已停电后再放电、悬挂接地线，操作手把上挂"有人工作，禁止合闸"警示牌后，才允许触及电气设备。

(5) 操作高压电气设备时，操作人员必须戴绝缘手套、穿高压绝缘靴或站在绝缘台上操作。操作千伏级电气设备主回路时，操作人员必须戴绝缘手套或穿高压绝缘靴，或站在绝缘台上操作。127 V手持式电气设备的操作手柄和工作中必须接触的部分的绝缘应良好。

(6) 井下电气维修工工作期间，应携带电工常用工具与电压等级相符的验电笔和便携式瓦斯检测仪。

(7) 普通型携带式电气测量仪表，只准在瓦斯浓度为1%以下的地点使用。

(8) 只有在瓦斯浓度低于1%的风流中，方可按停电顺序停电，打开电气设备的盖子，经目视检查正常后，再用与电源电压相符的验电笔对各可能带电或漏电部分进行验电，检验无电后方可进行对地放电操作。

（9）电气设备停电检修检查时，必须将开关闭锁，挂上"有人工作，禁止送电"的警示牌，无人值班的地方必须派专人看管好停电的开关，以防他人送电。

（10）当要对低压电气设备中接近电源的部分进行操作检查时，应断开上一级的开关，并对本台电气设备电源部分进行验电，确认无电后方可进行操作。

（11）电气设备停电后、开始工作前，必须用与供电电压相符的测电笔进行测试，确认无电压后进行放电，放电完毕后开始工作。

（12）在有瓦斯突出或瓦斯喷出危险的巷道内打开设备盖进行检查时，必须切断设备前级电源开关后再进行检查。

（13）采掘工作面开关的停送电，必须执行"谁停电，谁送电"的制度，不准他人送电。

（14）一台开关向多台设备和多地点供电时，停电检修完毕，需要送电时，必须与所供范围内的其他工作人员联系好，确认所供范围内无其他人员工作时方准送电。

（15）检修中或检修完毕后需要试车时，应保证设备上无人工作，先进行点动试车，确认安全正常后，方可进行正式试车或投入正常使用。

（16）对维修职责范围内的维修质量，应达到《煤矿矿井机电设备完好标准》的要求，高低压电缆的悬挂应符合有关《煤矿安全规程》中的要求，设备检修或更换零部件后，应达到检修标准要求。电缆接线盒的制作应符合有关工艺要求。

（17）馈电开关的短路、过负荷、漏电保护装置应保持完好，整定值正确，动作可靠。

（18）各类电气保护装置应按装置的技术要求和负载的有关参数正确整定和校验。

（19）电气设备的局部接地螺栓与接地引线的连接必须接触可靠，不准有锈蚀，连接的螺母、垫片应镀有防锈层，并有防松垫圈加以紧固，局部接地极和接地引线的截面尺寸、材质均应符合有关规程、细则、规定。

（20）采掘工作面电缆、信号照明线、管路应按《煤矿安全规程》规定悬挂整齐，使用中的电缆不准有"鸡爪子"、"羊尾巴"、明接头，加强对采掘设备用移动电缆的防护和检查，避免受到挤压、撞击和炮崩，发现损伤后应及时处理。

（21）各种电气和机械保护装置必须定期检查维修，按《煤矿安全规程》及有关规定要求进行调整、整定，不准擅自甩出不用。

（22）注意检查刮板输送机液力耦合器有无渗漏现象，保持其液质、液量符合规定，液力耦合器用易熔合金塞内应无污物，严禁用不符合标准规定的其他物品代替。

（23）电气安全保护装置的维护与检修应遵守以下规定：

①不准任意调整电气保护装置的整定值。

②每班开始作业前，必须对低压检漏装置进行一次跳闸试验，对电机的综合保护装置进行一次跳闸试验，严禁甩掉漏电保护或综合保护运行。

（24）采区机械设备应按规定定期检查润滑情况，按时加油和换油，油质油量必须符合要求，不准乱用油脂。

（25）凡有可能反送电的开关必须加锁，开关上悬挂"小心反电"警示牌；如需反送电时，应采取可靠的安全措施，以防止发生触电事故和损坏设备。

(26) 当发现有人触电时,应迅速切断电源或使触电者迅速脱离带电体,然后就地进行人工呼吸抢救,同时向地面调度室汇报。触电者未完全恢复、医生未到达之前不得中断抢救。

(27) 当发现电气设备或电缆着火时,必须迅速切断电源,使用灭火器或沙子灭火,并及时向调度室汇报。

四、正常操作

(1) 在检查和维修过程中,发现电气设备失爆时,应立即停电进行处理。对在现场无法恢复的防爆设备,必须停止运行,并向有关领导汇报。

(2) 电气设备检修中,不得任意改变原有端子序号、接线方式,不得甩掉原有的保护装置,整定值不得任意修改。

(3) 检漏继电器跳闸后,应查明跳闸原有和故障性质,及时排除后才能送电。禁止在甩掉检漏继电器的情况下对供电系统强行送电。

(4) 对使用中的防爆电气设备的防爆性能,每月至少检查一次,每天检查一次设备外部。检查防爆面时不得损伤或沾污防爆面,检修完毕后必须涂上防锈油,以防止防爆面锈蚀。

(5) 维修设备需要拆检打开机盖时要有防护措施,防止煤矸掉入机器内部。拆卸的零件要存放在干净的地方。

(6) 拆装设备应使用合格的工具或专用工具,按照一般修理钳工的要求进行,不得硬拆硬装,以保证机器性能和人身安全。

(7) 电气设备拆开后,应把所拆的零件和线头记清号码,以免装配好时混乱和因接线错误而发生事故。

(8) 在检修开关时,不准任意改动原设备上的端子位序和标记。所更换的保护组件必须是经矿测试组测试过的。在检修有电气连锁的开关时,必须切断被连锁开关中的隔离开关,实行机械闭锁。装盖前必须检查防爆腔内有无遗留的线头、零部件、工具、材料等。

(9) 开关停电时,要记清开关把手的方向,以防所控制的设备倒转。

(10) 管线敷设:在掘进施工中所敷设的电缆、风水管路、风筒、皮带等均应按断面图中规定的位置要求吊挂牢固整齐,管道吊挂高度符合规程要求并适应现场需要。电缆钩每隔 1.5 m 一个,电缆垂度不超过 50 mm。水管接口要严密,不得出现漏水现象,高压水管为 ϕ50 mm 聚乙烯高分子管,高压风管为 ϕ100 mm 聚乙烯高分子管,排水管路采用 ϕ50 mm 及 ϕ100 mm 聚乙烯高分子管,施工中安设在综掘机桥式皮带后部,要随迎头前进及时延长。

五、胶带输送机的日常维护

(1) 运行中的胶带输送机每日最少要有 2~4 小时集中检查维修时间。检查输送带的运行是否正常,有无卡、磨、偏等不正常现象,输送带接头是否平直良好。

(2) 上、下托辊是否齐全,转动是否灵活。

(3) 输送机各零部件是否齐全,螺栓是否可靠。

(4) 减速器、联轴器、电动机及滚筒的温度是否正常,有无异响。

(5) 减速器和液力耦合器是否有渗漏现象，油位是否正常。

(6) 检查有关电气设备、张紧装置、清扫器、各种保护装置是否处于完好状态。

(7) 胶带输送机的驱动装置、液力耦合器、传动滚筒、尾部滚筒等转动部位要设置保护罩和保护栏杆，防止发生绞人事故。

(8) 在胶带输送机停运后，必须切断电源后方可进行检修，挂有"有人工作，禁止送电"标志牌时，任何人员不准送电开机。

(9) 在对输送带做接头时，必须远离机头转动装置 5 m 以外，并派专人停机、停电、挂停电牌后，方可作业。

(10) 及时清理皮带下的浮煤和矸石等杂物。在清扫滚筒上粘煤时，必须先停机，后清理，严禁边运行边清理。

(11) 检修胶带输送机时，工作人员严禁站在机头、机尾、传动滚筒及输送待等运转部位上方工作。

六、刮板运输机的日常维护

(1) 刮板运输机的日常维护主要应由当班电钳工负责进行，检查方法一般采用看、摸、听、嗅、试、量等办法。看是从外观检查；摸是用手感受气温度、振动和松紧程度；听是对运行声音的辨别；嗅是对发出气味的鉴定，如油温升高的气味和电气绝缘过热发出的焦臭气味；试是对安全保护装置灵敏可靠的试验；量是用量具和仪器对运行的机件做必要的测量。

(2) 检查各转动部位是否有异常声响、剧烈振动或发热等异常现象。

(3) 检查减速器、盲轴、链轮、挡煤板和刮板链的螺栓是否松动，润滑油是否充足、有无变质、比例是否合格。

(4) 检查机头、机尾、刮板、连接环及圆环链是否损坏；检查刮板链松紧是否适度、有无跳牙现象；检查溜槽有无掉销和错口现象。

七、潜水排沙泵的安装和使用

(1) 必须立式安装，吊挂使用。出水管路要安装闸阀和逆止阀。

(2) 使用该泵必须形成水窝并放在水窝内，水面应淹没潜水排沙泵底部滤网，并且要制作过滤装置放在泵下面。泵窝容积为供应水泵的正常吸水为标准，深度离排沙泵底部应保持 500 mm。

(3) 水泵开关必须配有过流保护和断相保护装置，漏电保护器应使用正常。

(4) 潜水排沙泵接地芯线应与矿井主接地连接。

(5) 安装结束后，应进行试运转，检查泵轴旋转是否灵活、运转方向是否正确。

(6) 潜水排沙泵必须先对应现场具体条件（排高、管径、管长）确定该泵在使用范围内方可使用。

(7) 潜水排沙泵严禁淤在泥中使用，搬运过程中严禁损坏电缆或损伤机件。

(8) 潜水排沙泵不用时，不宜长期浸泡在水中，而应把它立直放在干燥通风的地方，以免电机受潮和泵体部件锈蚀。

(9) 使用单位领用时一定要把泵放在机厂试验水泵的水箱内送电试验，试验合格后方可出厂。现场损坏的水泵应及时上井进行维修。

八、收尾工作

(1) 工作完毕后，工作负责人对检修工作进行检查验收，拆除临时接地线和摘掉停电牌，清点工具，确认无误后恢复正常供电，并对检修设备进行试运转。

(2) 每班工作结束升井后，必须向有关领导汇报工作情况，并认真填写检查检修记录。

九、薄弱环节

(1) 职工保安意识差，违章操作。
(2) 区队对职工的安全教育不够，安全主要事项强调不具体。
(3) 对使用中的防爆电气设备的防爆性能检查次数不够。
(4) 未严格执行停送电制度。

十、手指口述

重点检查内容：有害气体、设备完好状况、接地装置、仪表、信号、保护装置、文明形象。

维修工到现场后让监护工将待修设备的上级开关停电，监护工停电后手指开关大声口述："开关已停电、上锁，停电牌已挂好，确认完毕。"

维修工检查开关附近瓦斯浓度后手指电气设备大声口述："有害气体浓度符合要求，确认完毕。"

待确认信息后，维修工开始维修施工，打开开关、检电、放电，挂好地线后手指电气设备大声口述："待检开关，已检电、放电，挂好地线，确认完毕。"

维修工检查故障原因、更换损坏组件后拆下地线，关闭开关门，亲自去上级停电开关处大声口述："开关已维修过，可以送电试验，确认完毕。"

监护工送电后，手指开关大声口述："开关已送电，确认完毕。"

维修工检查设备运转情况后，手指设备大声口述："设备运转正常，维修合格，确认完毕。"

十一、事故案例

2002年11月18日，某矿三井机电队孙某，在－225水平421变电所处理故障时，由于不戴绝缘手套，造成短路产生电弧而被烧伤双手。

第十三节 运 料 工

一、上岗条件

(1) 运料工必须经过培训、考试合格后，方可上岗操作。
(2) 运料工必须熟悉工作范围内的巷道关系，车场、轨道、道岔、坡度情况及工作面和巷道支护状况。

二、操作准备

(1) 检查运料线路的巷道支护情况,轨道、道岔的质量;材料车是否完好。发现问题,及时处理。

(2) 运料前应首先备齐绳索、铁丝等用品,了解工作面所需材料和存贮材料情况、所需材料车数量及存放地点。

三、正常操作

(1) 装料时一般应不超过车沿高度,若巷道顶或棚梁距离车沿净高 0.6 m 以上时,可超过车沿高度装料,但最多不得超出车沿 0.3 m。所有物料必须绑牢以防运送过程中散失。

(2) 搬取物料时,先取上层,从上往下逐层搬拿,不得先抽取中、底层而悬空顶层。严禁放垛取料。

(3) 材料必须卸在指定地点,不许放在有水地方。若必须在水沟上卸料时,水沟上应横放牢固的木料或短钢轨,不得将料扔在水沟里。

(4) 装卸料时,必须互叫互应,要先起一头或先放一头,不得盲目乱扔,不得砸坏水管、电缆、电话线等。

(5) 堆放材料场要保持整齐清洁。码放材料时按品种、规格、分类码放,料垛要下宽上窄,每码放一层要横放两块木板或笆棍,以防滚动。料垛的边沿距轨道不得少于 0.5 m。

四、安全规定

(1) 必须按作业规程要求的规格和质量下料,不准将不合格的材料运往工作面。

(2) 严禁在变电所、水泵房、空气压缩机房、爆炸材料库及附近 5 m 内,顶板破碎、压力大、支护损坏或不齐全处,巷道断面小、影响通风行人等处堆卸料。

(3) 装卸车时,必须将车停稳,把车轮制住,以防车自动滑行伤人。严禁使用损坏失修的材料车。

五、薄弱环节

(1) 放飞车。
(2) 装运物料时捆绑不结实。
(3) 装车时物料容易超出车沿高度。
(4) 卸车时乱扔乱放,砸坏电缆、水管。
(5) 码放材料时不按品种、规格、分类码放。

六、手指口述

信号把钩工松车前检查内容:声光信号装置;是否有余绳;钩头、钢丝绳、保险绳状况;车场安全设施完好状况;联车及装封车情况;斜巷是否有行人。

信号把钩工松车前手指口述:"声光信号装置灵敏可靠,钩头、保险绳完好,确认完毕。钢丝绳没有余绳，斜巷没有行人，确认完毕。主副绳已联好，可以发信号送车，确认完毕。"

信号把钩工拉车前检查内容："声光信号装置；钩头、钢丝绳、保险绳状况；斜巷安全设施完好状况；联车及装封车情况；斜巷是否有行人。"

信号把钩工拉车前手指口述："声光信号装置灵敏可靠，钩头、保险绳完好，确认完毕。斜巷安全设施完好，没有行人，确认完毕。主副绳已联好，可以发信号拉车，确认完毕。"

摘钩前的检查内容：轨道、道岔状况；外车场有无行人及障碍物；挡车装置。

摘钩前的手指口述："路况良好，外车场有无行人，可以摘钩，确认完毕。"

七、事故案例

2004年2月29日早班12时，某矿通巷队张某等人从1#片盘往下山用车盘运铁路，在没有用钢丝绳将铁路封牢的情况下，跟在车后随料同行，在南一门口处车盘下撤，铁路从车盘上滚下，砸在张某右腿上，造成小腿粉碎性骨折。

第三章 准备队"手指口述"工作法与形象化工艺流程

第一节 准备队主要工种作业标准

一、安装工作业标准

1. 刮板运输机安装工作业标准

安装工根据给出的机头定位线及前部运输机中线，沿机头到机尾方向，依次对机头、机头过渡槽、中部槽、联接槽、机尾进行安装，安装中部槽要逐节在溜槽下穿上钢丝绳，并按照标准要求安好单孔哑铃销和限位销，中部槽安装时，要同时安装铲煤板、挡煤板、销轨。

工作质量要求：

（1）安装时必须按线施工，框架平直、对口平整、间隙均匀、零部件齐全、各部螺栓要紧固。

（2）刮板链焊口背离中板，"E"型螺栓头背离中板刮板大弧面朝向运输方向；刮板螺栓要使用防松帽，连接环要使用带涨簧销的锯齿型连接环。

（3）连接环开口背离中板，并按其原配对使用，不得互换。

（4）溜槽下不得混入杂物，要随安装随清理。

2. 液压支架安装工作业标准

支架安装工根据现场标出的定位线进行液压支架安装。安装的全部支架排列整齐，接顶接底，迎山有力，架内无杂物，支架符合完好标准，零部件齐全坚固、灵活可靠，各部管路连接必须准确无误，无窜液、漏液现象，管路排列整齐，各阀组动作灵敏可靠，安全阀动作压力符合规定的标准。"U"型销无单腿，无用其他东西代替现象。缸体密封可靠，镀层无脱落、损伤现象。

3. 采煤机安装工作业标准

安装采煤机作业标准：

（1）所有固定螺栓、销子、盖板必须紧固齐全、完整。

（2）各部油质合格、油量适中。

（3）所有操作手把，按钮灵敏可靠，摇臂挡煤板升降反转灵活，摇臂不出现自降现象。

（4）油路、水路畅通，过滤、喷雾系统、管路无跑冒滴漏现象，管路无损伤挤压现象。

(5) 所有仪表指针准确、清晰，表针摆动灵活，所有指示灯都能准确显示。

(6) 在安装完毕后，应反复检查确认无问题后再接通电源。

(7) 电缆、水管及拖移装置要固定可靠、无变形，煤机电缆不出槽且跟机灵活，"U"型销外露部分要磨平，以防卡伤煤机电缆。

4. 转载机、破碎机安装工作业标准

安装工根据标定的破碎机安装位置，安破碎机槽体及垫板（两层），然后在垫板上安主架、锤轴总成、破碎架体，然后再安电机及其他辅助设备。安装完后，对全机进行全面仔细认真检查，如各部位润滑油、连接固定螺丝、刮板、链子、连接环等，有问题及时处理。空机试运转，接上链子后空载试运转，同时把链子调整到松紧合适程度。

安装作业应达到的标准：

(1) 全机安装必须齐直成线，机尾与工作面刮板运输机机头搭接合理，机头部与皮带机机尾承载段搭接良好。

(2) 各部位螺栓齐全、紧固，配件、辅助设施齐全，无扭环、卡扣现象。

(3) 整机运转正常，无杂音、杂物、异常现象。

二、支架回撤工作业标准

支架撤出前，支架工应该对工作面内浮煤杂物进行清理，保证支架拖运高度及底板的平整。液压支架一般按照由工作面皮顺侧到轨顺侧的顺序进行撤除，具体为：缩回伸缩梁→降架往前拖支架→调架→外运→维护顶板。无论是撤架、调架、移架还是退架都必须坚持先支后回的原则，严禁强拉硬拖，对于影响调架的点柱应及时替换补打。撤出的支架保证立柱全部降到最低位，侧护板收回，支架清洁，管路盘放整齐，并用堵头将所有管头封好。

三、装架工作业标准

支架的装车：撤出的支架用 20T 回柱机拖至支架装架滑板上，添入车盘与支架滑板，用带有闭锁的销子连接好，然后慢慢地将支架拖至到车盘上，对准车与支架的封车孔，用螺栓将支架与车固定好，并上好两侧瓦铁。

支架装车标准：

(1) 对所用的车盘型号进行选型，必须使用完好、20T 以上的车盘。

(2) 装车保证支架重心与车盘中心一致，杜绝前倾后仰。

(3) 高度不能超过 2.45 m，宽度不超过 1.55 m。

(4) 支架进行冲尘，保持清洁。

(5) 支架所有的管路丝头用堵头封好。

(6) 支架每侧有两个固定螺栓与车盘连接，螺栓规格为 $\phi 24 \times 90$ mm。所有支架与车盘的对接孔孔径不得超过 27 mm，所有螺栓都要使上配套的平垫圈、弹簧垫圈，且螺栓要齐全、紧固。

四、电钳工作业标准

电钳工根据自己安装或所分管的电气设备，必须达到机电设备的标准：

(1) 井下不得带电检修、搬迁电气设备、电缆和电线。

(2) 检修或搬迁前,必须切断电源,检查瓦斯,在其巷道风流中瓦斯浓度低于1.0%时,再用与电源电压相适应的验电笔检验;检验无电后,方可进行导体对地放电。控制设备内部安有放电装置的不受此限。

(3) 所有开关的闭锁装置必须能可靠地防止擅自送电,防止擅自开盖操作,开关把手在切断电源时必须自锁,并悬挂"有人工作,不准送电"字样的警示牌,只有执行这项工作的人员才有权取下此牌送电。

(4) 电缆要吊挂整齐,电缆钩每1.5 m一个,电缆的垂度不大于50 mm。

(5) 配电点设置在顶板完好、无淋水的安全地点,必须采用风电闭锁、检漏继电器等设备。

(6) 操作井下电气设备应遵守下列规定:

① 非专职人员不得擅自操作电气设备。

② 手持式电气设备的操作手柄和工作中必须接触的部分必须有良好绝缘。

(7) 井下低压配电系统同时存在2种或2种以上电压时,低压电气设备上应明显地标出其电压额定值。

(8) 电气设备不应超过额定值运行。

(9) 电气设备的隔爆外壳应清洁、完整无损并有清晰的防爆标志。

五、乳化泵工作业标准

要保证泵站压力大于30 MPa,使用好自动配比装置。乳化液浓度配比保证达到3%~5%,每班电站司机使用糖量检测乳化液浓度不少于2次,并做好记录。连接的各种管路必须准确无误,无窜液、漏液现象,并排列整齐。"U"型销无单腿,无用其他东西代替现象。将配制好的乳化液向工作面液压支架和其他用液点进行供液。

六、铁路工作业标准

所铺设的铁路应达到规定要求。采用22 kg/m的统一轨型,轨距为900 mm;轨枕采用新落叶松圆木四面见锯制作,其规格为长×宽×高=1 500 mm×150 mm×150 mm;轨道中心线偏差±100 mm,轨距误差不大于5 mm而不小于2 mm,轨道接头间隙不大于5 mm,内错、高低差不大于2 mm;轨枕间距不大于1 m,轨枕偏差不得超过50 mm,轨道悬接处轨枕间距为440 mm。巷道底板起伏不平处,轨道接头轨面前后目视必须达到平顺。斜巷托绳辊应安设齐全,每20 m一组,变坡点处适当增加。所有轨道应敷设平直、接头高低一致、平正,按线敷设。枕木要放平,轨道和枕木要用道钉钉牢,夹板、螺丝、垫圈等部件必须齐全紧固有效。

七、超前支护工作业标准

所支设的超前支护长度要达到规程要求,支设支柱纵横成线,偏差小于±100 mm;支柱应支到实底,除密集支柱和端头支柱外其余支柱必须全部垫上铁鞋并做到迎山有力;铰接顶梁之间要用圆柱销联好,并保持平直,铰接率要达到90%以上,不得出现不铰接顶梁,横跨机头处空载顶梁必须插齐双楔销子,销子必须成对使用,并用锤砸紧挂好防飞链,以增加铰接顶梁的支护效果,减少端头顶板下沉量;不得使用失效和损坏的单体支柱、铰接顶梁、双楔顶梁;所有单体液压支柱三用阀垂直工作面煤壁使用,注液口应方向一致,朝向老塘;上、下顺槽自工作面煤壁向前 25 m 范围内,两巷的高度不得低于 1.8 m,人行道宽度不得小于 0.8 m;单体支柱初撑力不小于 90 kN (11.5 MPa),严禁出现空载支柱,单体液压支柱行程不得小于 150 mm。

八、绞车司机及钩工作业标准

(1) 绞车司机必须由培训后取得资格证书的人担任,且持证上岗。

(2) 绞车司机上岗必须做到"六不开",即绞车不完好不开、钢丝绳打结断丝或磨损超限不开、安全设施信号不齐全不开、超挂车不开、信号不清不开、"四超"车辆无运输措施不开。

(3) 把钩工上岗必须做到"六不挂",即安全设施不齐全完好不挂、信号联系不清不挂、"四超"车辆无措施不挂、物料装车不合格不挂、连接装置不合格不挂、斜巷内有行人不挂。发信号前必须对车辆的连接和保安绳等全面进行检查,确认连接正常、绞车无余绳后方可发出开车信号。

(4) 斜巷运输时严禁蹬钩,行车时严禁行人。人员上下时必须经过把钩工同意并发出停车信号、绞车停止运行后方上下;斜巷上下车场和各甩道口必须安设与绞车联动的声光报警装置。

(5) 绞车提升时严禁在绞车硐室内休息和工作。

(6) 斜巷运输"四超"车辆时,严格执行鲁西分局下发的《斜巷轨道运输管理规定》中关于"四超"车辆运输的相关规定。

(7) 物料转运前,必须对封车情况进行检查,封绳不得有松动现象,问题未处理严禁转运。

(8) 钢丝绳在运行中遭受突然停车等猛烈拉力时,必须立即停车检查,发现问题必须先处理后使用。

(9) 在倾斜巷道中运输时,矿车之间、矿车与钢丝绳之间的连接,必须使用不能自行脱落的连接装置并加保安绳。

(10) 绞车不排绳(打垛)应先处理后开车。

(11) 绞车在运行过程中出现问题处理时,严禁随意更换绞车司机。

(12) 每次开、停车时,必须缓慢增、减速度,不允许作急骤的开、停,以防损坏传动机件。

(13) 松车时,绞车母绳不得少于 3 圈,且钢丝绳在绞车上固定要牢固。

(14) 松车时,绞车至载车间不得有余绳(曲绳),松车开动时所有人员必须闪开绳道。

(15) 绞车司机在工作中要熟悉运输路线的坡度变化等情况,在钢丝绳上做好标记,以便到适当位置增减速度或停车。

(16) 严禁放飞车,松车时必须送电,以防发生意外。

(17) 绞车运输时,必须使用保安绳。其绳径规定为:提升钢丝绳绳径低于 18 mm 时,保安绳与提升钢丝绳同径;提升钢丝绳绳径在 18.5 mm 以上时,保安绳绳径为

18.5 mm。保安绳长短要与拉车数目相适宜,并应用新绳制作,各绳套的插接长度均为绳径的 20 倍。滑头和保安绳应设有牢固的绳皮。

(18) 绞车运输时严禁拉空滑头。

(19) 工作面使用绞车拖拉支架或大件时,绳道严禁有人逗留或工作,行人应走架间人行路。

(20) 绞车司机必须精力集中,随时观察好绳的缠绕或松动情况,运行中不得用手拾绳或用脚蹬绳,不得擅自脱离工作岗位,严格执行岗位责任制和操作规程。

第二节 准备队主要工种"手指口述"工作法

一、准备队物料装卸工"手指口述"

1. 地面物料装卸工

请下放起吊钩,准备起吊物料。
行吊各部件齐全、灵活、可靠。
工作人员注意,起吊钩开始下放。
起吊钩已放置到位,请停车。
物料已挂好,请发出起吊信号。
信号已发出,请注意起吊安全。
已接到起吊信号,行吊周围严禁有人,现在准备起吊。
物料已运到位,准备下放。
已发出下放信号,周围严禁有人。
物料已调放到位,可以摘钩封车。
物料已封好,可以进行转运。
地面物料装卸工:车盘已阻好,准备拆卸封绳。
封绳已拆卸完,请放下起吊钩,发出信号,准备卸车。
起吊钩准备下放,请工作人员注意。
龙门吊钩已挂好,请发出开车信号。
信号已发出,请工作人员站在安全地点。
已接到起吊信号,准备起吊。
物料已卸到指定地点。

2. 井下物料装卸工

经检查顶板完整、手拉葫芦完好。
车盘已阻好,可以装车。
挂葫芦人员,相互配合好,注意安全。
物料已拴好,可以试调。
人员闪开,准备起吊。
物料已到位放稳,可以摘葫芦封车。
物料已封好,可以进行转运。

井下物料装卸工：经检查顶板完整、手拉葫芦完好，可以起吊。
车盘已阻好，可以卸车。
挂葫芦人员，相互配合好，注意安全。
封绳以拆完，物料已拴好，
人员闪到安全地点，准备起吊卸车。

二、准备队机械安装工"手指口述"

(1) 班前
①工作区域的顶板、煤壁及支护。
手指口述：顶板、煤壁及支护完好。
②工具。
手指口述：工具完好。
③设备部件：
手指口述：设备部件完好。
④劳保用品。
手指口述：劳保用品穿戴齐全。
(2) 班中
①绳头。
手指口述：绳头挂好。
②绳道及三角区。
手指口述：绳道、三角区无人。
③起吊点悬挂的平轮。
手指口述：平轮已挂好。
④对接的设备部件。
手指口述：部件对接完好。
(3) 班末
①安装好的部件。
手指口述：部件已安好。
②工作区域的顶扳及环境：
手指口述：清理干净。

三、准备队装架工"手指口述"

支架已运到位，支架符合装车要求，可以装车外运。
经检查起吊梁固定完好，液压系统正常，可以供液。
供液操作把手灵活可靠，可以操作。
降下起吊钩，人员注意安全，可以发出信号。
起吊钩已挂好，发出起吊信号。
信号已发出，请工作人员闪开。
接到信号，准备试吊。

支架已调整好，固定螺丝齐全紧固，支架可以外运。
(1) 班前
①工作范围顶板、煤壁及支护情况：
手指口述：顶板、煤壁及支护完好。
②组装绞车的稳固状况。
手指口述：组装绞车稳固牢靠。
③钢丝绳完好状态。
手指口述：钢丝绳完好。
④绞车各部件完好状态。
手指口述：绞车各部件完好。
⑤劳保用品。
手指口述：劳保用品穿戴齐全。
(2) 班中
①绳道及三角区无人。
手指口述：绳道及三角区无人，可以开车。
②绳头连接。
手指口述：绳头挂好，可以起吊。
③支架组装完毕，检查各销轴。
手指口述：销轴齐全。
④挂车绳头。
手指口述：车已挂好，可以松车。
⑤绞车运转情况和钢丝绳状况。
手指口述：运转正常。
⑥支架调向。
手指口述：调向正常。
(3) 班末
①现场所用工具及所用件。
手指口述：所用工具及所用件已码放整齐。
②绞车开关复位情况。
手指口述：开关已打零位。

四、准备队拆（装）支架工"手指口述"

1. 支架回撤工
经检查支架供液系统完好，请开乳化泵。
顶板完整，支架完好，准备降架，请周围人员躲到安全地点。
支架已前移到位，滑头已挂好，准备调架，请发出开车信号。
信号已发出，绳道内严禁有人。
已接到开车信号，准备开车。
支架已拖运到位，滑头已拆除，支架准备降到零位，请注意安全。

掩护架准备降架，工作人员躲到安全地点。
支架已降落好，请挂好滑头，人员闪开回头轮受力方向。
发出开车信号，拉移掩护架。
准备开绞车，请观察支架前移情况。
掩护架已拉移到位，上放工字钢，人员相互叫应好，注意安全。
准备升支架，人员请闪开。
2. 支架安装工
支架已运到位，阻车器已使好。
滑头已拴好，固定螺丝已拆完，准备卸支架，请发出拖架信号。
信号已发出，请注意安全，绳道内严禁行人。
已接到开车信号，准备开车。
滑头已摘掉，管路已接好，准备升支架，请周围人员闪开。
支架已达到一定高度，滑头已挂好，准备调支架，请发出开车信号。
支架已调正，准备升支架，周围人员注意安全。
3. 拆（装）支架工
（1）班前
①工作范围顶板、煤壁及帮柱情况。
手指口述：顶板、煤壁及帮柱完好。
②拆架绞车的稳固状况。
手指口述：绞车牢固。
③拆架绞车钢丝绳完好状态。
手指口述：绳头完好。
④拆架绞车各部件完好状态。
手指口述：绞车完好。
⑤拆架滑轮吊挂情况。
手指口述：滑轮牢固。
⑥拆架现场浮煤情况。
手指口述：场地干净。
⑦拆架迎头支护情况。
手指口述：支护完好。
⑧劳作用品，
手指口述：劳保用品穿戴齐全。
（2）班中
①绳道及三角区。
手指口述：绳道及三角区无人。
②拆架挂绞车绳头情况。
手指口述：绳头挂好。
③拆架周围改柱情况。
手指口述：支柱改好，可以降架。

④支架拉出到位。
手指口述：支架拉出，可以解体。
⑤绳头
手指口述：绳头挂好，可以起吊。
⑥支架件装车状况。
手指口述：支架装车，四角对称。
⑦捆绑支架件情况。
手指口述：支架件已捆绑好。
⑧支架件装车完毕。
负责人手指口述：支架件已装好。
⑨提升绞车绳头连接情况。
手指口述：车已连好，可以开车。
(3) 班末
①现场工具及所用件。
手指口述：工具、配件码放整齐。
②绞车开关。
手指口述：开关打零位。

五、准备队液压泵站司机"手指口述"

(1) 班前
①泵体及周围环境
手指口述：环境良好。
②管路与U型销连接。
手指口述：管路连接正常。
③各处油位。
手指口述：油位正常。
④乳化液浓度。
手指口述：浓度合格。
⑤手动卸载阀。
手指口述：手动卸载。
⑥合电点动试车。
手指口述：泵站完好。
⑦劳保用品。
手指口述：劳保用品穿戴齐全。
(2) 班中
①开泵前。
手指口述：开泵了！
②关卸载阀。
手指口述：压力正常。

③开启供液阀。
手指口述：开始供液。
④确认回液。
手指口述：回液正常。
⑤遇有供液系统或泵站故障时。
a. 打开卸载阀后。
手指口述：卸载阀已打开。
b. 按下停止按钮后。
手指口述：泵已停。
c. 将开关打零位。
手指口述：开关已打零位。
（3）班末
①打开卸载阀后。
手指口述：卸载阀已打开。
②按下停止按钮后。
手指口述：泵已停。
③将开关打零位。
手指口述：开关已打零位。

六、准备队修道工"手指口述"

（1）班前
①修道工具及所用件情况。
手指口述：工具及所用件齐全。
②场地情况。
手指口述：场地平整。
③绞车稳固、绳头、信号和部件情况。
手指口述：绞车一切正常，可以使用。
④劳保用品。
手指口述：劳保用品穿戴齐全。
（2）班中
①梯子道到位。
手指口述：车已闸好，可以卸车。
②卸道。
手指口述：开始卸道。
③修道。
a. 道平实情况。
手指口述：道已铺平垫实。
b. 道连接情况。
手指口述：夹板螺丝齐全，螺丝紧固可靠。

(3) 班末
①修道质量。
手指口述：修道质量达标。
②绞车开关。
手指口述：绞车开关已打零位。
③现场清理。
手指口述：现场清理完毕。

七、准备队支架完好工"手指口述"

(1) 班前
①工作区域内顶板、煤壁及支护情况。
手指口述：顶板、煤壁及支护完好。
②工具。
手指口述：工具齐全完好。
③架箱。
手指口述：架箱清洁。
④劳保用品。
手指口述：劳保用品穿戴齐全。
(2) 班中
①操作支架前。
手指口述：周围无人，可以操作支架。
②操作完支架后。
手指口述：支架已移到位，手把打零位。
③处理问题时。
手指口述：高压已关闭，可以处理。
(3) 班末
①工作环境。
手指口述：顶板、煤壁及支护完好。
②支架设备。
手指口述：护帮板已打好，手把打零位。

八、准备队小绞车司机"手指口述"

(1) 班前
①现场顶板、煤壁及支护情况。
手指口述：顶板、煤壁及支护完好。
②劳保用品、袖口、衣扣。
手指口述：劳保用品穿戴齐全，袖口扎紧，衣扣扣好。
③绞车锚固。
手指口述：锚固正常。

④护板。

手指口述：护板正常。

⑤合电试车。

手指口述：试车正常。

⑥绳头插接。

手指口述：插接正常。

⑦信号。

手指口述：信号正常。

(2) 班中

①对方打来二声信号。

手指口述：拉车信号，开反车。

②对方打来三声信号。

手指口述：松车信号，开反车。

③对方打来四声信号。

手指口述：慢车信号，反车慢拉。

④对方打来五声信号。

手指口述：慢车信号，发车慢松。

⑤对方打来一声信号。

手指口述：停车信号，停车。

⑥对方打来乱声信号。

手指口述：有人经过，停车。

⑦向下松车时。

手指口述：带电送车。

(3) 班末

①料车到位。

手指口述：已搬紧制动。

②绞车开关。

手指口述：切断电话。

九、准备队运件工"手指口述"

(1) 班前

①运输轨道。

手指口述：轨道完好。

②挡车器。

手指口述：挡车器完好。

③车辆连接。

手指口述：车辆连接完好。

④物件装车。

手指口述：装件（料）合格，可以运输。

⑤劳保用品。
手指口述：劳保用品穿戴齐全。
(2) 班中
①截人。
手指口述：截人完毕。
②主绳。
手指口述：主绳已挂好。
③保险绳。
手指口述：保险绳已挂好。
④当确认完毕后，正对绞车司机说："可以开车。"
⑤通过挡车器。
手指口述：车挡打开复位。
⑥通过风门。
手指口述：开（关）风门。
⑦当车到位卸料需要闸车时。
手指口述：车已闸好。
(3) 班末
①车辆返到位。
手指口述：车辆到位。
②一坡三挡装置处于工作状态。
手指口述：一坡三挡有效。

十、准备队运料工"手指口述"

(1) 班前
①小绞车上顶支护情况。
手指口述：顶板完好。
②小绞车的稳固状况。
手指口述：稳固牢靠。
③钢丝绳完好状态。
手指口述：钢丝绳完好。
④绞车各部件完好状态。
手指口述：部件完好。
⑤空转试车。
手指口述：试转正常。
⑥挡车器灵敏完好程度。
手指口述：挡车器完好。
⑦截人到位情况。
手指口述：截人到位。
⑧挂车情况。

手指口述：车已挂好。
⑨轨道完好程度。
手指口述：轨道完好。
⑩周围环境。
手指口述：前方无人和杂物。
⑪劳保用品。
手指口述：劳保用品穿戴齐全。
(2) 班中
①绞车运转情况。
手指口述：运转正常。
②钢丝绳状况。
手指口述：钢丝绳完好。
(3) 班末
①挡车器。
手指口述：挡车器复位。
②绞车开关。
手指口述：开关已打零位。

十一、准备队看工具工"手指口述"

(1) 班前
①工作区域内顶板及支护情况。
手指口述：顶板及支护完好。
②劳保用品。
手指口述：劳动保护用品穿戴齐全。
(2) 班中
①工具房内的工具。
手指口述：工具齐全。
②工具发放。
手指口述：工具已发放，账已记好。
③工具小型修理。
手指口述：工具已修理好。
(3) 班末
①现场环境。
手指口述：工具已收回。
②工具收回。
手指口述：工具已收回。
③工具房锁门。
手指口述：门已锁好。

十二、准备队现场班组长"手指口述"

(1) 班前
①工作区域内顶板、煤壁及支护情况。
手指口述：顶板、煤壁及支护完好。
②工作区域内设施及设备情况。
手指口述：设施齐全，设备完好，
③工作区域内人员状况。
手指口述：精神状态良好。
④工作区域内规程对号情况。
手指口述：符合规程规定。
⑤劳保用品。
手指口述：劳保用品穿戴齐全。
(2) 班中
①工作区域内的支护情况。
手指口述：支护完好，可以作业。
②员工现场操作情况。
手指口述：规范操作。
③协调生产处理安全问题时。
手指口述：严格落实规程。
(3) 班末
①工作区域内支护情况。
手指口述：支护符合规定。
②工作区域内环境情况。
手指口述：环境已整理完毕。
③工作区域内设备、设施情况。
手指口述：设施齐全，设备完好。
④工作区域内人员状况。
手指口述：人员全部到齐。

第三节 工作面安装形象化工艺流程

一、胶带输送机的安装

(一) 工具准备
5T 手拉葫芦 2 个，ϕ21.5 mm、ϕ24.5 mm 钢丝绳套，专用扳手、钎子、撬棍、剁斧、大锤等。

(二) 施工人员
绞车司机、指挥人员各 1 名，施工人员 3~4 名。

(三) 准备工作

(1) 在运输机机头、机尾指定位置打设好专用起吊锚杆。

(2) 在起吊锚杆上固定好绳套。

(四) 安装工艺

1. 安装顺序

按照由机头到机尾的顺序进行安装。

2. 安装工艺

(1) 按照由机头到机尾的安装顺序，依次对机头、储带仓架、机尾张紧部、"H"架、架杆、底托辊、胶带、上托辊等进行安装。其中底带的安装是在"H"架、架杆、底托辊安装完一段后进行的，该段长度通常与待安底带等长；安装胶带输送机机尾，上带的安装是在底带、上三连托辊安装完毕后进行的。

(2) 对配电点各开关进行安装。

(3) 对胶带输送机"六大保护"——堆煤保护、跑偏保护、防滑（低速）保护、温度保护、自动洒水、烟雾保护进行安装。

(4) 接通电源。

(5) 张紧皮带。

(6) 试车。

(五) 安装质量要求

(1) 机头、机尾、驱动装置等重要部位的垫铁必须垫稳、垫实。

(2) 传动滚筒、转向滚筒的安装必须符合下列规定：

①其宽度中心线与胶带输送机纵向中心线重合度不超过 2 mm。

②其轴向中心线与胶带输送机纵向中心线的垂直度不超过滚筒宽度的 2/1 000。

③轴的水平度不超过 0.3/1 000。

(3) 保护装置和制动装置必须灵敏、准确、可靠。

(4) 胶带输送机安装完毕后，必须进行试运转，空负荷试运转 4 h，负荷试运转 8 h。试运转后，其各部轴承温升严禁超过：

滑动轴承　　温度 70 ℃，温升 35 ℃；

滚动轴承　　温度 80 ℃，温升 40 ℃。

(5) 拉紧装置工作可靠，试运转后调整行程不小于全行程的 1/2，且调整灵活。

(6) 胶带输送机及张紧小车的车轮应转动灵活，无卡阻现象。

(7) 胶带卡子接头要卡接牢固，且卡子接头成直角。

(8) 清扫装置应与胶带接触，其接触长度比例不应小于 85%。

(9) 上下托滚转动。

(10) 胶带输送机中间架安装允许偏差：

①皮带中心线与胶带输送机中心线重合度允许偏差 3 mm。

②支腿的铅垂度允许偏差 3/1 000。

③在铅垂面内的直线度（中间架长度 L）允许偏差 $(1/1\,000)L$。

④接头处上下、左右偏移允许偏差 1 mm。

⑤相对标高差（中间架间距 L）允许偏差 $(2/1\,000)L$。

⑥托滚横向中心线对输送机纵向中心线重合度允许偏差 3 mm。
⑦胶带跑偏允许跑偏（5/1 000）B，其中 B 为胶带宽度。
（11）胶带输送机储带仓铁路安装允许偏差：
①轨道直线度允许偏差 3/1 000。
②两轨高低差允许偏差 1.5/1 000。
③轨道接头间隙允许偏差 5 mm。
④轨道接头上下错动允许偏差 0.5 mm。
⑤轨道接头左右错动允许偏差 1 mm。
（12）皮带尾自移装置必须对应好中线和定位线，且连接件齐全紧固。
（13）胶带输送机安装时，运输中线能使用通线的必须使用通线，变坡段在顶板允许的情况下，H 架横梁要找直、找平。

（六）施工安全事项

（1）借助胶带输送机头部的 20T 回柱机（20T 回柱机是根据安装需要临时安设的）拖运大件时，绳道内严禁有人，并由专人在两端站岗。站岗人员要忠于职守，严禁任何人进入绳道。该项工作必须有专人指挥。

（2）借助皮带道的 20T 回柱机拖带时，滑头与胶带的连接必须牢固，胶带接头借助长度为 1.2 m 的 1 英寸铁管使胶带接头绕 1 英寸铁管旋转 180°，重叠长度 1 m，然后将滑头借助 13.5T D 型卸扣锁住。当使用回绳轮时，回绳轮应为 10T 型且具有完好闭锁装置的回绳轮，回绳轮的固定方式及使用方法严格执行本措施的相关规定。

（3）拖带过程中，人员要离开胶带机的转动部位，站到绳道和拖移中的胶带以外的安全地点。

（4）拖带时，20T 回柱机司机和皮带道内施工人员要用信号铃联系，信号规定：一声停车，二声拉车，三声松车，四声要车，五声事故，六声行人，七声解除。

（5）对胶带打扣时，施工人员必须在人行路侧的底板上进行，严禁在胶带输送机上进行打扣。

（6）对胶带输送机的开关、信号、保护、照明进行安装时，必须由专职维修工进行，维修工必须严格执行本工种操作规程。

（7）张紧皮带和胶带输送机试车前必须对皮带道全面检查一遍，通知皮带道所有施工人员离开胶带输送机并站到安全地点，经检查无问题后方可发出开带信号，进行紧带、试车。

（8）对皮带道进行清扫时，施工人员工作服应穿戴整齐，且身体要离开胶带输送机的转动部位。

（9）严禁任何人横跨运行中的胶带输送机，行人应走行人过桥。

（七）危险源

拖带过程中，由于钢丝绳是由两条以上连接成的，容易发生钢丝绳断绳或回头轮蹦出现象，造成设备损坏或人员安全受到威胁。

（八）事故案例

某年某月某日早班，在某工作面皮带顺槽，郑某负责观察皮带拖运情况。拖带过程中，钢丝绳滑头与胶带的连接处被架杆卡住，造成钢丝绳连接处发生断开，钢丝绳将郑某左小腿打伤。

采取措施：所使用的钢丝绳断丝不超过规定要求，钢丝绳在连接过程中，必须使用3个以上的25号"U"型卡进行紧固；拖皮带时，有专人进行指挥，严禁任何人进入绳道，两头派专人站好岗防止其他人员进入危险区。

二、转载机、破碎机的安装

（一）工具准备

5T葫芦2个，ϕ21.5 mm、ϕ24.5 mm钢丝绳套，ϕ55 mm、ϕ45 mm、ϕ24 mm的套筒，钎子、撬棍、剁斧。

（二）施工人员

绞车司机、指挥人员各1名，施工人员3～4名。

（三）安装工艺

（1）根据标定的破碎机安装位置安破碎机槽体及垫板（两层），然后在垫板上安主架、锤轴总成、破碎架体，然后再安电机及其他辅助设备。

（2）自破碎机处同时向两端对转载机进行安装，安装各部溜槽时必须在底槽中预先穿上ϕ24.5 mm钢丝绳以备拖刮板链用。

（3）安装槽体时，槽与槽之间用哑铃销连接好，且各槽必须按预先标定的顺序进行安装，不得混安。

（4）安装桥部溜槽时，必须打设两个"井"字形木垛，并用两个5T手拉葫芦配合安装。"井"字架必须打设在实地上，避免松动造成设备失重威胁人身安全。

（5）安装机头架、电机减速机。此设备体积大、重量大，起吊前应认真检查起吊锚杆、绳套及手拉葫芦，起吊时人员应躲开重物下落的方向。

（6）安装机尾时，要将机尾上沿按至与底板平，为以后缩面创造条件。

（7）安装刮板链时，首先利用位于转载机机头处的20T回柱机，从机尾部把上链拖至机头，再利用中绳将底链从机头拖至机尾。上链刮板弧面朝机头方向，底链刮板弧面朝机尾方向，连接环全部用新环。

（8）紧链。

（9）试车。

（四）质量要求

（1）转载机中线与现场所挂运输中线重合，机头、机尾位置与现场定位线吻合。

（2）各润滑部位润滑油型号准确、油量合适。

（3）各连接部位连接螺栓型号准确、齐全、紧固。

（4）刮板、连接环无上反现象。

（5）刮板链松紧度合适。

（6）整机运转正常、无杂音、无异常现象。

（五）施工安全注意事项

（1）施工前必须对转载机桥部安装地点的起吊锚杆进行检查，以确保其牢固可靠，所用绳套的绳径必须不低于21.5 mm。

（2）在安装完凹槽后，需打设一个"井"字型木垛，木垛要牢固可靠，高度适宜，再借助2个5T手拉葫芦对铰接槽进行安装。在凹槽与铰接槽未连接好之前,手拉葫芦严禁松开。

(3) 在对铰接槽后的调节槽进行安装时,同样先打设一个"井"字型木垛,木垛要牢固可靠,高度适宜,再借助2个5T手拉葫芦对铰接槽进行安装。在铰接槽与调节槽未连接好之前,手拉葫芦严禁松开,并且严禁人员在凹槽与铰接槽下方工作。该项工作必须由专人负责指挥。

(4) 对刮板链进行连接时,必须将20T回柱机的滑头从刮板链上拆除,以防绞车误动作对工作人员造成伤害。

(5) 对刮板链进行张紧时,需借助张紧槽上的两个张紧油缸配合阻链器进行。进行紧链操作时,操作人员严禁将脚踩到转载机槽内,并由专人观察张紧油缸的工作状态,发现异常立即发出信号,停止操作,以防造成人员伤害。

(六) 事故案例

在安装某工作面转载机过程中,安装转载机两侧的顶拉油缸时,郑某与彭某两人配合不当、相互保安意识差,使用的是单链手拉葫芦,在起吊过程中,起吊链突然发生断裂,彭某未及时闪开重物下落方向,造成左脚面骨折。

采取措施:起吊重物过程中,必须使用合格的起吊葫芦;人员工作时,应相互叫应好,闪开重物的下落方向,观察起吊链及起吊锚杆的受力情况,发现问题及时进行处理;加大对职工的安全教育及现场的监督检查;严格执行"手指口述"工作法,保证工作人员的施工安全。

三、刮板运输机安装

(一) 工具准备

5T手拉葫芦2个,$\phi21.5$ mm、$\phi24.5$ mm钢丝绳套,专用扳手、钎子、撬棍、刹斧、大锤等。

(二) 施工人员

绞车司机、指挥人员各1名,施工人员3~4名。

(三) 准备工作

(1) 在运输机机头、中部槽、机尾指定位置打设好专用起吊锚杆。

(2) 在起吊锚杆上固定好绳套。

(四) 安装工艺

(1) 安装顺序:按照由机头侧到机尾侧的顺序进行安装。

(2) 将各部依次转运到位,并按运输中线排列整齐。

(3) 依次对机头、过渡槽、中部槽、过渡槽、机尾进行安装。

(4) 安装各部槽体时要逐节在底槽中穿上$\phi24.5$ mm钢丝绳,并按照标准要求安好单孔哑铃销和限位销。

(5) 安装销轨。

(6) 安装刮板运输机电缆槽。

(7) 将刮板链运至工作面切眼上部,借助固定工作面切眼两端头的20T回柱绞车,依次将上链和底链拖至刮板运输机槽中。上链大圆弧面朝机头方向,底链大圆弧面朝向机尾方向。

（五）安装质量要求

(1) 安装时必须按线施工，框架平直、对口平整、间隙均匀、零部件齐全、各部螺栓紧固。

(2) 刮板链焊口背离中板，上链刮板大弧面朝向运输方向；刮板螺栓要使用防松帽，连接环要使用带涨簧芯的锯齿型连接环。

(3) 连接环开口背离中板，并按其原配成对使用，不得互换。

(4) 溜槽下不得混入杂物，要随安随清理。

（六）施工安全注意事项

(1) 各部设备在工作面切眼中运输时，运输巷内严禁有人，并在两端设专人站岗。

(2) 载车运到卸车地点后，首先发出信号令绞车司机制动绞车，然后用两个临时阻车器阻住矿车下方两车轮，拆除封绳后借助5T手拉葫芦进行卸车。

(3) 整个卸车过程矿车下方严禁有人。

(4) 整个卸车过程绞车司机严禁脱岗。

(5) 对于影响卸车的单体支柱要进行拆除，待卸车完毕后要立即恢复原支护，严禁大面积拆除支护。

(6) 借助手拉葫芦对中部槽进行对接时，施工人员要闪开两中部槽对接面，以防造成挤伤。

（六）危险源

溜子卸车过程中，容易发生车盘掉道，造成溜子下滑，损坏设备。

（七）事故案例

事故案例1

某年某月某日中班，某工作面卸前部溜槽时，由于回头轮吊挂位置不当，卸车过程中将车盘拉掉道，单体支柱被拉倒，柱头砸破供水管路，在卸车的吴某被供水管路高压水将眼刺伤。

采取措施：卸溜槽过程中，使用专用的移动式定位阻车器阻好车盘，防止拉移过程中移动造成掉道；在卸车范围内，将单体支柱及高压管路清理干净，预防砸伤损坏；选择合适的位置挂好回头轮，找好方向，使溜槽能一次达到卸车位置；人员闪开卸车可能波及的范围，站在安全地点，观察钢丝绳受力、溜槽的连接及卸车情况，发现问题及时停车处理。

事故案例2

某年某月某日夜班，某工作面穿链过程中，王某、张某负责在轨顺20T拖底链，因出现刮板链受阻而拖不动的情况，组长阚某在溜头起第8节溜槽，指挥宋某用皮顺28T车拉拉底链，拉底链时结果造成上链猛地一松，将站在溜槽上的阚某右腿5脚趾被刮板搓伤。

采取措施：处理问题时，找准问题本质，不应在处理过程中出现次生事故；轨顺绞车松开后，观察运输机链子的运行情况；拖链过程中，人员严禁站在溜槽上，应相互提醒，搞好相互保安。

四、液压支架的安装

（一）安装前的准备工作

$\phi 24.5$ mm 钢丝绳绳套 2 套，卸甲 3 个，卸载扳手 3 块，铁丝 2 kg，防倒绳 20 m，闭锁销子 2 个。

（二）施工组织

安装组每班不少于 3~6 人（司机 2 人，具体安装 3~4 人）。

（三）安装工艺

（1）液压支架严格按现场标出的定位线进行安装。

（2）液压支架一般按照由工作面皮带顺槽侧到轨道顺槽侧的顺序进行安装。

（3）支架安装前首先对支架安设位置的支护进行更改，使更改空间沿切眼方向长度位于 2~2.5 m 之间。

（4）支架的卸车：

①首先发出信号令绞车司机制动绞车。

②用两个临时阻车器阻住矿车下方两车轮。

③将工作面上端头 20T 回柱绞车的滑头绕过支架的四联杆机构并用 13.5T "D" 型卸扣将其锁住。

④松开固定支架的固定螺丝，最后采用对拉的方式将支架拉下车，支架滑向滑板。

⑤支架卸车后对支架供液，将支架升起距顶板 100 mm。

⑥将皮带顺槽侧的 20T 回柱绞车通过分别拴住支架的四联杆机构和推移连杆，将支架逐步拉移到位。

⑦摘下 20T 回柱绞车的滑头，并借助 20T 回柱绞车将滑板抽出。

⑧将支架升起并达到初撑力 24 MPa，升起护帮板，控制好煤壁。

⑨撤出临时供液管路、铁路，调整滑板，清理现场，准备下一组支架安装。

（四）安装质量要求

（1）全部支架排列整齐、接顶接底、迎山有力、架内无杂物，支架符合完好标准，零部件齐全坚固、灵活可靠，各部管路连接必须准确无误，无窜液、漏液现象，管路排列整齐。

（2）各阀组动作灵敏可靠，安全阀动作压力符合规定的标准。"U" 型销无单腿现象，无用其他东西代替现象。缸体密封可靠，镀层无脱落、损伤。

（五）安全注意事项及顶板管理要求

（1）每次进入工作面工作时，必须对工作面进行敲帮问顶，对于顶板不好、需要加强支护的地方要采取相应的临时支护措施。

（2）在调架过程中，严禁死拉硬拖，以防断绳或倒架事故的发生。

（3）安装靠近端头的支架时，要采取可靠的支护措施，在不影响安装、运输空间的情况下，采取在原有的支护形式下加大单体支柱的支护密度来加强支护强度，以防止三岔门口处由于断面大而发生冒顶事故。

（4）支架安装前和安装完毕后，所有操作手把都要打到零位，防止开泵时出现误动作。

（5）工作面绞车运行过程中，绳道内严禁有人行走、逗留或工作，且由专人在工作面两端头站岗。

（6）工作面用于与上下端头绞车联系的信号，必须设置在已安设好支架的架间或运输巷道以外。

（7）调架过程中，支架未站稳之前严禁松开绞车绳。

（8）对于坡度较大（倾角大于5°）的地方，安装支架前首先借助人工挖出一个平台，平台大小以满足支架转向为准，以防止支架转向过程中倒架事故的发生。

（六）危险源

卸车过程中，将临时阻车器固定好后，还必须将车盘用链子拴在溜槽上，防止卸车过程中车盘翘起，由于绞车的钢丝绳有一定的张性而发生飞出现象。

卸车过程中要注意支架的防倒。支架在车盘上下来过程中，如果底板不平，很容易发生歪倒现象。采取措施：在溜槽的一侧垫好枕木，底板上垫好滑板以保证平稳。

在调架过程中，钢丝绳道及回头轮的受力方向严禁站有人，防止钢丝绳弹起伤人。在调架过程中，清理好后退路。

（七）事故案例

事故案例1

某年某月某日早班，张某、刘某、冯某、蒋某四人负责安装某工作面支架。在调架过程中，张某用注液枪给所调支架供液时，左脚无意中伸到所调支架的底座下。负责操作支架底调的冯某未与张某叫应好，私自松开底调操作把手，造成支架下落，将张某脚压住，致其右脚4、5脚趾骨折。

采取措施：现场严格执行"手指口述"工作法，先确定再做；多人作业相互叫应好，搞好相互保安和自主保安；管理人员加大对现场的监督检查，发现不规范行为及时制止，杜绝事故发生。

事故案例2

某年某月某日夜班，大约0：30分，班长陈某安排魏某、李某、蒋某、张某4人负责安装支架。接班时，上班在切眼留下一个支架未卸车；接班后，组长、魏某组织本组人员先做好安装准备条件，回完支柱、铺好滑板、卸完固定螺丝、挂好滑头后，信号工发出拉车信号，准备卸车。由于车盘未固定好，卸车后轨顺钢丝绳存在有张紧力，将车盘向轨顺端头拉移10 m多，站在靠电缆槽处的张某大喊一声躺倒在地，当时右腿被撞断。

采取措施：卸支架前，将车盘阻好，并用链子将车盘固定好，防止卸支架过程中出现车盘飞出现象；卸车过程中，人员严禁站在绳道；工作人员相互叫应好，搞好相互保安、自主保安；管理人员加强对重点工作的监督检查，掌握好安全。

五、支架转运工艺流程

（一）工具准备

沿途使用的各部绞车配备各安全设施，卸甲2个。

（二）施工人员

3～5人（司机1人，打信号兼站岗1人，挂滑头、保安绳、操作卧闸、阻车器挡车棍、手抱吊梁3人）。

（三）工艺流程

(1) 组长指定专人跟卡轨车、梭车。

(2) 组长指定专人使用硬连接将支架车盘与卡轨车连接完好。

(3) 组长发出开车指令，卡轨车司机发出信号，开动卡轨车将支架车盘转至指定位置（工作面切眼处）。

(4) 组长安排专人摘除滑头，将支架车盘一端头与皮顺 20T 绞车滑头连接，另一端头与轨顺 20T 绞车滑头连接，进行对拉。

(5) 绞车司机发出开车信号，确认无误后开动绞车将支架转至工作面皮顺切眼处。

（四）安全注意事项

(1) 在施工前，对所经过的运输路线做全面检查，检查铁路质量，其安全设施是否齐全、灵活可靠。信号是否清晰，滑头、保安绳是否达到标准。绞车是否固定牢固，待问题全部解决后再进行运输。

(2) 松车（拉车）过程中，跟车人员必须做到上坡时人员在车辆前方，下坡时人员在车辆后方。

（五）危险源

支架因故掉道，在复轨过程中，应检查起吊锚杆、手拉葫芦、绳套质量；在起吊时，保证手拉葫芦的起吊量大于支架的总重量；同时，保证手拉葫芦受力均匀，杜绝因个别手拉葫芦受力过大，出现断链、锚杆断裂等现象造成支架倒架的次生事故发生现象。

（六）事故案例

事故案例 1

某年某月某日中班，马某、刘某、王某三人负责在某工作面轨道顺槽转运支架，由于支架平衡油缸闭锁失效，支架前梁出现前低后高，前梁与四连杆的连接处凸起，巷道高度不够，在运输过程中，造成掉道。组长马某决定用葫芦起吊复轨。马某挂葫芦拉支架过程中，由于支架未阻好，支架车盘后移，将起吊锚杆拉断，支架顶上的王某被顶板上锚杆及钢丝网划伤脊背软组织。

采取措施：在运输支架过程中，发现支架出现前倾后仰的现象时，应及时停车处理，不能存在有应付侥幸的心理；在处理支架掉道时，应采用支架防跑措施；工作人员注意力要集中，落实好"手指口述"工作，增强个人安全意识；处理支架掉道时，要有专人负责指挥复轨，掌握安全情况。

事故案例 2

某年某月某日早班 11 时左右，班长陈某安排张某等 5 人去某上山转运支架。在松支架前，先检查了支架的封车情况，将固定螺丝、封车夹板重新进行紧固，将滑头、保安绳挂好，确认无误后通知运搬队绞车司机准备松支架。支架运行到变坡点以下 3 m 处时，由于绞车有曲绳，支架加速下行，信号工发出停车信号，司机不知什么原因而急刹车。由于支架重量和惯性的冲击，将车盘上的螺丝切断，导致支架下滑，撞击在巷道的电缆上，影响到整个采区的供电。

采取措施：在坡度大的地点运输支架，绞车严禁有曲绳；加强现场的运输管理，对重点环节、薄弱环节管理干部应盯上、靠上；工作人员应相互配合好，对现场存有的问题及时进行处理。

六、采煤机的安装方法和质量要求

（一）工具准备

5T 葫芦 2 个，$\phi 21.5$ mm、$\phi 24.5$ mm 钢丝绳套，专用顶螺丝，钎子、撬棍、剁斧、大锤等。

（二）施工人员

绞车司机、指挥人员各 1 名，施工人员 3~4 名。

（三）准备工作

(1) 在机组窝指定位置打设好专用起吊锚杆。

(2) 在起吊锚杆上固定好绳套。

（四）采煤机的安装方法

(1) 利用轨枕作调整将底托架安装到前部运输机上。

(2) 将左右牵引部固定到底托架上，使行走轮与前部运输机的销排相啮合。

(3) 安装电控箱。

(4) 安装左右截割滚筒。

(5) 敷设电缆、水管、电缆卡。

(6) 向各润滑部位注以合格的润滑油脂。

(7) 机组接通电源后把左右调高油缸与摇臂连接好。

(8) 试车。

（五）采煤机的安装质量要求

(1) 所有固定螺栓、销子、盖板必须紧固齐全、完整。

(2) 各部油质合格、油量适中。

(3) 所有操作手把，按钮灵敏可靠，摇臂挡煤板升降反转灵活，摇臂不出现自降现象。

(4) 油路、水路畅通，过滤、喷雾系统、管路无跑冒滴漏现象，管路无损伤挤压现象。

(5) 所有仪表指针准确、清晰，表针摆动灵活，所有指示灯都能准确显示。

(6) 在安装完毕后，应反复检查确认无问题后再接通电源。

(7) 电缆、水管及拖移装置要固定可靠、无变形，煤机电缆不出槽且跟机灵活，"U"型销外露部分要背离电缆，以防卡伤煤机电缆。

（六）施工安全注意事项

(1) 用于采煤机安装的木垛必须打设牢固。

(2) 采用手拉葫芦对机身各部进行对接时，手拉葫芦必须挂在专用起吊锚杆上。

(3) 采煤机接线必须由专职采煤机维修工进行。

(4) 试车时，试车司机必须确认滚筒前后 5 m 之内没有任何人，且要发出开车信号，以防造成人员伤害。

（七）危险源

采煤机安装过程中要打好木垛，防止起吊或安装时下落而造成设备损坏或危及人员安全。

(八) 事故案例

在某年某月某日夜班23时左右，某工作面机组窝内，冯某、孔某、张某、康某4人安装机组，在用绞车起吊起机组底座打木垛时，所使用的钢丝绳绳套发生断裂，将两节电缆槽砸坏、信号电缆砸断。

采取措施：使用合格的钢丝绳绳套，使用前对断丝情况进行检查，固定的回头轮使用好保安绳；信号电缆吊挂在煤帮上，保证齐直；加强对周围设备的保护，人员躲闪到安全地点，保证施工安全。

七、电站安装工艺流程及安全注意事项

（一）工具准备

阻车器、销子、链板。

（二）施工人员

绞车司机、信号工各一名，施工人员3～4名。

（三）施工工艺

(1) 对于超长易损坏的设备，在设备的两边用半圆木绑住加以保护，防止被其他物品划坏、撞坏。

(2) 进入工作面巷道前，把电站按照顺序排列好。

(3) 按照电站的顺序以此进入巷道连接好，阻车器、销子、链板按照规定使用好，固定牢固。

(4) 拆除设备列车两边的半圆木。

(5) 电站按照使用说明接好电源和操作线。

(6) 把多余的工作面电缆及6 000 V高压电缆盘到电缆车上。

(7) 把电站后面多余的电缆挂到电站后面的电缆钩子上面。

(8) 接好乳化泵与泵箱之间的管子及进回液管子。

(9) 接好车盘之间的接地线及接地极和辅助接地极。

(10) 使用好电站保安绳。

（四）安全注意事项

(1) 车与车之间的连接必须用合格的连杆和销子，电站车尾距工作面距离不得小于设计长度。

(2) 移动电站在需加装防淋水、防碰撞等防护设施的地方，均加装有效的防护措施。

(3) 接线时严格按供电设计图连接，做到准确无误，压线质量达到完好标准，高低压电缆接线前，必须遥测绝缘电阻且做好记录备查。

(4) 各种电器保护装置齐全、整定准确、动作灵敏可靠，接地装置符合《煤矿安全规程》的规定。

(5) 绞车司机与信号工在转运电站时要相互叫应好，要听清信号才能开车，防止在运转过程中把电站撞坏。

（五）危险源

变压器、泵箱由于超长，易发生撞坏；人员在连接连板时，易出现挤伤。

（六）事故案例

某年某月某日早班，在安装某工作面电站时，张某、宋某、徐某三人转运电站，在装运2号变压器时，信号工发出停车信号后，绞车司机未及时停车，致使2号变压器的喇叭口被撞坏，造成已到的电站车盘向前移，正在安装连板的宋某被车盘挤断左小腿。

采取措施：加强对信号的检查，在运输过程中使用对讲机，两条通讯线路畅通；工作人员精力要集中，按照信号停、开车；在运输快到位时，与其他工序的人员相互交应好，搞好互保、联保；按照规定及时使用好定位阻车器；管理人员加强对运输管理。

第四节　工作面撤出形象化工艺流程

一、撤电站组

（一）工具准备

绞车、闭锁销子、三环、安全设施、扳手。

（二）施工人员

绞车司机、信号司机及施工人员3~5名。

（三）工艺流程

①对6 000 V电源甩火。
②所有开关、变压器停电、闭锁，防止盖板掉下。
③所有开关、变压器、操作线甩火堵挡板。
④将电站后方电缆从设备列车上分离出去。
⑤车盘之间的接地线、辅助接地线甩出。
⑥乳化泵与泵箱之间的连接管子拆除，清水泵、乳化泵的供水管拆除。
⑦甩火前，将电站两头的回柱机钢丝绳缠起。
⑧将电站两头的保安绳拆除。
⑨将6 000 V高压多余动力电缆缠到电缆车上。
⑩将电站车盘后电缆槽拆除。
⑪变压器、开关、乳化泵超长易损设备，两端头要用半圆木捆绑，防止撞坏。
⑫把泵箱内剩余乳化液放掉。
⑬电站由外向里逐车转出。

（四）安全注意事项

①6 000 V电缆甩火，要提前通知机电队，只有6 000 V电缆停电甩火后，方可进行其他电气设备的甩火。

②甩完火后，对于不需要甩掉的电缆要盘到变压器开关上且要封牢，四周加以木料作以保护，防止其他东西把电缆划坏。

③运电站时，先连好滑头后才能拆除阻车器，并且把阻车器及时连到剩下的第一个车盘上，防止剩下的电站下（上）滑。

④绞车司机转电站，必须听信号工的铃声，听清后回铃再听一遍信号工的铃声，才能开车。在此之前，保安绳、销子要正确使用好。

⑤转电站时，巷道内严格执行行车不行人制度。

(五) 危险源

向外转运电站时，原有电站容易移动，发生掉道或挤伤电缆现象；转运期间，钢丝绳将会磨损已撤出的电缆；超长设备容易发生撞坏现象。

(六) 事故案例

某年某月某日早班，安排人员撤出某工作面电站。9 点 15 分左右电站的所有电缆已拆火并全部拖运到装车地点。组长史某检查电站的阻车器使用齐全并紧固后，将电站头的 1#、2# 车盘拆开连板与牵引车相连，在运输过程中，张某发现 7# 车盘上的短接电缆被中绳磨破皮，便顺手去拉，导致左手手背被磨伤。

采取措施：现场加强运输管理，在处理问题时必须停车处理；运输前做好准备工作；加强对职工的操作行为的规范，发现不规范行为及时进行制止。

二、支架回撤工艺流程

(一) 回撤前的准备工作

ϕ24.5 mm 钢丝绳绳套 2 套，卸甲 3 个，单体支柱 9 棵，卸载扳手 3 块，铁丝 2 kg，防倒绳 20 m，闭锁销子 2 个。

(二) 施工组织

回撤组每班不少于 3~5 人（司机 1 人，具体回撤 4 人。）

(三) 工艺流程

1. 中间架回撤

(1) 回撤前，首先将该支架前后 5 m 范围内的多余物料清理干净，保证回撤畅通。面前及时支设贴帮柱，控制顶板和煤帮，并拴好防倒绳。

(2) 将本架的液压管路改正好，与相邻支架的管路全部断开，将供液管路和回液管路连接到所撤支架上。

(3) 仔细检查周围顶板和支护情况，确认无误后开始回撤。

(4) 利用绞车调架时的工艺流程：

①操作支架人员进入所撤支架架间内进行操作，信号工及其他人员同时进入待撤中间架架间，只留一名观察人员在掩护支架下进行观察；

②操作护帮板手把收回护帮板；

③操作前梁手把将支架前梁降落 100 mm，使其离开顶板；

④操作伸缩梁手把将支架伸缩梁回收到底；

⑤操作立柱手把降支架立柱，使支架离开顶板 100 mm；

⑥操作推移连杆手把伸出支架的推移连杆，将支架的底调油缸伸出，压住推移连杆；

⑦操作拉移支架手把将支架拉出；

⑧重复⑥、⑦项，当支架前梁端距煤帮 300 mm 时，停止支架拉移；

⑨将工作面上固定的回柱绞车滑头上的单环放入支架推移连杆的鱼口内，插入闭锁销子；

⑩现场组长检查钢丝绳完好及滑头连接固定情况，确认无误后给专职信号工发出指令；

⑪专职信号工接到指令后发出拉移信号；严禁其他人员乱喊乱发信号；

⑫绞车司机听清信号后发出回应信号，得到确认后开动绞车将支架拉出。

⑬在支架拉移过程中，观察人员集中精力观察顶板、煤帮、支护及支架拉移情况，发现问题立即发出停车指令；

⑭专职信号工接到指令后立即发出停车信号；

⑮绞车司机接到停车信号后立即停车；

⑯在组长的统一指挥下，回撤人员进行现场问题处理；

⑰问题处理完毕后，重复上述操作步骤，直至将支架撤出。

利用液压油缸调架工艺正在试验中。

(5) 撤出支架的处理：

①组长指定专人操作支架，支架操作人员在组长的统一指挥下进行操作；

②清扫人员自上而下对支架的煤粉及杂物进行清扫；

③清扫完毕后，将支架的侧护板收回并固定牢固；

④支架操作人员将支架降至最低状态；

⑤将支架的侧调油缸收回。

(6) 管路拆除：

①组长安排专人关闭进液管路；

②操作人员操作支架把手释放压力；

③关闭回液管路；

④用专用工具拆除进、回液管路。

(7) 组长给专职信号工发出指令；专职信号工接到指令后发出拉移信号；绞车司机接到信号后启动绞车，将支架拉至指定位置。

2. 拉移掩护架

(1) 掩护架拉移方式：利用安装在掩护架前的自移装置或支架自身进行自移。

(2) 三个掩护架的拉移顺序：先拉中间掩护架，再拉采空区侧掩护架，最后拉煤帮侧掩护架。

(3) 施工工艺：

①由组长指定三名支架操作人员分别进入三个掩护架架间内进行操作；其他人员进入待撤中间架架间；只留一名观察人员在中间架架下进行观察。

②拉移中间掩护架时：

(a) 采空区侧、煤帮侧掩护架的支架操作人员同时操作推移连杆把手将本支架的推移连杆伸出，顶住自移装置。

(b) 组长仔细观察顶板情况，确认无误后发出降架指令。

(c) 中间掩护架的操作人员操作支架降架把手将支架降下 100 mm。

(d) 中间掩护架的操作人员操作支架拉移把手，开始拉移中间掩护架。

(e) 掩护架拉移够一个步距后，将支架伸缩梁伸出距中间架侧护板 50 mm，升起前梁，达到初撑力。

(f) 升起支架，达到初撑力。

(g) 掩护架要分次拉移到位，当掩护架的前梁端距待撤支架 300 mm 时，停止拉移。

③拉移采空区侧掩护架时：

(a) 中间掩护架的操作人员操作推移连杆把手将本支架的推移连杆伸出，顶住自移装置；煤帮侧掩护架的操作人员操作推移连杆把手把推移连杆收回，拉住自移装置。
　　(b) 组长仔细观察顶板、采空区临时支柱及煤帮情况，确认无误后发出降架指令。
　　(c) 以下操作步骤与中间掩护架拉移相同，将支架拉出，升起支架达到初撑力。
　　④拉移煤帮侧掩护架时：
　　(a) 中间掩护架的操作人员操作推移连杆把手将本支架的推移连杆伸出，顶住自移装置；采空区侧掩护架的操作人员操作推移连杆把手把推移连杆收回，拉住自移装置。
　　(b) 组长仔细观察顶板、临时支柱及煤帮情况，确认无误后发出降架指令；
　　(c) 以下操作步骤与采空区侧掩护架拉移相同，将支架拉出，升起支架达到初撑力。
　　⑤重复上述步骤，将支架拉移到位，升起支架达到初撑力。
　　⑥为保证自移装置正向推移，三个掩护架要分次拉移到位，严禁一次拉移到位。
　　(3) 顶板控制：
　　①组长指定专人操作采空区侧掩护架和中间掩护架，操作人员操作前梁把手将支架的前梁降下 300 mm。
　　②组长指定专人将工字钢放置在前梁上，并用铁丝临时固定在支架前梁上。工字钢两端不少于两人。
　　③现场所有人员撤离支架。
　　④支架操作人员操作前梁把手将支架前梁升起达到初撑力。
　　⑤组长安排两人在工字钢端头下支设好临时支柱。
　　⑥煤帮侧掩护架工字钢的使用及支设临时支柱的操作步骤与采空区侧相同。
　　⑦对于进入掩护架尾梁处的工字钢，要随时撤出，撤出时要借助调架绞车。
　　(四) 安全注意事项
　　(1) 面前及时支设贴帮柱，控制顶板和煤帮，并拴好防倒绳。
　　(2) 操作支架人员身体必须在架间内，严禁将身体的任何部位暴露在支架外。
　　(3) 随着支架的降落，其他人员随时观察顶板，发现有破网或漏矸现象，及时用铁丝封堵，防止矸石漏下造成埋架。为防止倒架降落后的支架与顶板要保持 100 mm 的距离。
　　(4) 支架外移时，只留操作人员一人进行操作，其他人员闪到迎头以外，严禁在拉移道内逗留。
　　(5) 支架在调整过程中发现有倾斜现象时，应及时制止、停止调架，在架跟支上单体支柱，将支架顶住，防止支架倾倒。
　　(6) 掩护架在拉移施工过程中，其他任何人不得进入施工区。
　　(五) 危险源
　　迎头上的撤架工施工地点狭小，撤除、安装的支架体积大，稍有配合不当便很容易出现失误；拉移掩护架，后部顶板压力突然增大，容易发生倒柱、蹦柱、压柱现象。
　　(六) 事故案例
　　某年某月某日夜班，班长赵某安排韦某等 5 人回撤支架。3：30 分左右，在回撤底 15# 支架时，因支架的底调油缸损坏，支架前移不出来，韦某便将一棵单体支柱顶在 14# 支架上。将要撤出支架时，因支柱没有垫实，将韦某左腿关节 150 mm 处打伤。
　　采取措施：一是使用正当的工具，拴在牢固可靠的支架上；二是所有的人员全部躲到安全地点，特别是调架滑头的受力点；三是面前或面后支设的临时支护及时采取防倒措施，拴上防倒绳，防止支柱受到撞击或漏液，倒柱伤人；四是搞好自主保安、相互保安，认真执行"手指口述"工作法，加强现场的管理，保证安全。

三、支架拖拉工艺流程

（一）工作面支架拖移

(1) 工具准备：回柱机1台，信号2组，卸甲2个，辅助保安绳1套。

(2) 施工人员：3～5人（司机1人，站岗2人，挂滑头、信号工2人）。

(3) 施工人员仔细检查绞车的固定情况、钢丝绳及滑头断丝情况，发现问题及时处理。

(4) 工艺流程：

①利用拖滑头的专用装置将钢丝绳滑头拖到待拖支架处。

②将钢丝绳滑头处的圆环放入支架推移连杆的鱼口内，用直径为30 mm的闭锁销子固定牢固。

③组长检查支架侧护板是否全部收回，所有拖地管路全部盘在本支架上，严禁任何管路有拖地现象。支架达到完好状态后发出信号指令。

④专职信号工接到指令后发出拉架信号。

⑤绞车司机听清信号后发出回应信号，得到确认后开动绞车将支架往前拖移。

⑥在支架拉移过程中，跟架工若发现有阻碍支架往前拖移的情况，应立即发出停车指令。

⑦专职信号工接到指令后立即发出停车信号。

⑧绞车司机接到停车信号后立即停车、进行处理。

⑨问题处理完毕，跟架工发出拉架信号指令，专职信号工接到指令后发出拉架信号。

⑩绞车司机听清信号后发出回应信号，得到确认后开动绞车将支架往前拖移到滑板上。

（二）顺槽处支架拖移

(1) 工具准备：回柱机1台，信号2组，卸甲1个，辅助保安绳1套。

(2) 施工人员：3～5人（司机1人，站岗2人，挂滑头、信号工2人）。

(3) 施工人员仔细检查绞车、滑板的固定情况，钢丝绳及滑头断丝情况，巷道支护情况，超前支护情况；发现问题及时处理。

(4) 工艺流程：

①借助人工将顺槽外固定的绞车钢丝绳滑头拖到待拖支架处。

②将该绞车钢丝绳滑头处的圆环放入支架推移连杆的鱼口内，用直径为30 mm的闭锁销子固定牢固。

③将顺槽门口处绞车的滑头利用备用的钢丝绳套固定在支架尾梁处。

④组长检查两个绞车滑头的固定情况及人员撤离情况，确认无误后发出信号指令。

⑤专职信号工首先对顺槽门口处绞车司机发出开车信号。

⑥顺槽门口处绞车司机接到开车信号，确认无误后开动绞车，将绞车钢丝绳张紧，停止绞车运转。

⑦专职信号工再对顺槽外绞车司机发出开车信号。

⑧顺槽外绞车司机接到开车信号，确认无误后开动绞车，将支架往前拖移。

⑨顺槽门口处绞车司机在支架往前拖移的同时，开动绞车，张紧钢丝绳，调整支架拐弯角度。

⑩在支架的调整过程中，组长在支架后方随时进行观察，发现问题时及时发出停车指令。

⑪专职信号工立即发出停车信号。

⑫两部绞车司机接到停车信号后立即停车，将绞车反向运转，松开钢丝绳。

⑬在组长的统一指挥下，对发现的问题进行处理，处理完毕后，人员重新躲入安全地点。

⑭重复上述操作步骤，直至将支架调正。

⑮支架调正后，将顺槽门口处绞车的滑头摘下。

⑯专职信号工给顺槽外绞车司机发出拉架信号。

⑰顺槽外绞车司机接到开车信号，确认无误后开动绞车，将支架往前拖移直至起吊架处。

（三）安全注意事项

（1）检查支架侧护板是否全部收回，所有拖地管路全部盘在本支架上，严禁任何管路有拖地现象。

（2）清理好拖支架的道路上的杂物、矸石等。

（3）派专人在轨道门口站岗，拉上警戒线，挂上警示牌，防止其他人员进入。

（4）开始拖架。拖架过程中，指派1人在中间架内进行打信号，其他人员全部闪在架间内或支架后，严禁钢丝绳道或滑头处有人行走或逗留。

（5）拖支架的回柱机司机在回柱机前打上2棵单体支柱，挂上栅栏，防止钢丝绳断裂而反弹伤人。司机在栅栏后进行操作，随时听清信号，及时开停，将支架拖运到切眼门口，交给装架组。

（四）危险源

从工作面往外拖支架的时候，需要利用轨顺端头回柱机进行拖运，在巷道的拐弯处需两部绞车配合使用，装架处的一个回柱机拉住支架的前方推移梁，用切眼门口的另一个回柱机拉住支架的尾梁，同时启动两个回柱机。速度快慢全部掌握在司机手中。此地段工作人员多，施工地点狭小，稍有配合不当即容易造成卡住架子或拖出滑板边沿，导致将煤帮的电缆挤坏甚至倒架。

（五）事故案例

事故案例1

某年某月某日夜班，某工作面进行回撤支架。当支架拉到工作面与轨顺拐弯处，两部绞车司机配合不当，轨顺装架处的20T绞车速度快，而轨顺28T绞车速度慢，支架还未调整便向前移，造成支架掩护梁及底座碰在靠工作面的煤帮上，未来得及停车，致使支架歪倒，将供液管路、供电电缆、信号电缆砸断，影响生产近3个多小时。

事故案例2

某年某月某日中班，班长刘某安排张某4人负责拖运面上支架在拖运回撤的第23#支架时，由于支架需左右调整，绞车缠偏。在松车调整支架方向时，由于绳长度不够，蒋某让张某再松松绞车。张某便按下按钮开启绞车，一下将蒋某的食指挤压在绞车滚筒上，导致蒋某食指截断。

采取措施：指派一名班长进行专人指挥和管理，统一协调、里外配合、快慢一致，达到一次性调头成功，顺利将支架拖过支架滑板拐弯段，走向直路，进入装车地点，进行装车；工作期间，工人精力要集中，执行好"手指口述"，先确定再做，杜绝盲目蛮干；加大对职工的安全教育力度，增强其安全意识；多人作业时，相互要叫应好，搞好自主保安、相互保安；牢固树立安全第一的思想，注重生产全过程，向细节要安全，向细节要效益。

四、支架装车工艺流程

（一）工具准备

注液枪1支，ϕ50 mm×250 mm圆销2个，1 m单体支柱2棵，卸载扳手1把，支架滑板装车装置1套，13.5 T"D"型卸扣。

（二）装架施工工艺

（1）支架装车前，首先将装架平板车与装架平台用ϕ50 mm×250 mm圆销连接好。

（2）支架装车前，将装架处周围的煤粉、物料清理干净，保证支架两侧及前后人行路畅通。

（3）支架装车前，先检查支架的高度是否在拖运过程中有自动超高现象，侧护板是否弹出，侧调油缸是否弹出，推移连杆是否收回。发现有问题，应将问题全部处理后再进行装车。

（4）由组长指定专人将装架处的SDJ—20回柱绞车的滑头连在支架的推移连杆上，然后发出信号开车。

（5）将支架缓缓地从装架平台上拖至装车平板车上。

（6）装架人员使用专用螺丝、铁瓦将支架固定牢固。

（三）安全注意事项

（1）支架装架前，先检查支架的高度是否在拖运过程中有自动超高现象，侧护板是否弹出。发现有问题，应将问题全部处理后再进行装架。

（2）拖运及装架过程中，绳道内严禁有人工作或逗留。

（3）所有固定支架的螺丝必须固定牢固。

（4）组长及绞车司机必须叫应好，所打信号必须清晰。

（四）危险源

装车时，需使用两部绞车相互配合，若出现失误，会损坏设备或造成人身事故。

支架拖到位，装车时车盘的四个部位都要有标准的固定方位，若方向不正，需用调接油缸进行调整，四个部位的职工如果同时调整油缸紧固螺丝，则很容易将手挤伤。

（五）事故案例

某年某月某日早班，班长张某安排张某、周某、魏某负责在某工作面装架。在装架调整过程中，绞车司机及其他工作人员没有相互交应好，在调整支架后两个固定螺栓时，张某左手扶着支架，右手在车盘下摸螺栓孔，支架稍微调整，将张某左小指、无名指挤伤。

采取措施：为了避免各环节出现失误，应从里到外、从上到下逐一进行紧固；单一进行封车，避免群体作业配合不当导致出伤手事故。

五、转载机回撤工艺流程

（一）工具准备

5T葫芦2个，$\phi21.5$ mm、$\phi24.5$ mm钢丝绳套，$\phi55$ mm、$\phi45$ mm、$\phi24$ mm套筒，钎子、撬棍、剁斧。

（二）施工人员

绞车司机、指挥人员各1名，施工人员3~4名。

（三）撤出前的准备工作

（1）在皮带自移机尾、转载机头、桥部溜槽、破碎机指定位置打设专用起吊锚杆。

（2）拆除前把需要拆除的螺丝用机油涂一遍。

（3）拆除转载机前，把电缆、通讯电缆转走，将转载机上面的杂物清理干净。

（4）准备好装运的车盘、专用封车装置。

（5）在装链子地点安设好底座回绳轮。

（四）工艺流程

利用绞车装时工艺如下：

1. 转载机链子撤出

（1）把转载机头张紧油缸收回，利用剁斧、撬棍把联接环断开、拆除。

（2）组长安排绞车司机及信号工进入岗位。

（3）组长安排施工人员将滑头通过固定好的回绳轮拖至链子断开处，用连接环将滑头与转载机链子连接好。

（4）所有施工人员撤离绳道并躲开滑头受力方向。

（5）组长检查无误后发出开车指令。

（6）专职信号工接到指令后发出开车信号。

（7）绞车司机听清信号后发出回应信号，得到确认后开动绞车将链子拖出。

（8）利用专用起吊锚杆随抽链子随装车转走。

（9）重复以上操作步骤将链子全部抽出转走。

2. 转载机电机减速机撤出

（1）在电机减速机下方用枕木打设"井"字型木垛，且固定牢固；

（2）将两个5t完好的手拉葫芦用绳套固定在顶板上的专用起吊锚杆上，用吊钩钩住拴牢电机减速机的绳套上，拉紧手拉葫芦的起吊链。

（3）按照由里向外、先上后下的顺序，利用套筒扳手将对接螺丝拆除，利用撬棍、大锤等工具把减速机从链轮中抽出。

（4）抽出后拉动手拉葫芦，将电机减速机升至高于木垛50 mm。

（5）施工人员利用长柄工具将木垛从两端拆除。

（6）缓慢松动手拉葫芦，将电机减速机放到底板上。

（7）将拆除的木垛物料清理干净。

（8）组长安排绞车司机及信号工进入岗位。

(9) 组长安排施工人员用卸甲将滑头与拴牢电机减速机的绳套连接好。
(10) 组长检查无误后发出开车指令。
(11) 专职信号工接到指令后发出开车信号。
(12) 绞车司机听清信号后发出回应信号，得到确认后开动绞车将电机减速机拖至装车位置。
(13) 组长安排施工人员利用挂在专用起吊锚杆上的两个手拉葫芦将电机减速机起高至装车高度。
(14) 组长指定专人将车盘推入电机减速机下方，推入时找准重心，固定好车盘，人员撤离。
(15) 组长指令操作人员将电机减速机缓慢下放，距车盘高度 50 mm 时，找准重物方向及中心位置，将电机减速机放实放牢。
(16) 施工人员用垫木将电机减速机垫实垫牢。
(17) 利用专用封车装置将电机减速机封牢。
(18) 施工人员将手拉葫芦退出，连接好绞车滑头外运转走。

3. 转载机头及转载机桥部溜槽撤出

(1) 在转载机头下方及桥部每一节溜槽下方用枕木打设"井"字型木垛，且固定牢固。
(2) 将两个 5 t 完好的手拉葫芦用绳套固定在顶板上的专用起吊锚杆上，用手拉葫芦的吊钩钩住拴牢转载机头的绳套上，拉紧手拉葫芦的起吊链。
(3) 按照由里向外、先上后下的顺序，利用套筒扳手将对接螺丝拆除。
(4) 重复拆除电机减速机的操作步骤将转载机头及转载机桥部溜槽拆出转走外运。

4. 破碎机撤出

(1) 拆出破碎机大轮护罩。
(2) 拆除破碎机电机与破碎机的连接螺丝。
(3) 在拆除破碎机大轮时，将两个 5T 手拉葫芦挂在固定在专用起吊锚杆上的绳套上。
(4) 将手拉葫芦的钩头连接好拴在破碎机大轮上的绳套并拉紧。
(5) 拆除连接螺丝。
(6) 用专用顶螺丝将破碎机大轮顶出。
(7) 缓慢松动手拉葫芦将破碎机大轮平放在底板上。
(8) 拆除破碎机主体与底座的连接螺丝。
(9) 重复上述操作步骤将破碎机外运装车转走。

5. 转载机溜槽撤出

(1) 拆除转载机溜槽之间的连接哑铃。
(2) 重复上述外运装车操作步骤，按照由机头到机尾的顺序依次装车并转走。
(3) 将拆下的各类小件分类，编号装袋，并单独装车转走。

利用平台装车工艺另行编制。

(五) 安全注意事项

(1) 打木垛时，木垛要打实打牢，且对转载机拆除时，必须在那节桥底部下打设

"井"字型木垛,并且其上方用 5T 葫芦吊挂拉紧。

(2) 在拆除固定螺丝时,必须按照由里到外、先下后上的原则拆除。

(3) 借助起吊架以外的 20T 回柱机配合专用回头轮进行大件拖运时,回头轮必须挂在起吊锚杆或专用起吊工具上,连接绳套必须是 $\phi21.5$ mm 以上的绳套,并使用好保安绳套,绳道严禁有人,绳道两端有专人站岗,指挥人员、信号工、站岗人员必须躲到安全地点。该项工作必须有专人指挥。

(4) 各大件起吊时,绳套、葫芦必须进行试吊,检查绳套、葫芦的受力和承受能力情况,发现问题及时处理。必须使用性能完好的葫芦。

(5) 使用手拉葫芦吊挂物件时,必须使用专用起吊锚杆,并使用直径不少于18.5 mm 的专用绳套将物件吊挂牢固。

(6) 施工人员要闪开大件坠落方向。

(7) 大件起吊后两侧严禁有人,并且严禁行人。

(8) 大件装车时,大件与车盘之间要垫上木板并封牢车,每车封绳不少于 2 道,采用绳径为 15.5 mm 的新绳或直径为 18.5 mm 及以上的钢丝绳作为封绳,可破开二分之一使用。

(六) 危险源

转载机电机、减速机、架空段拆除易发生下落现象;使用绞车及回头轮外拖时,钢丝绳受力大,易发生断绳和回头轮蹦出现象。

(七) 事故案例

某年某月某日夜班,班长陈某安排张某、陈某、朱某、宋某等 4 人去某皮带顺槽拆除皮带机尾及转载机,在 2 时 10 分左右,拆除电机减速机过程中,由于所打设的木垛不牢,顶板上起吊的两个葫芦起吊力不同,当拆完最后一个螺丝后,电机减速机整体向靠工作面的方向游动,陈某躲闪不及,右腿被挤伤,造成右小腿粉碎性骨折。

采取措施:在拆卸大型设备前,打设专用的起吊锚杆;拆卸转载机电机减速机前打好木垛,并保证牢固可靠;起吊时,两个以上的手拉葫芦使劲相同,并掌握电机的平衡;专人指挥,负责安全;所有人员闪开重物下落或波及的范围;现场加强监督检查。

七、采煤机回撤工艺流程

(一) 工具准备

5T 葫芦 2 个,$\phi21.5$ mm、$\phi24.5$ mm 钢丝绳套,专用顶螺丝,钎子、撬棍、剁斧、大锤等。

(二) 施工人员

绞车司机、指挥人员各 1 名,施工人员 3~4 名。

(三) 工艺流程

利用绞车装车时的工艺流程:

1. 采煤机滚筒的拆卸

(1) 拆掉采煤机各种管路并用塑料布包好,码放整齐。

(2) 将 HSZ—5t 手拉葫芦挂在顶板专用起吊锚杆上固定好的绳套上。

(3) 使用绳套将采煤机滚筒拴牢。

(4) 将手拉葫芦的钩头钩住滚筒上的绳套并拉紧葫芦。
(5) 用专用扳手卸掉滚筒端盖螺栓和固定螺栓。
(6) 用专用顶螺丝将滚筒从采煤机摇臂上拆出。
(7) 缓慢松动手拉葫芦,将滚筒放置在底板上,外运装车转走。

2. 采煤机摇臂的拆卸

(1) 将 HSZ—5t 手拉葫芦挂在顶板专用起吊锚杆上固定好的绳套上。
(2) 使用绳套将采煤机摇臂拴牢。
(3) 将手拉葫芦的钩头钩住摇臂上的绳套并拉紧葫芦。
(4) 用专用带锤拔出调高千斤顶的销轴,将摇臂与机身对接螺栓拆除,使摇臂与机身断开。
(5) 拉动手拉葫芦,将滚筒起高距木垛 50 mm 时停下。
(6) 使用长柄工具将摇臂下的木垛拆除。
(7) 缓慢松动手拉葫芦,将摇臂放置在底板上,外运装车转走。

3. 采煤机机身的拆卸

(1) 利用专用工具将机身拉紧螺栓及对接螺栓拆除,将机身分解为三大块。
(2) 将拆散的各块端面涂上黄油,上好保护板后借助回柱绞车依次装车外运。
(3) 卸下的各紧固螺栓涂好黄油后分类、装袋、编号装车外运,该项工作由专人负责。

采煤机拆除的各部件外运、装车、外转操作步骤与转载机相同。
利用平台装车工艺另行编制。

(四) 安全注意事项

(1) 采煤机的拆除必须由专职采煤机维修人员进行。
(2) 采煤机机械部分的解体必须由专人指挥,以确保施工的安全。
(3) 对采煤机滚筒进行拆除时,施工人员应站在滚筒靠采空区一侧,以防滚筒滑落伤人。
(4) 对机身进行解体前,要检查机身底下木垛的打设质量,以防机身倾倒伤人。
(5) 对采煤机各部进行起吊前,必须检查好起吊用具的完好和连接情况,以确保起吊工作的安全性。
(6) 借助回柱机拖运大件时,绳道内严禁有人,并设专人在两端头架间的安全地点站岗。

(五) 危险源

机组解体时,机身存在倾倒伤人的危险;钢丝绳拖运过程中容易在滑头与设备连接处发生断开,损坏设备及危及人身安全。

(六) 事故案例

某年某月某日早班,班长冯某安排李某等 5 人拖运机组并装车。拖运到截割部时,26# 支架前推移连杆将截割部卡住,信号还未来得及停住,拴在截割部上的绳套断开,钢丝绳抽回将绞车司机的左胳膊打伤。

采取措施:① 在回柱机进行锚杆固定的情况下,机前打设两棵护身柱,护身柱上安装牢靠的栅栏,绞车司机站在栅栏的后面,这样钢丝绳即使断裂反弹过来也不至于打在司机身上。②教育司机在拖运重物时，保持清醒的头脑，时刻观察或倾听钢丝绳的拉力情况以及回柱机的运转声音，发现有异常声音或者拖不动的现象及时停车进行检查，避免钢丝绳受损断开。③拖运重物时滑头吃力和磨损最大，拖运几个部件有可能就有断丝现象，如果断丝超限或磨损严重，及时停下重新插接滑头，保证安全。

八、刮板运输机撤出工艺流程

（一）工具准备

5T 手拉葫芦 2 个，$\phi21.5\,mm$、$\phi24.5\,mm$ 钢丝绳套，专用扳手、钎子、撬棍、剁斧、大锤等。

（二）施工人员

绞车司机、指挥人员各 1 名，施工人员 3~4 名。

（三）准备工作

（1）在运输机机头、机尾指定位置打设好专用起吊锚杆。

（2）在起吊锚杆上固定好绳套。

（四）工艺流程

（1）运输机机头电机减速机、机尾电机减速机的拆除。

①组长安排专人将手拉葫芦挂在固定好的绳套上；

②将手拉葫芦的钩头钩住电机减速机的专用起吊鼻上并拉紧；

③按照由里向外、先上后下的顺序，利用专用扳手将对接螺丝拆除；

④松动手拉葫芦，将电机减速机放置在底板上；

⑤借助顺槽外固定好的回柱机，将电机减速机外运装车转走。

（2）运输机刮板连的拆卸。

运输机刮板连拆卸工艺流程操作步骤与转载机链子的拆除相同。

（3）中部电缆槽的拆卸。

①将手拉葫芦挂在支架前梁下的钩鼻上；

②用绳套拴牢电缆槽，并与手拉葫芦的钩头连接牢固并拉紧葫芦；

③按照由里向外、先上后下的顺序，利用专用扳手拆除对接螺丝；

④拉动葫芦，将电缆槽放置在运输机溜槽内后，摘掉葫芦钩头；

⑤重复上述操作步骤，将全工作面的电缆槽拆除并放置在运输机溜槽内。

（4）利用轨顺切眼处 SDJ—20 回柱机分别将运输机溜槽每 6 节为一整体拖到工作面安全出口处，再分别每 2 节为一整体拖出解体、装车外运。

（5）外运运输机溜槽时，将回柱绞车的滑头与运输机溜槽用直径不小于 21.5 mm 的绳套连接起来，然后发出信号开始外运。

（6）各部小件、螺丝、哑铃、销子等必须归类集中编号装车转走，以防丢失。

（7）平整和清理好现场，为支架拖运造好条件。

（五）安全注意事项

（1）用回柱机拖刮板链时，绳道严禁有人，指挥人员和信号工必须在架间或安全地点以外的地方进行工作。

（2）对刮板输送机进行拆除需借助手拉葫芦时，要严格按照起吊规定进行施工，以保证施工人员的安全。

（3）拆除电缆槽时，要借助手拉葫芦，以防电缆槽坠落伤人。

（4）各大件起吊装车时，必须有专人指挥。

（5）人员要闪开大件坠落方向。

（6）大件被吊起后两侧严禁行人。

（7）大件分层装车时，层与层之间要垫上木板，并封牢车。每车封绳不少于两道。封绳采用绳径为 15.5 mm 的新钢丝绳。

（六）危险源

运输机抽链、装链容易挤伤手；链子被卡住，蹦链或断钢丝绳。

（七）事故案例

某年某月某日夜班，值班队长张某安排某工作面迎头调掩护架、拆卸溜子、拖链子、装链，正、副班长一人盯一头，抓好安全。副班长赵某组织职工将机尾、过渡槽装完，使用轨顺 28T 绞车拖链子，并用 28T 绞车拖链子 2 次，凌晨 4：00 左右，第三次拖运过程中，接一段钢丝绳，准备全部抽完，拖动两次链子没动，绞车司机赵某开车发现钢丝绳受力很大，便将绞车刹闸。28T 绞车在钢丝绳的张紧作用下向前滑了出去半米，绞车后半部分向面前煤帮上一甩，将绞车司机赵某的右脚挫伤，造成其右小指骨折。

采取措施：开绞车前对四压两趄支柱进行检查，保证绞车固定牢固可靠；在拖链过程中杜绝死拖硬拉，及时找原因处理；绞车司机发现钢丝绳受力大时应及时停车；全面落实"手指口述"工作法，落实到每个工种、环节，并确认到位；加强现场管理，发现问题及时处理。

第四章 机电队"手指口述"工作法与形象化工艺流程

第一节 主通风机司机

一、上岗条件

(1) 司机必须经过培训，考试合格后持证上岗工作。
(2) 应熟知《煤矿安全规程》的有关规定，熟悉通风机一般构造、工作原理、技术特征、各部性能、供电系统和控制回路、地面风道系统和各风门的用途以及矿井通风负压情况，并能独立操作。
(3) 司机应没有妨碍本职工作的病症。

二、安全规定

(1) 上班前禁止喝酒，上班时不得睡觉，不得做与本职工作无关的事情。严格执行交接班制度和岗位责任制，遵守本操作规程及《煤矿安全规程》的有关规定。
(2) 当主要通风机发生故障停机时，备用通风机必须在 10 min 内开动，并转入正常运行。
(3) 当矿井需要反风时，必须在 8 min 内完成反风操作。
(4) 主通风机司机应严格遵守以下安全守则和操作纪律：
① 不得随意变更保护装置的整定值。
② 操作高压电气时应用绝缘工具，并按规定的操作顺序进行。
③ 协助维修工检查维修设备工作，做好设备日常维护保养工作。
(5) 地面风道进风门要锁固。
(6) 除故障紧急停车外，严禁无请示停机。
(7) 通风机房及其附近 20 m 范围内严禁烟火，不得有明火炉。
(8) 开、闭风闸门，如设置机动、手动两套装置时，必须将手动摇把取下以免伤人。
(9) 及时如实填写各种记录，不得丢失。
(10) 工具、备件等要摆放整齐，搞好设备及地面卫生。
(11) 严格按照上级命令进行通风机的启动、停机和反风操作。

三、操作准备

(1) 通风机的开动，必须取得主管上级的准许开车命令。

(2) 通风机启动前应进行下列各项检查：

①轴承润滑油油量合适，油质符合规定。

②各紧固件及联轴器防护罩齐全、紧固。

③电动机碳刷完整、接触良好，滑环清洁无烧伤。

④继电器整定合格，各保险装置灵活可靠。

⑤电气设备接地良好。

⑥各指示仪表、保护装置齐全可靠。

⑦各启动开关手把都处于断开位置。

⑧风门完好，风道内无杂物。

⑨人工盘车1~2圈，应灵活无卡阻，无异常现象。

四、操作顺序

主通风机正常情况下安以下操作顺序进行：

(1) 启动：接到启动主通风机命令→启动润滑油站→检查各风门是否处于正常状态→操作启动设备→启动风机电机→完成电机启动，报告调度室有关部门。

(2) 停机：接到停机命令→断电停机→风机电机停转后，按规定操作有关风门→停止润滑油站→报告矿调度或有关部门。

五、正常操作

(一) 启动操作

(1) 轴流式风机应开风门启动，应将相应风机闸门和风道闸门同时打开锁住风道闸门，以防自行下落关闭。

(2) 鼠笼式异步电动机采用电抗器启动时，按下启动按钮后，自动切入电抗器降压启动，延时35 s启动电流回落后，自动切除全部电抗，使电动机进入正常运行。

(二) 主要通风机的正常停机操作

(1) 接到主管上级的停机命令。

(2) 断电停机。

(3) 根据停机命令决定是否开动备用通风机，如需开动备用通风机，则按上述正常操作要求进行。

(4) 不开备用风机时，应打开井口防爆门和有关风门，以充分利用自然通风。

(三) 主通风机应进行班中巡回检查

(1) 巡回检查的时间为每小时一次。

(2) 巡回检查主要内容如下：

①各转动部位应无异响和异常震动；

②轴承温度不得超限；

③电动机温升不得超过规定要求；

④各仪表指示正常；

⑤电机电流不超过额定值，严禁超载运行；

⑥电压应符合电机正常运转要求，否则应报告矿主管技术人员，确定是否继续运行。

(3) 随时注意检查负压变化情况，发现异常情况及时向矿调度部门汇报。

(4) 巡回检查中发现的问题及处理经过必须及时填入运行日志。

(四) 主要通风机司机的日常维护内容

(1) 轴承润滑：

① 风机轴承均采用稀油润滑，其牌号为 N68 (N46) 汽轮机油。在新机使用 100 h 后即可更换新油，以后每隔 4 000 h 更换一次。

② 滚动轴承应用规定的油脂润滑，油量符合规定要求；

③ 禁止不同油号混杂使用。

(2) 备通风机必须经常保持完好状态：

① 每 1～3 个月进行一次轮换运行，最长不超过半年；

② 轮换超过一个月的备用风机应每月空运转 1 次，每次不少于 1 h，以保证备用风机正常完好，能在 10 min 内投入运行。

六、自保互保

(一) 主要通风机紧急停机的操作

(1) 直接断电停机（高压先停断路器）。

(2) 立即报告矿井调度室和主管部门。

(3) 按矿主管技术人员决定，关闭和开启有关风门。

(4) 电源失压自动停机时，先拉掉断路器，后拉开隔离开关，并立即报告矿井调度室和主管部门，待排除故障或恢复正常供电后再进行开机。

(二) 主要通风机有以下情况之一时，允许先停机后汇报

(1) 各主要传动部件有严重异响或非正常震动。

(2) 电动机单相运转或冒烟冒火。

(3) 进风闸门掉落关闭，无法立即恢复。

(4) 突然停电或电源故障停电造成停机，先拉下机房电源开关后汇报。

(5) 其他紧急事故或故障。

(三) 主要通风机的反风操作

(1) 反风应在矿长或总工程师直接指挥下进行。

(2) 反风的实现是靠改变风叶的角度，角度为 122.5°。

(3) 反风操作步骤：

① 在反风前将风井口的防爆盖固定牢固。

② 检查进线Ⅰ、进线Ⅱ是否全部在合闸状态，若有一路在分闸状态应将其合闸。

③ 检查联络盘是否在合闸位置，若在合闸位置应将其分闸。

④ 首先将反风的风机拉开隔离刀闸，挂好停电牌，并派专人看管。打开风叶调整天窗，将风叶角度调至到规定值。

⑤ 提前分别派一人到风道闸门和风门处，在倒换风机时观察风道闸门和风门的运行和到位情况，并通过对讲机与控制室内操作人员保持联系。

⑥ 接到反风命令后必须立即反风，反风应在矿长或总工程师在场指导下进行。

⑦ 合上该反风的风机开关柜的上下刀闸，停下正风的风机开关柜的断路器，并立即

关闭正风运行的风机风门和风道闸门，同时打开反风的风机风门和风道闸门。

⑧检查正风运行的风机风门和风道闸门指示是否关闭到位，反风的风机风门和风道闸门指示是否开启到位。

⑨启动风机。

⑩观察反风风机的电流，若电流超过其额定电流，必须立即停止风机。待风机停稳后再将其角度调小，一切完成后启动该风机。

⑪连续观察风机的运行状况并每隔 10 min 记录一次风机运行参数。

⑫反风过程结束并接到正风命令后，停下反风的风机，按照正常操作步骤启动正风运行的风机保证矿井通风，将反风的风机动叶安装角调回原角度，并将外面的防爆盖固定螺栓松开，解除闭锁。

⑬继续观察正风风机的运行状况，无异常后方可撤离人员。

（4）反风操作注意事项：

①通风机司机应按巡回检查图表进行巡视检查，并记录好反风前后风机运行的各种参数。

②反风过程中必须在 10 min 内完成，如果因为其他原因在 10 min 内反风风机不能投入运行，必须立即开启运行风机，保证矿井的正常通风。

③如果正风风机不能正常投入运行，必须立即汇报调度室并打开防爆盖进行自然通风，并启动风机异常的应急预案。

④高压操作必须一人操作、一人监护，操作者必须戴绝缘手套、穿绝缘靴或站在绝缘台上。

⑤除故障紧急停机外，严禁无请示停机。

⑥开闭风闸门，如设置机动、手动两套装置时，必须将手动摇把取下，以免伤人。

⑦在反风操作过程中时，需按现场指导的正确命令进行，发现指挥有误时，兼职司机有权说明情况要求重发指令。

⑧在启动风机反风过程中，如果 110 kV 变电所供提风机馈出盘过流掉闸，变电所值班人员接到送电指令后必须立即送电。

⑨接到指挥部反风操作命令后，必须 10 min 内完成反风操作，保证风机正常运转，记录好各种数据，及时向指挥部汇报风机运转情况。

⑩仔细检查反风风机，风道内应无杂物，各闸门操作必须灵活可靠，制动闸处在松开位置。

⑪反风进行半小时后，通巷人员进行风量测试，将测试结果与计算所需风量值（也可按照工况曲线求得）进行比较，看是否达到风量要求。

⑫在操作过程中如果发生异常情况，应立即停止操作进行检查。

⑬在调整过程中注意调整前后风机电流变化情况，其电流值不能超出电机额定电流。

⑭正风运行的风机运行时间超过 1 h，一切正常后操作人员方可撤离现场。

⑮在更换备用通风机做空转试验时，需按现场指挥的正确指令进行。

七、手指口述

负责人：现在准备倒风机，各部位全面检查。甲某检查试验高压启动盘是否正常；乙某将内、外风门控制箱电源送上，检查××风机内、外闸门指示灯是否指示正确，风机检修门是否固定牢固；丙某检查风机制动装置，并盘车1～2圈，应转动灵活。

甲某：高压启动盘正常，确认完毕。

乙某：内、外风门控制箱电源已送上，××风机内、外闸门指示灯指示正确，风机检修门固定牢固，确认完毕。

丙某：风机制动装置正常，转动灵活，确认完毕。

负责人：丙某到外风门，监视外风门动作是否正常，有异常情况时及时汇报。

负责人：乙某开启稀油站，并检查稀油站运转是否正常。

乙某：稀油站压力正常，确认完毕。

负责人：甲某检查备用风机启动盘刀闸是否合上。

甲某：备用风机启动盘刀闸已合上，确认完毕。

负责人：我联系主、副井绞车全部停止，告知调度室、110 kV变电站值班人员准备倒风机。

负责人：已全部联系好，可以倒机，确认完毕。

负责人：甲某立即停下工作风机。

甲某：工作风机已停下，确认完毕。

负责人：乙某操作内、外风门控制箱。

乙某：××风机内、外风门已关闭到位，××风机内、外风门已开启到位，确认完毕。

负责人：甲某立即启动××风机。

甲某：××风机已启动，电抗器已切除，确认完毕。

负责人：××风机已正常运行，乙某全面检查××风机。

乙某：××风机一切正常，确认完毕。

负责人：丙某将×号风机外风门的链子挂好后，回到机房。

丙某：是。

负责人：分别通知调度室、110 kV变电站、主、副井绞车已倒完风机。

负责人：已全部通知，丙某继续观察×号风机的运行状况。

丙某：是。

负责人：倒风机工作已结束。

第二节　中央变电所检修工

一、上岗条件

电钳工必须熟悉井下各种高低压电气设备的性能和构造原理，达到"四会"标准，即会使用、会保养、会检查、会排除一般故障，经三级培训中心培训考试合格，取得操作资格证后方可持证上岗。

二、检修顺序

检修工作的具体操作顺序：检修前向有关单位下达"检修停电影响范围"→检修前组织学习传达"中央泵房检修安全措施"→检修准备→现场核对个人工作区域并签字→检查高压开关柜分、合闸机构是否灵活可靠→母线检查压接紧固→高压开关柜扫除性检修→各保护装置进行试验、调整→高压电动机检查注油→开关扫除性检修→所内变检查高低压侧压线紧固→检修完毕，清理杂物、清点工具→拆除接地线，恢复开关→送电运行。

三、操作方法

为减少停电影响范围，中央变电所高压开关柜采取分段检修。先检修Ⅰ段母线，再检修Ⅱ段母线，后检修Ⅲ段母线。1#所内变及低压开关与Ⅰ段母线同时检修。2#所内变、-255压风机房与Ⅲ段母线同时检修。

（一）Ⅰ段高压开关柜检修步骤

(1) 检查供7#大泵高压开关柜（编号为56317）、供4#大泵高压开关柜（编号为56316）、供3#大泵高压开关柜（编号为56314）是否分闸，如果在合闸位置，分别将其分闸。

(2) 检查供130采区一号变电所Ⅱ路电源（编号为56331）高压开关柜是否合闸，如果在分闸位置，将其合闸。派人到一号变电所检查2#受电高防（编号为652）、联络高防（编号为650）是否合闸，如果在分闸位置，将其合闸；再将1#受电高防（编号为651）、3#受电高防（编号为653）分闸，并将小车摇出，挂停电标志牌，派专人看管，通知中央变电所。

(3) 中央变电所停送电负责人接通知后，将高压开关柜56311、56312分闸；检查供430车房Ⅱ路电源（编号为56321）高压开关柜是否合闸，如果在分闸位置，将其合闸。派人到430车房变电所，检查车房变电所2#受电高防632、联络高防630是否合闸，若在分闸位置，将其合闸。然后，将1#受电高防631分闸，并摇出小车挂停电标志牌，派专人看管，通知中央变电所。

(4) 中央变电所停送电负责人接通知后，将高压开关柜56315分闸。将供1#所内变高压开关柜56313分闸。再将联络盘56310分闸，拉出小车，并挂停电标志牌。

(5) 将1#电源高压开关柜5631分闸，拉出小车，并挂停电标志牌。通知110 kV变电站将供下井Ⅰ路电源开关柜56013分闸，拉开上、下刀闸，挂停电标志牌，完毕后通知中央变电所。

(6) 中央变电所接56013开关分闸的通知后，对1#电源高压开关柜5631进线侧进行检电、验电、挂接地线。Ⅰ段母线及5631、56311、56312、56314、56315、56316、56310高压开关柜小车可以进行检修，同时3#泵、4#泵、7#泵电机、1#所内变可以检修。

(7) Ⅰ段母线、高压开关柜检修完毕后，拆除接地线，全面检查无误后，通知110 kV变电站将下井Ⅰ路电源开关柜56013按操作票操作合闸。

(8) 中央变电所得到110 kV变电站将下井Ⅰ路电源开关柜（编号为56013）合闸的通知后，将1#电源开关柜5631合闸，再将Ⅰ段PT盘合闸。将供130采区一号变电所Ⅰ

路电源高压开关柜 56311、Ⅲ路电源高压开关柜 56312 合闸；将供 430 车房变电所Ⅰ电源高压开关柜（编号为 56315）合闸；将供 1# 所内变高压开关柜（编号为 56313）合闸，将低压开关恢复送电。

（二）Ⅱ段母线检修步骤

（1）通知 430 车房变电所将 1# 电源高防（编号为 631）小车摇进并合闸，然后将 2# 电源高防（编号为 632）分闸，并摇出小车，挂停电标志牌，并通知中央变电所。

（2）通知一号变电所将 1# 电源高防 651、3# 电源高防 653 小车摇进并合闸，将 2# 电源 652 分闸并摇出小车，挂停电标志牌，派专人看管，通知中央变电所。

（3）将供 430 车房变电所 2# 电源的高压开关柜（编号为 56321）分闸。检查供 2# 泵高压开关柜 56322 是否分闸，如果在合闸位置，将其分闸。将联络高压开关柜 56320 分闸，拉出小车，并挂停电标志牌；将 2# 电源盘 5632 分闸；通知降压站将下井Ⅱ路电源高压开关柜编号 56014 分闸，挂停电标志牌，派专人看管，并通知中央变电所。

（4）中央变电所接到降压站将下井Ⅱ路电源开关柜编号为 56014 分闸的通知后，将从Ⅲ路过来的 PT 二次线断开，对Ⅱ段电源盘 5632 进线端进行检电、放电、挂接地线，Ⅱ段检修可以进行。

（5）Ⅱ段检修完毕后，拆除接地线，通知降压站将下井Ⅱ路电源开关柜 56014 按操作票操作合闸。

（6）中央变电所得到降压站将下井Ⅱ路电源开关柜（编号为 56014）合闸的通知后，将 2# 受电盘 5632 合闸，再将路Ⅱ段 PT 盘合闸，将供 430 车房变电所 2# 电源盘（编号为 56321）合闸。

（7）通知 430 车房变电所将 2# 电源高防 632 小车摇进并合闸。

（三）Ⅲ段母线检修步骤

（1）将供一号变电所 2# 电源高压开关柜 56331 分闸。检查供 1# 大泵的高压开关柜 56332、5# 泵高压开关柜 56334、6# 泵高压开关柜 56335 是否分闸，如果在合闸位置将其分闸。

（2）通知主井底装载皮带司机，倒至 430 车房备用路电源；派人到井下压风机房，将所有压风机停下后，将供 2# 所内变及压风机房高压开关柜 56333 分闸。将Ⅲ路电源盘 5633 分闸。

（3）通知降压站将下井Ⅴ路电源开关柜 56027 分闸，挂停电标志牌，派专人看管，并通知中央变电所。

（4）对Ⅲ路电源盘 5633 进线端进行检电、验电、放电、挂接地线，Ⅲ段母线检修可以进行。

（5）Ⅲ段检修完毕后，拆除接地线，认真清理现场，没有问题后通知降压站将下井Ⅲ路电源开关柜 56016 合闸。

（6）中央变电所接到降压站将下井Ⅴ路开关柜 56016 电源合闸的通知后，将Ⅲ路电源盘 5633 合闸，Ⅲ路 PT 合闸，将高压开关柜 56331、56333 合闸。

（7）通知一号变电所将 2# 电源高防 652 小车摇进并合闸。

（8）把 PT 二次线并好，将联络高压开关柜 56310、56320 合闸。

（9）检查各仪表、指示灯是否准确无误，观查运行正常后方可撤离现场。

四、手指口述

1. 检修前检查内容

检查检修工具是否齐全并符合要求，检查现场瓦斯浓度情况，并确定检修设备。手指口述：

（1）验电笔符合要求，绝缘用具符合要求，接地线符合要求，停电牌符合要求，确认完毕；

（2）确认瓦斯浓度为××%，不超过1%，可以检修，确认完毕；

（3）确认×××号高压开关柜，停电完毕，确认完毕；

（4）带好绝缘用具，拉出小车，进行检电、放电，确认完毕；

（5）挂牌、上锁专人看管，确认完毕。

2. 检修过程中检查内容

检查各动静触头松动、机构等是否压接牢固。手指口述：

（1）确认触头完好，无松动现象，确认完毕；

（2）确认各机构正常，无问题，确认完毕；

（3）检查真空瓶完好，控制线路压接紧固，插头无松动，确认完毕。

3. 检修完毕后检查内容

清理杂物，拆除接地线，处理外部完好。手指口述：

（1）杂物已清理，接地线已拆除，确认完毕；

（2）确认外部完好，确认完毕。

4. 检修完毕后送电

送电正常，确认完毕。

五、安全规定

维修工在检修过程中必须严格按照检修措施进行检修，检修前维修工必须巡视周围，确认无危险源后方可投入检修。

（1）检修开工前的停送电操作及安全措施由施工负责人同施工安监员共同完成，未接到开工命令前，其他施工人员不得进入施工现场。

（2）高压停送电，必须由施工负责人或施工负责人指派人员联系，其余人员联系无效。联系时需要使用设备的双重编号。

（3）所有高压停送电操作都要使用停送电操作票。

（4）高压停送电必须一人操作、一人监护，操作人员必须戴绝缘手套、穿绝缘靴或站在绝缘操作台上操作。

（5）对所有高低压停电设备检修、试验前，必须检电、放电、挂接地线、挂停电标志牌。

（6）检修过程中，施工人员发现问题要及时汇报施工负责人。

（7）每一检修点检修完工后，必须由施工负责人检查验收。

（8）参加检修人员要服从施工负责人安排，明确各自的检修内容和范围。

（9）高、低压设备检修完毕后，必须拆除接地线，认真清理现场后方可送电。

(10) 施工人员要做好自主保安和相互保安。

(11) 只有当井下压风机房检修人员检修完毕并检查无问题后方可将供 2# 所内变高压开关柜 56333 合闸，否则不允许送电。

六、自保互保

(1) 在检修过程中个人要集中精力、按章作业，避免事故发生。

(2) 检修过程中，一旦发生触电，检修人员应立即对触电者进行抢救，检查事故原因，排除故障后方可继续检修。

七、事故案例

1. 事故经过

某矿机电队宋某在 1999 年 9 月 16 日早 6 时在 130 采区 1# 变电所检修高防开关，对负荷侧进行检查时，没按程序检电、验电而用平钳夹着扳手去放电，只听"扑通"一声，高压相间弧光短路，弧光将宋某右手及右脸部烧伤。

2. 事故原因

(1) 宋某安全意识淡薄，自主保安能力差，没有按照操作顺序戴好绝缘手套，手持验电笔进行验电，将接地线一段接地，另一端对电缆三相反复放电，直至确认已无残留电流的放电操作顺序进行操作，是造成事故的主要原因。

(2) 无措施、无高压操作票、无停电工作票，而直接安排进行检修，干部违章指挥，是造成事故的主要原因。

(3) 现场安全负责人没有尽到职责，没有全面进行监护，互保能力差，安全意识淡薄是造成事故的的重要原因。

3. 事故教训

(1) 加强对职工的安全教育，牢固树立安全第一的思想，提高自助保安和相互保安的意识，真正从思想、行动上接受事故教训，杜绝类似事故的发生。

(2) 加大机电工作管理力度，强化现场管理，落实各项安全管理制度，杜绝无措施工和干部违章指挥现象。

(3) 按照机电管理标准，对电缆标记、接地、高低压开关的整定、标志牌、供电系统图与实际不符的进行整改补充，分工明确，确保安全生产。

第三节　主排水泵司机

一、上岗条件

(1) 司机必须经过培训、考试合格、取得合格证后，持证上岗操作。实习司机应经有关部门批准，并指定专人指导监护。

(2) 应熟知《煤矿安全规程》有关规定，了解排水系统，熟悉掌握排水设备和启动控制电气设备的构造、性能、技术特点、工作原理，并要做到会使用、会保养、会排除一般性故障，能独立操作。

(3) 没有防碍本职工作的病症。

二、操作顺序

水泵在一般正常情况下按以下操作顺序进行。

1. 有底阀水泵操作顺序

(1) 启动：报告机电队值班人员调度同意后，向水泵充水→泵体内充满水后，操作启动设备，启动水泵电机→水泵电机达到正常转速后，打开水泵排水阀门→完成水泵启动→正常排水。

(2) 停机：关闭水泵出水口阀门→断电停机→向地面变电所或调度室汇报。

2. 无底阀水泵操作顺序

(1) 启动：报告机电队值班人员调度同意后，启动充水设备向水泵充水→泵体内充满水后，操作启动设备，启动水泵电机→水泵电机达到正常转速后，关闭充水设备，打开水泵排水阀门→正常排水。

(2) 停机：关闭有关仪表阀门→关闭水泵出水口阀门→断电停机→向机电队值班人员汇报。

三、操作准备

(1) 水泵启动前应对下列部位进行检查：

①设备各部件螺栓紧固，不得松动。

②联轴器间隙应符合规定，防护罩应可靠。

③轴承润滑油油质合格、油量适当，油环转动平稳、灵活；强迫润滑系统的油泵、站、管路完好可靠。

④辅助上水系统、吸水管道应正常，吸水高度应符合规定，吸水井内无影响吸水的杂物。

⑤接地系统没有损坏，符合规定。

⑥电控设备各开关手把应在停车位置。

⑦电压、电流、压力、真空等各种仪表指示正常，电源电压应符合电动机启动要求。

(2) 按照待开水泵在管道上连接的位置和规定，一般情况下应选择阻力最小的水流方向，开（关）管道上有关分水阀门（水泵出口阀门关闭不动）。

(3) 盘车2~3转，泵组转动灵活无卡阻现象。但停止运转时间不超过8h不受此限。

(4) 对检查发现的问题必须及时处理，值班司机处理不了的问题应向当班领导汇报，待处理完毕符合要求后方可启动该水泵。在启动水泵之前应向机电队值班人员请示开泵，经同意后方准开泵。

四、正常操作

启动排水泵一般按以下步骤进行。

(1) 泵体充水：

①排水泵有底阀时，应先打开灌水阀和放气阀，向泵体内灌水，直至泵体内空气全部排出（放气阀不冒气），然后关闭以上各阀，立即启动水泵电机。

②采用无底阀排水泵：当用真空泵时，先关闭水泵压力表阀门，打开水泵的真空阀门，开动真空泵，将泵体、吸水管抽真空，当真空表指数稳定在相应负压的读数上后，关闭真空泵上的真空表阀门，立即启动水泵电机。当采用射流泵时，先关闭水泵压力表阀门，开启水泵通往射流泵的排气阀门，再开启高压水管通往射流泵的水门，当真空表指数稳定在相应负压的读数上后，关闭射流泵的水门，立即启动水泵电机。

（2）启动水泵电动机：启动高压电气设备前，必须戴好绝缘手套，穿好绝缘靴。

（3）待水泵电机电流达到正常时，关闭充水设备及真空表，启动电动装置，打开阀门或人工缓缓打开水泵出水口阀门，待水泵出水阀门完全打开后，缓缓打开压力表阀，排水泵投入正常运行。

（4）工作泵和备用泵应交替运行，保证备用泵随时可投入使用。对于不经常运行的水泵（或水泵升井大修）的电动机，应每隔10天空转2~3 h，以防潮湿。每两天必须将两台真空泵使用一次。

关闭排水泵一般按以下步骤进行：

（1）关闭压力表，启动电动装置或人工缓缓关闭水泵的出水阀门。

（2）切断电动机的电源，使电动机停止运行。

（3）向机电队值班人员汇报。

水泵司机班中应进行巡回检查。

（1）巡回检查的时间一般为每小时一次。

（2）巡回检查的主要内容为：

①各紧固件及防松装置应齐全，无松动；

②滑动轴承、滚动轴承、电机等各发热部位的温度不超限，强迫润滑油泵站系统工作应正常；

③水泵密封松紧应适度，不进气、滴水不成线；

④电动机、水泵运行正常，无异响或异震；

⑤电流不超过规定值，电压符合电机正常运行要求；

⑥压力表、真空表指示应正常；

⑦吸水井水面深度指示器工作正常，吸水井积泥面离笼头底面距离不小于0.5 m。

（3）巡回检查中发现的问题及处理经过应及时填入运行日志。

（4）认真填写水泵开、停的时间、日期及累计的运行时间。

五、手指口述

1. 水泵开泵手指口述

正、副司机共同执行：

（1）正司机：检查水位。

副司机：仰井水位符合开泵要求，确认完毕。

（2）正司机：准备开启×号水泵，现对×号水泵进行检查。

副司机：×号水泵进行检查，符合开泵要求，确认完毕。

（3）正司机：准备向×号水泵充水。

副司机：×号水泵已经充水，确认完毕。

正、副司机单独执行：
(4) 正司机：①核对水泵启动开关编号，确认完毕。
②×号水泵电机已启动，确认完毕。
(5) 副司机：①打开电动阀门。
②电动阀门已完全打开，确认完毕。
(6) 副司机：①关闭充水设备。
②充水设备已关闭，确认完毕。
(7) 副司机：①检查水泵运转情况。
②水泵运转正常，确认完毕。
(8) 正司机：①检查开关柜指示情况。
②开关柜指示正常，确认完毕。
(9) 副司机：①填写相关记录。
②记录已填写，确认完毕。

2. 水泵停泵手指口述

正、副司机共同执行：
(1) 正司机：检查水位。
副司机：仰井水位符合停泵要求，确认完毕。
(2) 正司机：准备停止×号水泵运行，现对×号水泵进行检查。
副司机：对×号水泵进行检查，符合停泵要求，确认完毕。

正、副司机单独执行：
(3) 副司机：①关闭电动阀门。
②电动阀门已完全关闭，确认完毕。
(4) 正司机：①核对水泵启动开关编号，确认完毕。
②×号水泵电机已停止，确认完毕。
(5) 副司机：×号水泵已停止运转，确认完毕。
(6) 副司机：①填写相关记录。
②记录已填写，确认完毕。

六、安全规定

(1) 上班前禁止喝酒，严格执行交接班制度，接班后不得睡觉，不得做与本职工作无关的事情，坚守工作岗位，遵守本操作规程及《煤矿安全规程》的有关规定。
(2) 主排水泵司机必须专职，主排水泵房每班超过两人值班时应明确正、副司机。
(3) 严格遵守以下安全守则和操作纪律：
①不得随意变更保护装置的整定值。
②操作高压电器时，一人操作，一人监护；操作者应戴绝缘手套、穿绝缘靴或站在绝缘台上；电器、电动机必须接地良好。
③在以下情况下，水泵不得投入运行：
(a) 电动机故障没有排除，控制设备、电压表、电流表、压力表、真空表失灵；
(b) 水泵或管路漏水；

(c) 电压降太大，电压不正常；
(d) 水泵不能正常运行；
(e) 吸排水管路不能正常工作。
(4) 在发生和处理事故期间，司机应严守岗位，不得离开泵房。
①管子道内（安全出口）必须保持畅通，不得堆放杂乱赃物。
②应定期检查防水门，关闭应符合要求。

第四节　带式输送机司机

一、上岗条件

带式输送机司机必须熟悉带式输送机的性能和构造原理。做到"四会"标准，即会使用、会保养、会检查、会排除一般故障，经三级培训中心培训考试合格、取得操作资格证后方可持证上岗。

二、操作顺序

带式输送机的操作顺序：检查→发出信号试运转→检修处理问题→正式启动→运转→结束停机。

三、操作方法

(1) 带式输送机司机上岗后应检查输送机机头范围内的支护是否牢固可靠，有无障碍物或浮煤、杂物等不安全隐患。

(2) 将输送机的控制开关手把扳到断电位置闭锁好并挂上停电牌，然后配合维修工对下列部位进行检查：

①机头及储带装置所用连接件和紧固件应齐全、牢靠，防护罩齐全完整，各滚筒、轴承应转动灵活。
②液力耦合器的工作介质液量适当，易熔塞和防爆片应合格。
③制动器的闸带和轮接触严密，制动有效。
④减速器内油量适当，无漏油现象。
⑤托辊齐全、转动灵活，托架吊挂装置完整可靠、托梁平直。
⑥承载部梁架平直，承载托辊齐全、转动灵活、无脱胶。
⑦输送机的前后搭接符合规定。
⑧机尾滚筒转动灵活，轴承润滑良好。
⑨输送带接头完好，输送带无撕裂、伤痕。
⑩输送带中心与前后各机的中心保持一致，无跑偏，松紧合适，挡煤板齐全完好，动力、信号、通讯电缆吊挂整齐，无挤压现象。

(3) 开机时，取下控制开关上的停电牌，合上控制开关，发出开机警示信号，让人员离开输送机转动部位，先点动2次，再转动1周以上，并检查下列各项：

①各部位运转声音是否正常，输送带有无跑偏、打滑、跳动或刮卡现象，输送带松

紧是否合适。

②控制按钮、信号、通讯等设施是否灵敏可靠。

③检查试验各种保护装置是否灵敏可靠。

(4) 经检查与处理合格后，方可正式操作运行。

(5) 在运转过程中，随时注意运行状况；经常检查电动机、减速器各轴承的温度；倾听各部位运转声音；保持正确洒水喷雾。

(6) 发现下列情况之一时，必须停机，妥善处理后方可继续运行：

①输送带跑偏、撕裂。

②输送带打滑或闷车、皮带接头不合格。

③电气、机械部件温升超限或运转声音不正常。

④液力耦合器的易熔塞熔化或耦合器内的工作介质喷出。

⑤输送带上有大块煤（矸石）、铁器、超长材料等。

⑥危及人身安全时。

⑦信号不明或下一台输送机停机时。

(7) 接到停止信号后，将带式输送机上的煤完全拉净，停机后，将控制开关手柄扳到断电位置，锁紧闭锁螺栓。

(8) 关闭喷雾降尘装置的阀门，清扫电动机、开关、液力耦合器、减速器等部位的煤尘。

(9) 现场向接班司机详细交待本班输送机运转情况，出现的故障和存在问题按规定填写好本班工作日志。

四、手指口述

1. 胶带机运行时手指口述

(1) 滚筒轴承温度正常、不振动，确认完毕。

(2) 皮带不跑偏，确认完毕。

2. 胶带机开车时手指口述

手指口述：胶带机开车时检查内容：检修牌、各开关、各类保护、操作系统、信号、各仪表。

(1) 检修牌已摘，确认完毕。

(2) 各开关无异常，确认完毕。

(3) 各保护无异常，确认完毕。

(4) 操作系统正常，确认完毕。

(5) 信号联系正确，确认完毕。

(6) 各仪表、显示正常，确认完毕。

(7) 防尘洒水设施正常，确认完毕。

五、安全规定

(1) 必须按规定信号开、停输送机。

(2) 不准超负荷强行启动。发现闷车时，先启动 2 次（每次不超过 15 s），仍不能启动时，必须卸掉输送带上的煤，待正常运转后再将煤装上输送带运出。

（3）输送机的电动机及开关附近20 m以内风流中瓦斯浓度达到1.5%时，必须停止工作，切断电源，撤出人员，进行处理。

（4）严禁人员乘坐带式输送机，不准用带式输送机运送设备和笨重物料。

（5）输送机运转时禁止清理机头、机尾滚筒及其附近的浮煤。不许拉动输送带的清扫器。

（6）处理输送带跑偏时严禁用手、脚及身体的其他部位直接接触输送带。

（7）折卸液力耦合器的注油塞、易熔塞、防爆片时，应戴手套，面部躲开喷油口方向，轻轻拧松几扣后停一会，待放气后再慢慢拧下。禁止使用不合格的易熔塞、防爆片或用代用品。

（8）输送机上检修、处理故障或做其他工作时，必须停机闭锁输送机的控制开关，挂上停电牌。严禁站在输送机上点动开车。

（9）禁止用控制开关的隔离手把直接切断或启动电动机。

（10）皮带撕裂、皮带接头不合格时，严禁开车。

（11）必须经常检查输送机巷道内的消防及喷雾降尘设施，并保持完好有效。

（12）认真执行岗位责任制和交接班制度，不得擅离岗位。

六、自保互保

（1）皮带运行时，人员闪开转动部位，防止有煤矸等杂物抛出。

（2）皮带跑偏调节时闪开转动部位，防止皮带突然开动。

（3）皮带有异常需要上皮带操作，要等皮带停稳后闭锁再上，若有异常应立即向人行路侧躲闪。

七、事故案例

（1）某矿2007年6月8日夜班曹××班中睡觉造成埋住皮带影响生产2 h。

（2）×矿二号井皮带司机看带时，不听清信号，在皮带上方工作人员没撤完的情况下盲目开带，导致李×摔伤。

第五节 皮带维修工

一、上岗条件

（1）上岗前必须经过三级以上煤矿安全培训机构安全培训，并经考试合格后方可持证上岗。

（2）必须经过专业技术培训，考试合格后方可上岗。

（3）必须熟悉《煤矿安全规程》的有关规定、《煤矿机电设备完好标准》、《煤矿机电设备检修质量标准》、《电气防爆标准》及《许厂煤矿机电设备失爆检查评定标准》等有关规定。

（4）必须熟悉所使用带式输送机的结构、性能、工作原理、各种保护的原理和检查试验方法，具有熟练的维修保养以及故障处理的工作技能和基础知识。熟悉皮带头设备的供电系统、设备性能及电缆与设备的运行状况。

（5）必须掌握现场电气事故处理和触电事故抢救的知识。熟悉出现事故时的停电顺序和人员撤离路线。

二、安全规定

（1）上班前不准喝酒、上班时不准干与本职无关的工作，遵守有关规章制度。

（2）必须随身携带合格的便携仪、验电笔和常用工具、材料、停电警示牌、接地线，并保持电工工具绝缘可靠。

（3）皮带机的电动机及开关附近20 m以内风流中瓦斯浓度达到1.5%时，必须立即停止工作，切断电源，撤出人员，并及时向调度室汇报。

（4）在进行电气作业时必须严格执行停送电制度和停电、验电、挂接地线、挂警示牌、设栅栏制度，坚持谁停电谁送电。

（5）工作过程中衣袖必须绑扎，所有纽扣必须扣好。

（6）工作过程中必须指定安全负责人，统一协调各检修工序。

三、操作准备

（1）大的零部件检修时，要制定专项检修计划和安全技术措施，并贯彻落实到每一个检修人员。

（2）检修负责人向所有检修人员传达当天检修内容、人员分工、安全注意事项以及技术措施。

（3）准备设备检修所使用的材料、配件、棉纱、清洗液、工具、测试仪器、仪表及工作中的其他用品。

（4）检修人员达到工作现场后首先向有关人员了解皮带运行情况，检查皮带运转记录，巡视整部皮带，优先解决影响生产的问题。

四、正常操作

（1）处理输送带跑偏时严禁用手、脚及身体的其他部位直接接触输送带。

（2）拆卸液力耦合器的注油塞、易熔塞、防爆片时，应戴手套，面部躲开喷油方向，轻轻拧松几扣后停一会，待放气后再慢慢拧下。禁止使用不合格的易熔塞、防爆片或用代替品。

（3）在滚筒注油、更换皮带滑子、更换除尘器、架杆、接煤簸箕、打扣等工作时输送机开关必须停电、上锁、悬挂"有人工作，不准送电"的停电牌，并且锁上闭锁螺杆，随身携带钥匙，只有当所有工作干完后方可开锁送电。

（4）在皮带机尾作业时必须与皮带司机及地面监控室值班人员用通讯电话联系好，闭锁皮带电机开关，并专人看管。

（5）皮带打扣时必须在检修负责人的监护下进行，以保证工程质量。

（6）抽皮带时各部绞车速度要一致，听从检修负责人的统一指挥。

（7）皮带机电气部分的检修按电气设备检修操作规程进行。

(8) 试运转时发出信号后必须在得到皮带机尾回发的信号后方可点动试车。

五、手指口述

(1) 皮带停电检修时执行电钳工手指口述。
① 张紧绞车、钢丝绳、轨道正常，确认完毕。
② 清扫器、喷雾装置工作正常，确认完毕。
③ 各类护网、护罩吊挂正常，确认完毕
(2) 检修检查内容：开关是否停电、闭锁、挂牌。手指口述：
① 胶带机开关已停电、闭锁、挂牌，可以检修，确认完毕。
② 胶带机检修正常，可以试车，确认完毕。

六、自保互保

(1) 处理皮带跑偏时，人员闪开转动部位操作。
(2) 拆检液力耦合器等转动部位，要等其停稳后方可操作，并且闪开喷油方向。
(3) 需要在皮带机尾处处理问题时，必须与相关岗位司机叫应好，打好闭锁，待问题处理完毕后方可运转。
(4) 需要开动皮带时，及时通知沿途相关人员，确认安全后方可开动。

七、收尾工作

(1) 检修完毕必须通知相关人员试运转，试运转时先单机试运转，待正常后再进行联合试运转。
(2) 清点工具、材料及剩余备件。
(3) 认真如实填写设备检修记录，排出第二天的检修计划。

八、事故案例

××公司采煤队夜班在运转时，皮带突然断裂。班长带领张×及其他6名职工在带电紧皮带时，张×右脚蹲在皮带架上，左脚蹬在皮带主动轮轮上操作。维修工送电用点动法紧皮带时，打断负荷销，将张×左下肢卷入主动轮和从动轮之间，造成左下肢胫骨、股骨骨折而被截肢。

第六节　副井绞车司机

一、上岗条件

(1) 司机必须经过培训并经考试取得合格证后，持证上岗，能独立工作。
(2) 有一定的机电技术知识，熟悉《煤矿安全规程》的有关规定。
(3) 熟悉设备的结构、性能、技术特征、动作原理、提升信号系统和各种保护装置，能排除一般故障。数控绞车司机还应能够进行计算机设备的一般操作。
(4) 没有妨碍本职工作的病症。

二、安全规定

(1) 上班前严禁喝酒，接班后严禁睡觉、看书和打闹。坚持工作岗位，上班时不做与本职工作无关的事情，严格遵守本操作规程及《煤矿安全规程》的有关规定。

(2) 生产用主要提升机必须配有正、副司机，每班不得少于2人（不包括实习期间内的司机）。实习司机应经主管部门批准，并指定专人监护，方准进行操作。

(3) 严格执行交接班制度，交接班后应进行一次空负荷试车（连续作业除外），每班应进行安全保护装置试验，并做好交接班记录。

(4) 禁止超负荷运行（电流不超限）。

(5) 司机不得擅自调整制动闸。

(6) 司机不得随意变更继电器整定值和安全装置整定值。

(7) 检修后必须试车，并按规定做过卷等项试验。

(8) 操作高压电器时，应待绝缘手套、穿绝缘靴或站在绝缘台上，一人工作、一人监护。

(9) 维修人员进入滚筒工作前，应落下保险闸，切断电源，并在闸把上挂上"滚筒内有人工作，禁止动车"警示牌。工作完毕后，摘除警示牌，并应缓慢启动。

(10) 停车期间，司机离开操作位置时必须做到：

①将制动闸手把移至施闸位置；

②主令控制器手把置于中间"0"位；

③切断控制回路电源。

(11) 开车时制动手柄应处于半松闸状态，然后再推给定手柄。

(12) 操作司机要精心操作，时刻观察指示是否正常。

(13) 正常运行状态下应采用手动或自动方式。

(14) PLC 故障时可用应急。

(15) 只有在检修时，方可用检修方式。

(16) 每小班接班前应进行过卷试验。

(17) CPU 电源插座不允许带电插拔，系统地址严禁私自变动。

(18) PLC 电源电池一次更换，更换时，CPU 模板必须带电。

(19) 如果中途出现紧急制动，必须先查明原因并处理，处理完毕后，应采取必要的安全措施，再进行复位并用手动方式试车。

(20) 操作司机不得乱动除正常操作外的其他部位。

(21) 操作方式转换开关必须在绞车到达停车点后选择。

(22) 监护司机要对设备各部及时巡回检查。

(23) 司机应注意操作台仪表指示，正常全速运转时如电枢电流超过额定电流 1 800 A，应及时降低速度或采取停车措施。

(24) 任何故障情况下，严禁在没有分励磁整流柜高压电源的情况下停调节柜低压电源，以防止击穿励磁柜和可控硅。

(25) 当故障复位时，给定手柄必须在零位，制动手柄在紧闸位置。

(26) 司机如果听到信号报警，严禁开车。

(27) 当井口、井底出现紧急情况，事故解除后应用手动方式开车。

(28) 倒换液压站或检修盘形闸时，必须首先关闭在用液压站出油管球阀，方可进行以后的工作。

(29) 司机应熟悉各种信号，操作时必须严格按信号执行，做到：

① 不得无信号动车。

② 当所收信号不清或有疑问时，应立即用电话与井口信号工联系，重发信号，再进行操。

③ 接到信号因故未能执行时，应通知井口信号工，原信号作废，重发信号，再进行操作。

④ 司机不得擅自动车，若因故需要动车时，与信号工联系，按信号执行。

⑤ 若因检修需要动车时，应事先通知信号工，并经信号工同意，完毕后再通知信号工。

(30) 提升机司机应遵守以下操作纪律：

① 司机操作时应精神集中，手不离开手把，严禁与他人闲谈，开车后不得打电话，司机不允许连班顶岗。

② 操作期间禁止吸烟，不得离开操作台及做其他与操作无关的事情，操作台上不得放与操作无关的物品。

③ 司机应轮换操作，每人连续操作时间一般不超过 1 h。在操作未结束前，禁止换人。因身体骤感不适，不能坚持操作时，可中途停车，并与井口信号工联系，由另一名司机代替。

(31) 摩擦轮提升绞车司机应随时注意观察钢丝绳有无滑动现象，保证放打滑保护装置安全可靠运行。

三、操作准备

（一）司机接班后应做的检查

(1) 各紧固螺栓不得松动，连件件应齐全、牢固。

(2) 联轴器间隙应符合规定，防护罩应牢固可靠。

(3) 轴承润滑油油质应符合要求，油量适当。

(4) 各种保护装置及电气闭锁必须动作灵敏可靠，声光信号和警铃都必须灵敏可靠。

(5) 制动系统中，闸瓦、闸路表面应清洁无污，液压站油泵应正常，各电磁阀动作灵敏可靠，位置正确；油压系统运行正常。液压站（或储能器）油量油质正常。

(6) 盘式制动器不漏油，特别是不能污染闸路表面。

(7) 各种仪表指示应准确，信号系统正常。

(8) 数控绞车司机应检查计算机是否正常，操作员站、数字及模拟深度指示器显示应正确。

(9) 检查钢丝绳的排列情况及衬板、绳槽的磨损情况。

(10) 冬季室外结冰期间，要检查钢丝绳、绳槽等部位，防止结冰引起钢丝绳打滑、脱槽。检查中发现问题，必须及时处理并向当班领导汇报。处理符合要求后方可正常开车。

(二) 提升机启动前应做的工作

1. 开车送电工作

(1) 认真检查各部分机械、电气设备（包括电动机、液压站、盘形闸、轴承、滚筒、编码器等部位，检查各部螺栓有无松动）。

(2) 检查无误后低压送电。

(3) 低压送电正常后，按下调节柜 CPU 上的复位按钮，复位调节系统。

(4) 送 3 个整流高压盘断路器。

(5) 送磁场接触器。

(6) 送 1$^\#$、2$^\#$ 快速开关。

(7) 安全回路复位。如不能复位，根据监视器上的故障指示查找有关部位。

2. 提升机运行方式

本系统的提升方式有提人、提物、调平、换层、检修、大件和紧急开车 7 种，其中前 6 种受信号系统控制，后一种方式不受信号系统控制。

(1) 提物方式最高速度为 5 m/s，提人方式最高速度为 3.5 m/s，从上层到下层速度为 0.3 m/s，离井口 50 m 处自动减速。

(2) 调平方式最高速度为 0.5 m/s。

(3) 换层方式时，在上层和下层之间最高速度为 0.3 m/s，在下层以下最高速度为 2 m/s，且能自动减速。罐笼在中途，若井口过来的信号为换层，则开车时最大速度只能为 2 m/s。所以要求司机要监视井口发来的信号，错发的信号要给予提示或拒绝开车。换层到位或上井口发来停车点后能自动停车。

(4) 检修方式时最高速度为 2 m/s，受信号系统控制，可自动开闸（即闸不受主令和电流限制）。注意：闸一旦敞开，绞车可能自由下滑，此时，应配合主令手柄预加一定动力，避免其下滑。但在检修液压站时，可不必这样操作，可以在关掉几副闸的情况下，随意开闸，而不必动主令手柄。本运行方式能自动减速和停车。试验过卷时应用本方式。

(5) 紧急开车时，安全回路需正常，最高速度为 2 m/s。此方式解除了大部分的保护功能，不能自动减速，也不能自动停车。制动闸的操作也与检修方式一样，一定特别注意。

(6) 下大件时，若想提过软过卷，信号系统必须打大件模式，操作方式开关选择检修，过卷允许开关选择"过卷允许"，方可开车。若回到零位时，过卷旁通开关选择"旁通"，再进行开车。

3. 启动辅助设备

(1) 启动液压站制动油泵。

(2) 观察电压表、油压表、电流表等指示是否准确、正常。

(3) 检查司机台各手柄、旋钮置于正常位置。

(4) 检查各部螺栓是否松动，销键是否松动。

(5) 液压站是否正常，管路是否漏油。

(6) 检查制动闸是否松动，是否正常。

四、操作顺序

在一般正常情况下按以下操作顺序进行：

（1）启动：开动辅助设备→收到开车信号→确定提升方向→打开工作闸→操作主令开关→开始启动→均匀加速→达到正常速度，进入正常运行。

（2）停机：到达减速位置→操作主令开关或自动减速→开始减速→自动停车施闸制动。

五、正常操作

（一）提升机的启动与运行

1. 启动顺序

（1）司机接到井口开车信号后，首先判断发来的信号是否正确，若不清或错误则拒绝开车。之后选择相应的运行方式：正常开车时方式转换开关打到"零位"；当 PLC 发生故障时，可选择紧急开车方式，即方式转换开关打到"紧急"位置。

（2）正常开车时，司机首先判断是上提重物还是下放重物，如上提重物，将制动手柄慢慢推离紧闸位置，然后动主零手柄（上提拉手柄，下放推手柄）；如下放重物，将制动手柄直接推至敞开位置，然后动主令手柄。启动过程中应注意观察电枢电流、磁场电流、速度、制动油压等指示仪表，注意绞车各部位有无异常声音和其他不正常现象，发现问题立即停车检查。（注意：司机在启动时要精力特别集中，防止绞车倒转）

2. 提升机在启动和运行中，应随时注意观察以下情况

（1）电流、电压、风压等各指示仪表的读数应符合规定。

（2）深度指示器指针位置和移动速度应正确。

（3）信号盘上的各信号变化情况。

（4）各运转部位的声响应正常，无异常震动。

（5）各保护装置的声光显示应正常。

（6）钢丝绳有无异常跳动，电流表指示有无异常摆动。

（7）全速运行时，应严格监视盘面各仪表和监视器是否正常，各部机械运转有无异常；推拉手柄时，如发现不正常情况，应立即减速停车或按下急停按钮紧急制动，通知维修人员并汇报区队值班领导。

（8）副司机除做司机助手外，还应注意观察各部机械仪表和监视器有无异常现象，若发现不正常现象应报告司机停车检查或采取紧停措施。

3. 提升机正常减速与停车

当罐笼运行至减速点（离井口停车点 50 m）时，绞车自动减速，司机应观察减速段变化情况，随时采取果断措施。注意：减速铃响之后，应密切注意绞车是否在减速，如不能正常减速，应立即按紧停按钮进行停车处理。正常开车时，罐笼到位能自动停车。自动停车后，将制动手柄拉回紧闸位置，主令手柄拉/推回零位。应用紧急开车方式时，罐笼到位不能自动停，需要听到停车信号后手动停车，方法是：制动手柄迅速拉回紧闸位置，主令手柄迅速回零位，这两个动作几乎是同时的。

（二）停、送电操作

1. 停电

(1) 关闭盘形闸球阀。
(2) 按下急停按钮断开安全回路。
(3) 断开快速开关。
(4) 分磁场回路接触器,断开磁场整流高压盘断路器。
(5) 断开 $1^{\#}$、$2^{\#}$ 电枢整流柜高压盘断路器。
(6) 断开保护 PLC、行程 PLC 电源模板开关,断开操作台 PLC 电源模板开关。
(7) 按照低压柜停电顺序停电。
(8) 最后停动力高压盘断路器。

2. 送电

(1) 送动力高压盘断路器。
(2) 按照低压柜送电顺序送电。
(3) 送上保护 PLC、行程 PLC 电源模板开关,送上操作台 PLC 电源模板开关。
(4) 调节柜复位。
(5) 合上磁场高压盘断路器、$1^{\#}$、$2^{\#}$ 电枢整流高压盘断路器。
(6) 合上磁场接触器,合上快速开关。
(7) 启动风机。
(8) 操作台复位。

(三) 提升机司机应进行班中巡回检查

(1) 巡回检查一般为每小时一次。
(2) 巡回检查要按主管部门规定的检查路线和检查内容逐项检查,不得遗漏。巡回检查的重点是安全保护系统。
(3) 在巡回检查中发现的问题要及时处理。
① 司机能处理的立即处理;
② 司机不能处理的,应及时上报,并通知维修工处理;
③ 对不会立即产生危害的问题,要进行连续跟踪观察,监视其发展情况;
④ 所有发现的问题及处理经过必须认真填入运行日志。

六、自保互保

1. 特殊吊运时提升机速度

进行特殊吊运时,井筒信号工必须将吊运的物件名称、尺寸和重量通知提升机值班司机,提升机的速度应符和下列规定:

(1) 人工验绳速度,一般不大于 0.3 m/s。
(2) 因检修井筒装备或处理故障,人员需站在提升容器顶上工作时,其提升容器的运行速度一般为 0.3~0.5 m/s。

2. 编码器校正处理

(1) 在正常停车时,将编码器校正旋钮打至"校正"。
(2) 以正常方式来回提升 2~3 次,务必保证两齐平开关动作。注意:停车时行程显示不一定为最小值或最大值。

(3) 将编码器校正旋钮打至"零位"，然后重新启动保护 PLC 和行程 PLC（此时必确保操作台 PLC 正常工作），若再重新启动 PLC 之前方式旋钮仍在校正位，则恢复原始数据而不采用最新校正的数据。

(4) 建议在提升重物时进行校正，速度以中速为宜。

3. 硬过卷（小罐为例）

(1) 以检修方式将小罐上提到位。

(2) 通知井口信号工准备试过卷，并继续发出下放点。

(3) 绞车以最大 0.5 m/s 的速度下放，碰到过卷开关后绞车急停（过卷距离 0.5 m）。

4. 软过卷（小罐为例）

硬过卷之后再试软过卷：

(1) 将方式转换开关打到检修模式。

(2) 打小罐过卷允许，上井口发来开车信号后，小罐继续上提，当位置指示+0.7 m 时，绞车急停。

5. 过卷恢复（小罐为例）

(1) 打小罐旁通。

(2) 通知信号工发上提信号。

(3) 下放小罐至正常停车点将车停下。

(4) 将小罐过卷旁通开关和过卷允许开关打回原位。

6. 提升机运行过程中的事故停车

(1) 运行中出现下列现象之一时，用工作闸制动进行中途停车：

①电流过大，加速太慢，启动不起来，或电流异常；

②运转部位发生异响；

③出现情况不明的意外信号；

④过减速点不能正常减速；

⑤保护装置不起作用，不得不中途停车时；

⑥出现其他必须立即停车的不正常现象。

(2) 运行中出现下列情况之一时，应立即断电，按下紧急停车按钮：

①工作闸操作失灵；

②接到紧急停车信号；

③接近正常停车位置，不能正常减速；

④绞车主要部位失灵，或出现严重故障必须紧急停车时；

⑤保护装置失效，可能发生重大事故时；

⑥出现其他必须紧急停车的故障。

(3) 事故停车后的注意事项：

①出现上述（1）、（2）项情况之一停车后，应立即上报矿调度室和区队值班队长，通知维修工处理，事后将故障及处理情况认真填入运行日志。

②运行中发生故障时，在故障原因未查清和消除前，禁止动车。原因查清后，故障未能全部处理完毕，但已能暂时恢复运行时，经矿调度后有关部门同意并采取安全措施后可以恢复运行，将提升容器升降至终点位置，完成本钩提升行程后，在停车位置继续处

理。

③钢丝绳遭受因卡罐或紧急停车等原因引起的猛烈拉力时，必须立即停车，对钢丝绳和提升机有关部位进行检查，确认无误后方可恢复运行。否则，应按规定进行处理后方可重新恢复运行。

④因电源停电停车时，应立即断开总开关，将主令控制器手把放至"0"位，闸手柄置于施闸位置。

⑤过卷停车时，如未发生故障，经与井口信号工联系，维修电工将过卷开关复位后，可返回提升容器，恢复提升，但应及时向领导汇报，并填写运行日志。

⑥在设备检修和处理事故期间，司机应严守岗位，不得擅自离开提升机房，检修需要动车时，必须专人指挥。

（4）正常操作注意事项：

①检修和紧急开车方式为非正常开车方式，要慎重对待，必须在维修人员的监护下才能开车，并提前与信号工联系好。

②正常方式开车自动停车后，两手柄必须拉回原位（制动手柄在紧闸位置，主令柄在零位），若两手柄未回原位，即使井口再发来开车信号，绞车也不会启动。

③检修设备时，要严格执行停电、验电、放电等停送电操作规程。

④主滚筒轴编码器每班巡视不少于一次，天轮上轴编码器每两天巡检一次。

⑤PLC备用电池每两年更换一次，更换时应在带电情况下进行，以防丢失程序。

⑥绞车在运行过程出现故障造成紧急制动，待事故处理完毕后，必须开空车试运行两钩，一切正常后方可运行。

⑦试过卷保护时，事先与井口、井底信号工联系好，两罐不得提人或提物。通知上井口信号工和把勾工密切注意罐笼过卷情况，发现异常情况立即发停车点。

7. 监护司机的职责

在进行下列特殊提升任务时，必须有正司机操作、副司机负责监护。

（1）在交接班升降人员时。

（2）在进行井筒内检修任务时。

（3）监护操作司机按提升人员和下方重物的规定速度操作。

（4）必要时及时提醒操作司机进行减速、制动和停车。

七、副井绞车司机开车手指口述

主司机：已收到下放3点信号，准备下放。

副司机：信号正确，无异常，可以开车。

主司机：已收到下放5点信号，准备下放。

副司机：信号正确，无异常，慢速下放。

主司机：已收到换层5点信号，准备下放换层。

副司机：信号正确，无异常，自动换层。

主司机：已收到调平5点信号，准备下放调平。

副司机：信号正确，无异常，慢速下放调平。

主司机：已收到上提2点信号，准备上提。

副司机：信号正确，无异常，可以提升。
主司机：已收到上提 4 点信号，准备上提。
副司机：信号正确，无异常，慢速上提。
主司机：已收到换层 4 点信号，准备上提换层。
副司机：信号正确，无异常，自动换层。
主司机：已收到调平 4 点信号，准备上提调平。
副司机：信号正确，无异常，慢速上提调平。
副司机：已到减速区域。
主司机：绞车正常减速。
主司机：已收到 1 点停车信号，停止绞车。
副司机：不能动车。

八、事故案例

2000 年 11 月 16 日夜班，由于抗磨液压油油质严重不合格，液压站 21 号阀被堵，16 号阀芯卡住、18 阀压力整定值过高不能正常动作，使两条泄油回路不通，导致无法对绞车滚筒进行制动。绞车维修工赶到现场后，在已知大罐两次无控下降、绞车已有三次紧急制动并发现微机显示有重故障提示下，未查明原因，便盲目安排司机重复操作。绞车司机在已发现绞车出现故障的情况下，没有及时汇报，多次盲目违章操作，对绞车维修工的错误意见盲目听从，最终造成过卷坠罐事故。

第七节　变电所值班员

一、上岗条件

（1）值班员应经过培训合格后持证上岗，无证不得上岗工作。

（2）有一定的电工基础知识，熟知变电所有关规程及标准，熟悉《煤矿安全规程》有关规定。

（3）必须熟悉变电所供电系统图和设备分布，了解系统电源情况和各配电开关的负荷性质、容量和运行方式。熟知变电所配电设备的特性、一般构造及工作原理，并掌握操作方法，能独立工作。

（4）掌握触电急救法及人工呼吸法，并具有电气设备防、灭火知识。

（5）无妨碍本工种的病症。

二、安全规定

（1）班前不准喝酒，严格执行交接班制度，坚守工作岗位，上班时不做与本职工作无关的事情，严格遵守本操作规程及有关规程规章的规定。

（2）严格遵守岗位制度、工作票和操作票制度、工作许可制度、工作监护制度及工作终结制度等有关制度。

（3）倒闸操作必须执行唱票监护制，一人操作、一人监护。重要的或复杂的倒闸操作，由值班长监护，由熟练的值班员操作。

（4）操作前应先在图板上进行模拟操作，无误后再进行实际操作。操作时要严肃认真，严禁做与操作无关的任何工作。

（5）操作时必须执行监护复诵制，按操作顺序操作。每操作完一项做一个"√"记号，全部操作完后进行复查，无误后向调度室或有关上级汇报。

（6）进行送电操作时要确认该线路上所有工作人员已全部撤离，方可按规定程序送电。

（7）操作中有疑问时，不准擅自更改操作记录和操作票，必须向当班调度或值班长报告，弄清楚后再进行操作。

（8）用绝缘棒分和开关或经传动扦机构分和开关时，均应带绝缘手套、穿绝缘靴或站在绝缘台上。雨天在室外操作高压设备时，绝缘棒应有防雨罩，雷雨天气禁止倒闸操作。

（9）严禁带负荷停送刀闸（或隔离开关），停送刀闸（或隔离开关）要果断迅速，并注意刀闸是否断开或接触良好。

（10）装卸高压熔断器时，应带护目眼镜或绝缘手套，必要时可用绝缘夹钳，并站在绝缘垫或绝缘台上。

（11）电气设备停电后（包括事故停电），在未拉开开关和做好安全措施以前，不得触及设备或进入遮栏，以防突然来电。

（12）凡有可能返送电的开关必须加锁，开关上悬挂"小心反电"警示牌。

（13）严禁使蓄电池过充、过放电。

（14）变（配）电所内不得存放易燃易爆物品，不得有鼠患，变（配）电室无漏雨现象。

三、操作准备

值班员上岗后应按照以下内容进行交接班，并做好记录：

（1）检查电气设备上一班的运行方式、倒闸操作情况、供配电线路和变电所设备发生的异常情况。

（2）了解上一班发生的事故、不安全情况和处理经过以及因事故停止运行不准送电的开关。

（3）了解上一班内未完成的工作及注意事项，特别是上一班中停电检修的线路、有关设备情况，尚未结束的工作，仍有人从事电气作业的开关、线路及作业联系人。

（4）阅读上级指示、操作命令和有关记录。

（5）检查各线路的运行状态、负荷情况、设备状况、电话通讯是否正常。

（6）检查仪器仪表、保护装置是否正常。

（7）清点工具、备件、消防器材和有关技术资料。

（8）接班人员应在上一班完成倒闸操作或事故处理，并在交接班记录簿上签字后方可交班。

四、操作顺序

停电倒闸操作按照断路器、负荷侧开关、电源侧开关的顺序依次操作，送电顺序与此相反。

五、正常操作

（1）值班员负责监视变（配）电所内外电气设备的安全运行情况，重点监视以下内容：

①电气设备的主绝缘如瓷套管、支持瓷瓶应清洁，有无破损裂纹、异响及放电痕迹。

②电气设备的油位、油色应正常，无漏油、渗油现象。

③电气设备电缆、导电排的接头应无发热、变色、打火现象。

④油开关、变压器温度应正常，油箱内无异响。

⑤电缆头无漏胶、渗油现象。

⑥仪表和信号指示、继电保护指示应正确。

⑦电气设备接地系统、高压接地保护装置和低压漏电保护装置工作正常。

（2）值班期间应做好以下工作：

①接受调度指令，做好录音和记录。

②观察负荷变化、仪表指示，定时抄表并填好记录。

③巡视设备运行情况，并按规定做好记录。

（3）倒闸操作：

①倒闸操作必须根据调度和值班负责人的命令倒闸。受令人复诵无误做好录音后执行。

②倒闸操作时操作人要填写操作票。每张操作票只准填写一个操作任务。操作票应用钢笔或圆珠笔填写，且字迹工整清晰。

③操作人和监护人按操作票顺序先在模拟图板模拟操作，无误后经值班长审核签字后再执行实际操作。

（4）操作票应包括下列内容：

①应分、合的断路器和隔离开关（刀闸）。

②应切换的保护回路。

③应拆装的控制回路或电压互感器的熔断器。

④应拆装的接地线和接地开关。

⑤应封线的断路器和隔离开关（刀闸）。

⑥操作票应编号，按顺序使用。作废的操作票要盖"作废"印章；已操作的操作票盖"已执行"印章。

（5）进行倒闸操作前后应检查下列内容：

①分、合的断路器和隔离开关（刀闸）是否处在正确位置。

②各仪表、保护装置是否工作正常。

③解列操作时应检查负荷分配情况。

④检验电压，验明有无电压。

（6）停送电倒闸操作按上述操作顺序规定进行。操作单极隔离开关（刀闸）时，在室内先拉开中间相隔离开关（刀闸），在室外先拉开顺风隔离开关（刀闸）。合闸时与此相反。

（7）维护人员从事电气作业或处理事故时，值班员在值班长的带领下做如下工作：

①停电：将检修设备的高低压侧全部断开，且有明显的断开点，开关的把手必须锁住。

②验电：必须将符合电压等级的验电笔在有电的设备上验电并确认验电笔正常后，再对检修设备的两侧分别验电。

③放电：验明检修的设备无电压后，装设地线，先接接地端，后将地线的另一端对检修停电的设备进行放电，直至放尽电荷为止。

④装设接地线：使用符合规定的导线，先接接地端，后接三相短路封闭地线。拆除地线时顺序与此相反。

(a) 装拆地线均应使用绝缘棒或戴绝缘手套。

(b) 接地线接触必须良好。

(c) 接地线禁止在三相上缠绕。

⑤悬挂标志牌和装设遮栏。

(a) 在合闸即可将电送到工作地点的开关操作把手上，必须悬挂"有人工作，禁止合闸"的警示牌，必要时应加锁；

(b) 部分停电时，安全距离小于规定距离的停电设备必须装设临时遮栏，并挂"止步，高压危险！"的警示牌。

(8) 准备受电：

①断路器操作机构及跳闸机构应处于完好状态。

②隔离开关及母线应无异常。

③变压器瓷瓶应无裂纹，接地应完好，端子接线应紧固，油色、油标正常。

(9) 受电：

①合上电源的隔离开关及断路器。

②合上变压器一次的隔离开关压断路器，观察变压器空载运行应正常。

③合上变压器二次隔离开关及断路器。

(10) 送电：

①配出线开关操作机构及跳闸机构应处完好状态。

②合上配出线的隔离开关及断路器。

(11) 停电：

①断开配出线的断路器及隔离开关。

②断开变压器二次断路器及隔离开关。

③断开变压器一次断路器及隔离开关。

④断开电源的断路器及隔离开关。

(12) 低压馈电开关操作如下：

①低压馈电开关停电时，在切断开关后，实行闭锁，并在开关手柄上挂上"有人工作，禁止合闸"警示牌。

②低压馈电开关送电时，取下开关手柄上的"有人工作，禁止合闸"牌后解除闭锁，操作手柄，合上开关。同时，观看检漏继电器绝缘指示，当指针指示低于规定值时，必须立即切断开关，责令作业人员进行处理或向调度室及有关人员汇报，严禁甩掉漏电继电器强行进电。

六、自保互保

（1）发生人身触电及设备事故时，可不经许可立即切断开有关设备的电源，但事后立即向调度室及有关领导汇报。

（2）在供电系统正常供电时，若开关突然跳闸，不准送电，必须向调度室及有关人员汇报，查找原因进行处理，只有当故障排除后才能送电。

（3）值班人员必须随时注意各开关的继电保护、漏电保护的工作状态，当发生故障时应及时处理，并向有关部门汇报，做好记录。

（4）发生事故时，可采取措施应急处理后再进行报告。

（5）倒换受入电源：

①备用电源开关操作机构及跳闸机构应处于完好状态。

②合上备用电源的隔离开关及断路器。

③拉开原受入电源的断路器及隔离开关。

（6）变压器并列：

①参加并列运行的变压器应完好，变压器参数应符合并列运行要求。

②一、二次开关及跳闸机构应处于完好状态。

③合上一次的隔离开关及断路器。

④合上二次的隔离开关及断路器。

（7）变压器解列：

①注意负荷情况能否适合单台运行。如不行，应先调整负荷。

②拉开变压器二次断路器及隔离开关。

③拉开变压器一次断路器及隔离开关。

④变压器需解列运行时必须先拉开二次母联断路器及隔离开关，再拉开一次母联断路器及隔离开关。

⑤观察负荷分配及仪表指示是否正常。

七、手指口述

例如：$1^{\#}$主变由检修转为运行，$2^{\#}$主变由运行转为冷备用。

监护人：拆除1T进线5601—3刀闸下侧××号接地线一组。

操作人：拆除1T进线5601—3刀闸下侧××号接地线一组。

监护人：对，执行。

监护人：检查1T进线5601—3刀闸下侧××号接地线确已拆除。

操作人：1T进线5601—3刀闸下侧××号接地线确已拆除。

监护人：拆除$1^{\#}$主变高压侧××号接地线一组。

操作人：拆除$1^{\#}$主变高压侧××号接地线一组。

监护人：对，执行。

监护人：检查$1^{\#}$主变高压侧××号接地线确已拆除。

操作人：$1^{\#}$主变高压侧××号接地线确已拆除。

监护人：检查$1^{\#}$主变高低压侧确无接地、短路。

操作人：1#主变高低压侧确无接地、短路。
监护人：检查1#主变5611开关三相确在拉开位置。
操作人：1#主变5611开关三相确在拉开位置。
监护人：检查1#主变零序接地刀闸1—D10确在拉开位置。
操作人：1#主变零序接地刀闸1—D10确在拉开位置。
监护人：检查1T进线5601开关三相确在拉开位置。
操作人：1T进线5601开关三相确在拉开位置。
监护人：合上1#主变零序接地刀闸1—D10。
操作人：合上1#主变零序接地刀闸1—D10。
监护人：对，执行。
监护人：检查1#主变零序接地刀闸1—D10确已合好。
操作人：1#主变零序接地刀闸1—D10确已合好。
监护人：合上1#主变5611—1刀闸。
操作人：合上1#主变5611—1刀闸。
监护人：对，执行。
监护人：检查1#主变5611—1刀闸三相确已合好。
操作人：1#主变5611—1刀闸三相确已合好。
监护人：合上1#主变5611—3刀闸。
操作人：合上1#主变5611—3刀闸。
监护人：对，执行。
监护人：检查1#主变5611—3刀闸三相确已合好。
操作人：1#主变5611—3刀闸三相确已合好。
监护人：合上1#主变5611开关。
操作人：合上1#主变5611开关。
监护人：对，执行。
监护人：检查1#主变5611开关三相确已合好。
操作人：1#主变5611开关三相确已合好。
监护人：检查1#主变、2#主变并列运行正常。
操作人：1#主变、2#主变并列运行正常。
监护人：合上1T进线5601—1刀闸。
操作人：合上1T进线5601—1刀闸。
监护人：对，执行。
监护人：检查1T进线5601—1刀闸三相确已合好。
操作人：1T进线5601—1刀闸三相确已合好。
监护人：合上1T进线5601—3刀闸。
操作人：合上1T进线5601—3刀闸。
监护人：对，执行。
监护人：检查1T进线5601—3刀闸三相确已合好。
操作人：1T进线5601—3刀闸三相确已合好。

监护人：合上 1T 进线 5601 开关。
操作人：合上 1T 进线 5601 开关。
监护人：对，执行。
监护人：检查 1T 进线 5601 开关三相确已合好。
操作人：1T 进线 5601 开关三相确已合好。
监护人：检查 1# 主变、2# 主变并列运行带负荷分配指示正确。
操作人：1# 主变、2# 主变并列运行带负荷分配指示正确。
监护人：拉开 2T 进线 5602 开关。
操作人：拉开 2T 进线 5602 开关。
监护人：对，执行。
监护人：检查 2T 进线 5602 开关三相确已拉开。
操作人：2T 进线 5602 开关三相确已拉开。
监护人：拉开 2T 进线 5602—3 刀闸。
操作人：拉开 2T 进线 5602—3 刀闸。
监护人：对，执行。
监护人：检查 2T 进线 5602—3 刀闸三相确已拉开。
操作人：2T 进线 5602—3 刀闸三相确已拉开。
监护人：拉开 2T 进线 5602—1 刀闸。
操作人：拉开 2T 进线 5602—1 刀闸。
监护人：对，执行。
监护人：检查 2T 进线 5602—1 刀闸三相确已拉开。
操作人：2T 进线 5602—1 刀闸三相确已拉开。
监护人：拉开 2# 主变 5612 开关。
操作人：拉开 2# 主变 5612 开关。
监护人：对，执行。
监护人：检查 2# 主变 5612 开关三相确已拉开。
操作人：2# 主变 5612 开关三相确已拉开。
监护人：拉开 2# 主变 5612—3 刀闸。
操作人：拉开 2# 主变 5612—3 刀闸。
监护人：对，执行。
监护人：检查 2# 主变 5612—3 刀闸三相确已拉开。
操作人：2# 主变 5612—3 刀闸三相确已拉开。
监护人：拉开 2# 主变 5612—2 刀闸。
操作人：拉开 2# 主变 5612—2 刀闸。
监护人：对，执行。
监护人：检查 2# 主变 5612—2 刀闸三相确已拉开。
操作人：2# 主变 5612—2 刀闸三相确已拉开。
监护人：拉开 2# 主变零序接地刀闸 2—D10。
操作人：拉开 2# 主变零序接地刀闸 2—D10。

监护人：对，执行。
监护人：检查 2# 主变零序接地刀闸 2—D10 确已拉开。
操作人：2# 主变零序接地刀闸 2—D10 确已拉开。

八、事故案例

2007 年 5 月 8 日 19 时 22 分，某矿 110 kV 变电站由于微机保护系统紊乱，发出错误指令，造成全矿停电 8 min。

第八节　430 绞车司机

一、上岗条件

(1) 司机必须经过培训，并经考试取得合格证后持证上岗，能独立工作。
(2) 有一定的机电技术知识，熟悉《煤矿安全规程》的有关规定。
(3) 熟悉设备的结构、性能、技术特征、动作原理、提升信号系统和各种保护装置，能排除一般故障。
(4) 没有妨碍本职工作的病症。

二、安全规定

(1) 上班前严禁喝酒，接班后严禁睡觉、看书和打闹。坚持工作岗位，上班时不做与本职工作无关的事情，严格遵守本操作规程及《煤矿安全规程》的有关规定。
(2) 生产用主要提升机必须配有正、副司机，每班不得少于 2 人（不包括实习期间内的司机）。实习司机应经主管部门批准，并指定专人监护，方准进行操作。
(3) 严格执行交接班制度，交接班后应进行一次空负荷试车（连续作业除外），每班应进行安全保护装置试验，并做好交接班记录。
(4) 禁止超负荷运行（工作压力不超限）。
(5) 司机不得擅自调整制动闸。
(6) 司机不得随意变更继电器整定值和安全装置整定值。
(7) 检修后必须试车，并按规定试验各保护。
(8) 操作高压电器时，应戴绝缘手套、穿绝缘靴或站在绝缘台上，一人工作、一人监护。
(9) 维修人员进入滚筒工作前，应落下保险闸，切断电源，并在闸把上挂上"滚筒内有人工作，禁止动车"警示牌。工作完毕后，摘除警示牌，并应缓慢启动。
(10) 停车期间，司机离开操作位置时必须做到：
①主令控制器手把置于中间"0"位；
②停止主泵和副泵运行。
(11) 开车时要慢慢操纵手柄，动作不得过猛。
(12) 操作司机要精心操作，时刻观察指示是否正常。
(13) 每小班接班前应进行过卷试验。

(14) 如果中途出现紧急制动，必须先查明原因并处理，处理完毕后，应采取必要的安全措施，再进行复位并用手动方式试车。

(15) 操作司机不得乱动除正常操作外的其他部位。

(16) 监护司机要对设备各部及时巡回检查。

(17) 司机应注意操作台仪表指示，正常全速运转时如工作油压超过 18 MPa，应及时降低速度或采取停车措施。

(18) 司机听到信号报警时，严禁开车。

(19) 当底盘、中部车场、顶盘出现紧急情况时，应将事故解除后再开车。

(20) 主司机在操作过程中必须精力集中，副司机必须认真监护。

(21) 副油泵、主油泵启动后，必须检查电流表指示是否正常，听电机和油泵声音应无异常。

(22) 绞车运行过程中，副司机必须按巡回检查图表及时检查各部工作情况，发现异常情况，立即通知主司机停止绞车运行。

(23) 当出现故障紧急停车后，必须先通知维修人员，查明原因并处理完毕后，采取必要的安全措施进行复位，试车正常后方可正常提升。

(24) 提升机在保护系统实现制动后，再次启动主油泵前，必须将比例减压阀手柄扳回零位。

(25) 提升机运行在未减速保护工作区域时，比例减压阀手柄扳动角度不能过大（此时，提升机未减速系统自动将速度控制在 2 m/s 范围内）。

(26) 司机应熟悉各种信号，操作时必须严格按信号执行，做到：

① 不得无信号动车。

② 当所收信号不清或有疑问时，应立即用电话与井口信号工联系，重发信号，再进行操作。

③ 接到信号因故未能执行时，应通知井口信号工，原信号作废，重发信号，再进行操作。

④ 司机不得擅自动车，若因故需要动车时，与信号工联系，按信号执行。

⑤ 若因检修需要动车时，应事先通知信号工，并经信号工同意，完毕后再通知信号工。

(27) 提升机司机应遵守以下操作纪律：

① 司机操作时应精神集中，手不离开手把，严禁与他人闲谈，开车后不得打电话，司机不允许连班顶岗。

② 操作期间禁止吸烟，不得离开操作台及做其他与操作无关的事情，操作台上不得放与操作无关的物品。

③ 司机应轮换操作，每人连续操作时间一般不超过一小时。在操作未结束前，禁止换人。因身体骤感不适、不能坚持操作时，可中途停车，并与井口信号工联系，由另一名司机代替。

三、操作准备

（一）司机接班后应做的检查

(1) 各紧固螺栓不得松动，连接件应齐全、牢固。

(2) 联轴器间隙应符合规定，防护罩应牢固可靠。

(3) 轴承润滑油油质应符合要求，油量适当，油环转动灵活、平稳；强迫润滑系统的泵站、管路完好可靠，无渗油或漏油现象。

(4) 各种保护装置及电气闭锁必须动作灵敏可靠，声光信号和警铃都必须灵敏可靠。

(5) 制动系统中，闸瓦、闸路表面应清洁无污，液压站油泵应正常，各电磁阀动作灵敏可靠、位置正确；油压系统运行正常。液压站油量油质正常。

(6) 各种仪表指示应准确，信号系统正常。

(7) 检查钢丝绳的排列情况及衬板、绳槽的磨损情况。

(8) 检查油箱油面是否在正常范围内，冷却水开关是否指示开位置。

(9) 检查各部是否有漏油现象，各部紧固螺栓是否有松动现象。

(10) 检查主轴装置上的所有联接件有无松动迹象。

(11) 检查制动器闸瓦磨损情况，进出油管球阀应在打开位置。

(12) 检查并试验操作手柄是否扳动灵活。

(13) 检查油温表是否符合要求（20 ℃～−50 ℃），电压表指示是否正常（660 V）。

(14) 检查脚踏开关动作是否正常，松开后应自动复位，行程阀阀芯应自动弹起。

（二）提升机启动前应做的工作

(1) 送电：

① 启动 1[#] 副油泵。

② 启动 2[#] 副油泵，副油泵启动后，检查补油压力表指示应为 0.8～1 MPa 之间，补油压力正常后再启动主泵。

③ 启动主油泵（按下主油泵启动按钮后，1[#] 主油泵启动，延时 3～5 s 后，2[#] 主油泵自动启动）。

(2) 观察电压表、油压表、电流表等指示是否准确、正常。

(3) 检查司机台各手柄、旋钮是否置于正常位置。

(4) 检查各部螺栓是否松动，销键是否松动。

(5) 液压站是否正常，管路是否漏油。

(6) 检查制动闸是否松动，是否正常。

四、操作顺序

在一般正常情况下按以下操作顺序进行：

(1) 启动：开动辅助设备→收到开车信号→确定提升方向→操作主令手柄→开始启动→均匀加速→达到正常速度，进入正常运行。

(2) 停机：到达减速位置→操作主令开关或自动减速→开始减速→收到停车信号→施闸制动。

五、操作方法

（一）提升机的启动与运行

(1) 启动顺序：

① 接到开车信号。

②允许开车信号发到车房后，按运行方向缓慢地扳动操纵手柄，推动手柄，等制动压力达到 5 MPa 左右后才能继续扳动手柄。此时，盘型闸打开，绞车卷筒旋转。

③根据绞车工作油压变化情况，操作主令控制器，使提升机均匀加速至规定位置，达到正常运转。

（2）提升机在启动和运行中，应随时注意观察以下情况：

①电流、电压、油压等各指示仪表的读数应符合规定；

②深度指示器指针位置和移动速度应正确；

③信号盘上的各信号变化情况；

④各运转部位的声响应正常，无异常震动；

⑤各保护装置的声光显示应正常；

⑥钢丝绳有无异常跳动，电流表指示有无异常摆动。

（二）提升机正常减速与停车

（1）根据深度指示器指示位置或警铃示警及时手动减速或自动减速。手动减速时将主令控制器慢慢拉（或推）至"0"位。

（2）当停车信号发到车房后，司机应立即把操纵手柄扳回零位，绞车卷筒制动，停止旋转。

（3）当遇到紧急情况需要停车时，司机应立即按下急停按钮，如果仍不能立即停车，则踏下脚踏开关。

（4）停电：

①按下主油泵停止按钮，主油泵停止运行。

②按下 2# 副油泵停止按钮，2# 副油泵停止运行。

③按下 1# 副油泵停止按钮，1# 副油泵停止运行。

（三）提升机司机应进行班中巡回检查

（1）巡回检查一般为每小时一次。

（2）巡回检查要按主管部门规定的检查路线和内容逐项检查，不得遗漏。巡回检查的重点是安全保护系统。

（3）在巡回检查中发现的问题要及时处理。

①司机能处理的立即处理；

②司机不能处理的，应及时上报，并通知维修工处理；

③对不会立即产生危害的问题，要进行连续跟踪观察，监视其发展情况；

④所有发现的问题及处理经过必须认真填入运行日志。

六、自保互保

（一）进行特殊提升时，提升机的速度应符合下列规定

（1）人工验绳速度，一般不大于 0.3 m/s。

（2）检修巷道、处理故障、下大件时，其提升容器的运行速度一般为 0.3~0.5 m/s。

（二）提升机运行过程中的事故停车

（1）运行中出现下列现象之一时，用工作闸制动进行中途停车：

①工作油压过大，加速太慢，启动不起来；

②运转部位发生异响；
③出现情况不明的意外信号；
④过减速点不能正常减速；
⑤保护装置不起作用，不得不中途停车时；
⑥出现其他必须立即停车的不正常现象。
(2) 运行中出现下列情况之一时，应立即断电，按下紧急停车按钮：
①操作失灵；
②接到紧急停车信号；
③接近正常停车位置，不能正常减速；
④绞车主要部位失灵，或出现严重故障必须紧急停车时；
⑤保护装置失效，可能发生重大事故时；
⑥出现其他必须紧急停车的故障。
(3) 事故停车后的注意事项：
①出现上述 (1)、(2) 项情况之一停车后，应立即上报矿调度或有关部门，通知维修工处理，事后将故障及处理情况认真填入运行日志。
②运行中发生故障时，在故障原因未查清和消除前，禁止动车。原因查清后，故障未能全部处理完毕，但已能暂时恢复运行时，经矿调度后有关部门同意并采取安全措施后可以恢复运行，将提升容器升降至终点位置，完成本钩提升行程后，在停车位置继续处理。
③钢丝绳因紧急停车等原因引起的猛烈拉力时，必须立即停车，对钢丝绳和提升机有关部位进行检查，确认无误后方可恢复运行。否则，应按规定进行处理后方可重新恢复运行。
④因电源停电停车时，应立即断开总开关，将主令控制器手把放至"0"位。
⑤过卷停车时，如未发生故障，经与信号工联系，维修电工将过卷开关复位后，可返回提升容器，恢复提升，但应及时向领导汇报，并填写运行日志。
⑥在设备检修和处理事故期间，司机应严守岗位，不得擅自离开提升机房，检修需要动车时，必须专人指挥。
(三) 在进行下列特殊提升任务时，必须有正司机操作、副司机负责监护
(1) 在下大件时。
(2) 在进行巷道内检修任务时。
(四) 监护司机的职责
(1) 监护操作司机按提升人员和下方重物的规定速度操作。
(2) 必要时及时提醒操作司机进行减速、制动和停车。

七、手指口述

1. 绞车下放时

主司机：下放信号已发，准备开车。
副司机：信号正确，钢丝绳没有曲绳，确认完毕，可以开车。
主司机：操作台仪表指示正常，开始下放。

副司机：深度指示器、后备保护器正常，确认完毕。
副司机：已到减速区域，准备减速。
主司机：正在减速，确认完毕。
副司机：减速正常，确认完毕。
主司机：矿车下放到位。

2. 绞车提升时
主司机：提升信号已发，准备开车。
副司机：信号正确，钢丝绳没有曲绳，确认完毕，可以开车。
主司机：操作台仪表指示正常，开始提升。
副司机：深度指示器、后备保护器正常，确认完毕。
副司机：已到减速区域，准备减速。
主司机：正在减速，确认完毕。
副司机：减速正常，确认完毕。
主司机：矿车提升到位。

八、事故案例

(1) 2004年9月16日夜班，某矿430轨道下山发生了一起绞车游动天轮损坏事故。中班司机责任心不强，没有严格执行运行设备巡回检查制度，没有及时发现游动天轮的潜在隐患；维修人员责任心不强，安全意识淡薄，没有及时对游动天轮润滑系统进行注油，使游动天轮在失去润滑的条件下运转而损坏。

(2) 2008年7月2日中班17时10分，某矿430轨道下山发生了一起矿车跑车事故。430轨道轨道下山绞车司机违章操作，主司机杜某在与司某交接岗位后，没有对绞车的运行状况进行系统检查，没有发现矿车在甩车道上提过程中有曲绳现象，在未对绞车钢丝绳状况进行检查的情况下开车，致使滚筒上钢丝绳缠绕不正常并最终出现脱绳。当发现滚筒上出现脱绳现象后，对脱绳应急问题处理不当，造成脱绳量进一步加大，致使矿车突然加速，使得第一辆矿车碰头被拉断而造成跑车。

第九节 1160绞车司机

一、上岗条件

(1) 司机必须经过培训，并经考试取得合格证后持证上岗，能独立工作。
(2) 有一定的机电技术知识，熟悉《煤矿安全规程》的有关规定。
(3) 熟悉设备的结构、性能、技术特征、动作原理、提升信号系统和各种保护装置，能排除一般故障。
(4) 没有妨碍本职工作的病症。

二、安全规程

(1) 上班前严禁喝酒，接班后严禁睡觉看书和打闹。坚持工作岗位，上班时不做与本职工作无关的事情，严格遵守本操作规程及《煤矿安全规程》的有关规定。

(2) 生产用主要提升机必须配有正、副司机，每班不得少于2人（不包括实习期间内的司机）。实习司机应经主管部门批准，并指定专人监护，方准进行操作。

(3) 严格各执行交接班制度，交接班后应进行一次空负荷试车（连续作业除外），每班应进行安全保护装置试验，并做好交接班记录。

(4) 禁止超负荷运行（电机电流不超限）。

(5) 司机不得擅自调整制动闸。

(6) 司机不得随意变更继电器整定值和安全装置整定值。

(7) 检修后必须试车，并安规定作过卷等项试验。

(8) 操作高压电器时，应待绝缘手套、穿绝缘靴或站在绝缘台上，一人工作、一人监护。

(9) 维修人员进入滚筒工作前，应落下保险闸，切断电源，并在闸把上挂上"滚筒内有人工作，禁止动车"警示牌。工作完毕后，摘除警示牌，并应缓慢启动。

(10) 停车期间，司机离开操作位置时必须做到：
① 主令控制器手把置于中间"0"位；
② 制动操作手把必须使制动器置于紧闸位置。

(11) 开车时要慢慢操纵手柄，动作不得过猛。

(12) 操作司机要精心操作，时刻观察指示是否正常。

(13) 每次接班前应进行过卷试验。

(14) 如果中途出现紧急制动，必须先查明原因并处理，处理完毕后，应采取必要的安全措施，再进行复位并用手动方式试车。

(15) 操作司机不得乱动除正常操作外的其他部位。

(16) 监护司机要对设备各部及时巡回检查。

(17) 司机应注意操作台仪表指示，正常全速运转时如电流超过电机的额定电流261.6 A，应及时降低速度或采取停车措施。

(18) 司机如果听到信号报警时，严禁开车。

(19) 当底盘车场、顶盘出现紧急情况时，应将事故解除后再开车。

(20) 主司机在操作过程中必须精力集中，副司机必须认真监护。

(21) 绞车运行过程中，副司机必须按巡回检查图表及时检查各部工作情况，发现异常情况，立即通知主司机停止绞车运行。

(22) 提升机在保护系统实现制动后，再次启动前，必须做到：主令控制器手把置于中间"0"位；制动操作手把必须使制动器置于紧闸位置。

(23) 提升机在保护系统实现制动后，再次启动前，必须做到：主令控制器手把置于中间"0"位；制动操作手把必须使制动器置于张紧位置。

(24) 司机应熟悉各种信号，操作时必须严格按信号执行。做到：
① 不得无信号动车。
② 当所收信号不清或有疑问时，应立即用电话与顶盘信号工联系，重发信号，再进行操作。
③ 接到信号因故未能执行时，应通知顶盘信号工，原信号作废，重发信号，再进行

操作。

④司机不得擅自动车，若因故需要动车时，与信号工联系，按信号执行。

⑤若因检修需要动车时，应事先通知信号工，并经信号工同意，完毕后再通知信号工。

(25) 提升机司机应遵守以下操作纪律：

①司机操作时应精神集中，手不离开手把，严禁与他人闲谈，开车后不得打电话，司机不允许连班顶岗。

②操作期间禁止吸烟，不得离开操作台及做其他与操作无关的事情，操作台上不得放与操作无关的物品。

③司机应轮换操作，每人连续操作时间一般不超过一小时。在操作未结束前，禁止换人。因身体骤感不适、不能坚持操作时，可中途停车，并与井口信号工联系，由另一名司机代替。

三、操作准备

司机接班后应做下列检查：

(1) 各紧固螺栓不得松动，连接件应齐全、牢固。
(2) 联轴器间隙应符合规定，防护罩应牢固可靠。
(3) 轴承润滑油油质应符合要求，油量适当，油环转动灵活、平稳。
(4) 各种保护装置及电气闭锁必须动作灵敏可靠，声光信号和警铃都必须灵敏可靠。
(5) 制动系统中，闸瓦、闸路表面应清洁无污，液压站油泵应正常，各电磁阀动作灵敏可靠、位置正确；油压或风压系统运行正常。液压站（或储能器）油量油质正常。
(6) 各种仪表指示应准确，信号系统正常。
(7) 检查钢丝绳的排绳情况及衬板、绳槽的磨损情况。
(8) 检查油箱油面是否在正常范围内。
(9) 检查各部是否有漏油现象，各部紧固螺栓是否有松动现象。
(10) 检查主轴装置上的所有联接件有无松动迹象。
(11) 检查制动器闸瓦磨损情况，进出油管球阀应在打开位置。
(12) 检查并试验操作手柄是否扳动灵活。
(13) 检查油温表是否符合要求（20 ℃～－50 ℃），电压表指示是否正常（660 V）。
(14) 检查脚踏开关动作是否正常，松开后应自动复位，行程阀阀芯应自动弹起。

四、操作顺序

在一般正常情况下按以下操作顺序进行：

(1) 启动：开动辅助设备→收到开车信号→确定提升方向→操作主令手柄→开始启动→均匀加速→达到正常速度，进入正常运行。

(2) 停机：到达减速位置→操作主令开关或自动减速→开始减速→收到停车信号→施闸制动。

五、操作方法

(一) 启动

(1) 合主回路馈电开关 Q01（Q02）。

(2) 合+VFD1 输入电抗器柜断路器 Q1、Q2、Q01；合+DS 柜断路器 Q1～Q10。

(3) 控制系统开始送电或安全电路分断时，都会有声光报警，按"报警解除"按钮，解除声报警。

(4) 将操作方式转换开关置于"复位"位置，将主令手柄和制动手柄置于零位。

(5) 按"事故复位"按钮，待"硬件紧停"、"PLC1 紧停"、"PLC2 紧停"指示灯熄灭后，合制动油泵，同时变频器电源侧整流器自动投入运行。

(二) 运行

(1) 提升机在运行中，应随时注意观察以下情况：

① 电流、电压、油压等各指示仪表的读数应符合规定；

② 深度指示器指针位置和移动速度应正确；

③ 信号盘上的各信号变化情况；

④ 各运转部位的声响应正常，无异常震动；

⑤ 各保护装置的声光显示应正常；

⑥ 钢丝绳有无异常跳动，电流表指示有无异常摆动。

(2) 提升机正常减速与停车：

① 根据深度指示器指示位置或警铃示警及时手动减速或自动减速。手动减速时将主令控制器慢慢拉（或推）至"0"位；

② 当停车信号发到车房后，司机应立即将主令控制器手把置于中间"0"位；制动操作手把必须使制动器置于紧闸位置。

③ 当遇到紧急情况需要停车时，司机应立即按下急停按钮，如果仍不能立即停车，则踏下脚踏开关。

(三) 手动方式

将操作方式转换开关置于"手动"位置，接到信号系统"允许开车"信号后，司机台上"运行准备好"指示灯开始闪烁指示。此时司机可同时操作两手柄进行手动开车。主令手柄用来控制正反向速度大小，手柄推倒最大，对应额定速度。制动手柄用来控制工作闸的开闭度。先推制动手柄，紧接着推主令手柄。司机正反向开车方向受信号系统的方向闭锁。当提升容器运行减速点时，会自动减速，车停后将两手柄拉回零位。

(四) 检修方式

在手动操作方式下，将检修旋钮打在"检修"位置，则"检修方式"指示灯开始闪烁指示，表明已进入"检修方式"。检修开车与手动开车基本相同，只是最高速限定为 1 m/s。检修方式还可用来挂绳或换绳。检修方式在上下终端能自动减速和停车。

(五) 应急方式

1. 应急方式 1

在 PLC1 故障或与其相连的轴编码器故障时，将"应急方式"转换开关打在"应急 1"位置，利用 PLC2 可进行应急手动开车。应急开车时最高速限为半速，上下终端能自动减速。

2. 应急方式2

在 PLC2 故障或其相连的轴编码器故障时，将"应急方式"转换开关打在"应急2"位置，这时在 PLC1 内可把与 PLC2 相关的信号旁路掉，利用 PLC1 可手动开车。开车时最高速限为半速，上下终端能自动减速。

（六）提升机司机应进行班中巡回检查

（1）巡回检查一般为每小时一次。

（2）巡回检查要按主管部门规定的检查路线和内容逐项检查，不得遗漏。巡回检查的重点是安全保护系统。

（3）在巡回检查中发现的问题要及时处理。

①司机能处理的立即处理；

②司机不能处理的，应及时上报，并通知维修工处理；

③对不会立即产生危害的问题，要进行连续跟踪观察，监视其发展情况；

④所有发现的问题及处理经过必须认真填入运行日志。

六、自保互保

进行特殊提升时，提升机的速度应符合下列规定。人工验绳速度，一般不大于 0.3 m/s。

（一）提升机运行过程中的事故停车

（1）运行中出现下列现象之一时，按下紧急停车按钮：

①运转部位发生异响；

②出现情况不明的意外信号；

③过减速点不能正常减速；

④操作失灵；

⑤接到紧急停车信号；

⑥接近正常停车位置，不能正常减速；

⑦绞车主要部位失灵，或出现严重故障必须紧急停车时；

⑧保护装置失效，可能发生重大事故时；

⑨出现其他必须紧急停车的故障。

（2）事故停车后的注意事项：

①出现上述情况之一停车后，应立即上报矿调度或有关部门，通知维修工处理，事后将故障及处理情况认真填入运行日志。

②运行中发生故障时，在故障原因未查清和消除前，禁止动车。原因查清后，故障未能全部处理完毕，但已能暂时恢复运行时，经矿调度后有关部门同意并采取安全措施后可以恢复运行，将提升容器升降至终点位置，完成本钩提升行程后，在停车位置继续处理。

③钢丝绳遭到因紧急停车等原因引起的猛烈拉力时，必须立即停车，对钢丝绳和提升机有关部位进行检查，确认无误后方可恢复运行。否则，应按规定进行处理后，方可重新恢复运行。

④因电源停电停车时，应立即断开总开关，将主令手柄和制动手柄置于零位。

⑤过卷停车时，如未发生故障，经与信号工联系，维修电工将过卷开关复位后，可返回提升容器，恢复提升，但应及时向领导汇报，填写运行日志。

⑥在设备检修及处理事故期间，司机应严守岗位，不得擅自离开提升机房。检修需要动车时，必须由专人指挥。

（二）在进行下列特殊提升任务时，必须有正司机操作、副司机负责监护

（1）在下大件时。

（2）在进行巷道内检修任务时。

（三）监护司机的职责

（1）监护操作司机按下方重物的规定速度操作。

（2）必要时及时提醒操作司机进行减速、制动和停车。

（四）注意事项

（1）司机开车前应先将各种转换开关和操作手柄置于正确位置，再进行事故复位和开车。

（2）绞车运行时，司机应注意观察各种仪表指示是否正常，特别是减速点是否减速等，车到减速点时，司机台上有声光指示。

（3）绞车运行时严禁施闸，速度大小只能由主令手柄调节。

（4）在系统出现紧急故障时，司机台上报警电铃响，按一下"报警解除"按钮，即可解除铃声。但在未查明故障原因时，不要进行事故复位。

（5）出现"过卷"故障进行复位时，应将司机台"过卷旁路"转换开关置于相应的过卷位置，这时只能向反方向开车。如果想继续向"过卷"方向开车，在过卷旁路的情况下，打到"检修"方式即可进行，但司机必须密切注意矿车的实际位置，以免发生意外事故。矿车离开"过卷"位置后，应将"过卷旁路开关"打回到正常位置，否则相应的过卷指示灯就一直闪烁指示。

（6）本系统设有"数字深度指示器"强制复位功能，将"过卷旁路开关"置于"上过卷"位置，按"事故复位"按钮 10 s 后，可将主容器深度指示值置于零；置在"下过卷"位置时，按"事故复位"按钮 10 s 后，可将副容器深度指示值置于零。该功能只有在矿车停在上终端或下终端位置，而数字深度指示器指示的位置值与实际位置偏差过大时采用。

（7）如果"数字深度指示器"指示的位置与实际位置相差过大或者司机台"位置偏差大"指示灯亮时，应及时进行同步校正，否则 PLC 内部产生的减速信号与过卷信号就会有很大的误差。

（8）PLC 电池使用寿命一般为 3 年，当司机台上"PLC 电池电压低"指示灯闪烁指示时，应尽快在一个月内换上新的锂电池，避免程序丢失。

（9）控制系统带蓄电池时，若系统几小时以上断电，应将 Q10 分断，以免蓄电池过度放电而损坏。

（10）未经厂家允许，严禁私自修改 PLC 软件，否则不良后果自负。

（11）电控箱不宜长时间断电，否则箱体内元器件易受潮损坏。在盖板与箱体结合处，应定期涂上凡士林防潮。

（12）在斜巷位置时，严禁检修闸。

七、手指口述

1. 绞车下放时

主司机：下放信号已发，准备开车。

副司机：信号正确，确认完毕，可以开车。

主司机：操作台仪表指示正常，开始下放。

副司机：第一道挡车栏开始上升，第一道挡车栏上升到位。

副司机：第一道挡车栏下放。

副司机：第二道挡车栏开始上升，第二道挡车栏上升到位。

副司机：第二道挡车栏下放。

主司机：矿车下放到位。

2. 绞车提升时

主司机：提升信号已发，准备开车。

副司机：信号正确，确认完毕，可以开车。

主司机：操作台仪表指示正常，开始提升。

副司机：第二道挡车栏开始上升，第二道挡车栏上升到位。

副司机：第二道挡车栏下放。

副司机：第一道挡车栏开始上升，第一道挡车栏上升到位。

副司机：第一道挡车栏下放。

主司机：矿车提升到位。

第五章　运搬队"手指口述"工作法与形象化工艺流程

第一节　窄轨电机车（电瓶车）司机

一、交接班时所需检查内容

(1) 检查驾驶室和电机车门是否完好。
(2) 检查手闸及撒沙装置是否灵活有效，沙箱内的沙量和沙粒是否符合规定。
(3) 检查照明灯及红尾灯是否齐全完好，警笛音响是否清晰宏亮。
(4) 架线电机车司机要检查载波电话是否齐全完整、灵敏有效。
(5) 检查集电弓起落是否灵活。（电瓶车司机应检查蓄电池安放是否稳妥，闭锁装置是否可靠，电压是否符合规定，有无失爆现象）
(6) 检查连接器是否符合要求，确保使用的连接器无变形、无断裂、磨损不超限。对不符合标准的连接器要专门挑出并做好标记，定期进行调换。
(7) 检查运输线路是否畅通，确认无误后准备开车。

二、手指口述

1. 开车前

(1) 手指口述：电机车灯、警铃、连接装置、撒沙装置已确认完好，运输线路前后无其他障碍，安全已确认，可以开车。
(2) 操作：先鸣笛（敲铃）示警，然后将控制器换向手把扳到相应位置，松开车闸，按顺时针方向转动控制器操作手把，使车速逐渐增加到运行速度。控制器手把由零位转到第一位置时，若列车不动，允许转到第二位置（脉冲调速操作手把允许转至60°），若列车仍然不动，不能继续下转手把，而应将手把转回零位，查明原因。如车轮打滑，可先行倒车，放松连接环，然后重新撒沙启动。控制器操作手把由一个位置转到另一位置，应有3 s左右的时间间隔（起初动作可稍长）。不得过快越挡；不得停留在两个位置之间（脉冲调速操作手把应连续缓慢转动）。

2. 行驶中

过弯道、道岔、岔路口、遇行人及其他的障碍物等。
手指口述：前方弯道（道岔、有障碍），鸣笛减速。

3. 停车时

(1) 手指口述：电机车已到指定位置，可以停车，确认完毕。

(2) 操作：将控制器操作手把沿逆时针方向逐渐转动，直至返回零位。大幅度减速时操作手把应迅速回零，如果车速仍然较快，可适当施加手闸，并酌情辅以撒沙。禁止拉下集电弓停车（减速）；禁止在操作手把未回零位时施闸。

三、安全注意事项

1. 每班开车前必须对电机车的各种保护进行检查、试验；机车的闸、灯、警铃、连接装置和撒沙装置，任何一项不正常或防爆部分（蓄电池机车）失去防爆性能时，都不得使用该机车。

2. 机车运行中严禁将头或身体及任何部位探出车外。严禁司机在车外开车。严禁不松闸就开车；严禁甩掉保护装置或擅自调大整定值，或用非金属代替保险丝（片）；严禁长时间强行拖拽空转；严禁为防止车轮打滑而施闸启动。严禁拉下集电弓减速；严禁在操作手把未回零位时施闸。车场调车确需用机车顶车时，严禁异轨道顶车；严禁不连环顶车，顶车时必须前有照明，并有人指挥。

3. 机车司机不得擅自离开工作岗位，严禁在机车行驶中或尚未停稳前离开司机室。暂时离开岗位时，必须切断电动机电源，将控制器手把转至零位、取下操作手把并保管好，扳紧车闸，但不得关闭车灯。

4. 不得在能自动滑行的坡道上停放机车或车辆，确需停放时，必须用可靠的制动器将车辆稳牢，严禁在运行线路上维修车辆。严禁站在机车上检修电机车或架空装置。

5. 列车占线停留，一般情况下应符合下列规定：
(1) 在道岔警冲标位置以外停车。
(2) 不应在主要运输线路"往返单线"上停车。
(3) 应停在巷道较宽、无淋水或其他指定停靠的安全区段。

6. 在接近风门、巷道口、硐室出口、弯道、道岔、坡度较大或噪声较大处，机车会车前以及前面有人或视线内有障碍物时，都必须减低速度，并发出警号。

7. 需要司机扳道岔时，必须停稳机车、刹紧车闸、下车扳动道岔，严禁在车上扳动道岔，严禁挤岔强行通过。

8. "四超"物料不准电机车运送，确需电机车运送时，必须有专项措施。

9. 严禁用电机车复轨各种车辆。

10. 途中因故障停车后，必须向值班调度员汇报。在设有闭塞信号的区段，必须在机车（列车）前后设置防护后，方可检查机车（列车），但不准对蓄电池电机车的电气设备打开检修。

11. 认真执行岗位责任制和交接班制度。

第二节　采区信号把钩工

一、交接班顺序

1. 必须详细检查防跑车和跑车防护装置、连接装置、保安绳、滑头、钩头以及各种工具应完好、齐全、灵敏可靠。

2. 钩头25 m以内的钢丝绳无打结、压伤、死弯、磨损不超限、无严重锈蚀，断丝不超过规定。

3. 轨道、道岔符合完好标准。

4. 车场及躲避所内无妨碍工作的物料、杂物等。

5. 各种工具整齐上架，摆放有序，各种牌板卫生清洁明亮，无灰尘。

6. 场口照明充足，地面无积水，无杂物。

7. 提升巷道内无影响安全提升的不安全隐患、无闲杂人员走动逗留。

8. 信号及通讯设施齐全完好，灵敏可靠。

二、手指口述

1. 开车前：

（1）手指口述：

各种信号装置灵敏可靠，钩头、保险绳完好，钢丝绳无余绳，斜巷无行人，主副绳已联好，可以发信号行车。

（2）操作

挂车顺序：先连接三环，连环时必须站立在轨道外侧，距钢轨200 mm以外，严禁站在道心内，头和身体严禁伸入两车之间进行操作。连环结束后，先挂大滑头再挂小滑头（保安绳），依次挂好后，再巡视一遍。

2. 运行中

当串车全部进入变坡点后，应立即关闭阻车器，插上挡车棍。车辆运行时，要时刻注意钢丝绳有无异常跳动，载荷突然增大或松弛现象，发现异常要立即停车。要时刻注意有无人员进入提升范围内，严格执行"行人不行车、行车不行人、不作业"制度。

3. 停车后：

（1）手指口述：

车场内无障碍，车已停稳，安全已确认，可以摘钩。

（2）操作：

底车场摘钩时，待串车停稳后，先摘保安绳，再摘大滑头，最后摘下三连环。

顶车场摘钩时，当串车行近顶盘时，先发送慢车信号，然后拔出挡车棍，打开阻车器，列车进入串车场后，插上挡车棍，关闭阻车器并及时将大滑头绳拽出行车道。待串车停稳后，先摘保安绳，再摘大滑头，最后摘下三连环。

三、安全注意事项

（1）斜巷运输严格执行"行人不行车，行车不行人、不作业"的规定。

（2）严禁用矿车运送人员，严禁扒、蹬、跳车。

（3）严禁他人代替发信号。

（4）严禁用空钩头拖拉钢轨等物料，拉空钩头时必须有专人牵引，并通知小绞车司机低速运行。

（5）严禁用其他物品代替连接装置。

（6）运送"四超"以及特殊物料的车辆时必须有专项安全措施，并严格按措施要求操作。

(7) 对检查出不合格的连接装置必须单独放置,交班时交待清楚,并做明显标志,消除隐患。

(8) 认真执行岗位责任制和交接班制度。

第三节 轨 道 工

一、检查

(1) 检查施工地点巷道中有害气体和支护情况,排除不安全隐患后方可进入施工地点。

(2) 在有架线的地点施工时,开工前要检查该区段架空线是否停电,先要将该区段架空线停电,派专人站岗并在施工地段两端各 60 m 处设置警戒牌。

(3) 斜巷施工时,要与顶、底车场信号把钩工联系好,关闭上部停车场安全设施后方可进入施工现场。

二、手指口述

1. 手指口述

经检查现场无安全隐患,无各种施工障碍,安全已确认,可以开工。

2. 施工标准

按设计要求,标出轨道中心(每隔 20 m 一个点),弯道圆曲起止点、道岔中心线及头尾和纵断面上的变坡点要划测点。按设计标高整理路基,消除路基上凸下凹现象,误差超过 50 mm 的要铲除或填补。整理底板时把巷道多余的杂物全部运出,以便于轨道的铺设。

3. 散布轨枕

(1) 轨枕应在整修完备的路基上散布,每根钢轨下应铺设的数量须与轨枕配置相符。

(2) 轨枕散布前为使其分布的位置正确,应在路基上以木桩或白灰标出各节钢轨行将铺设的位置,井下应在巷道接近轨道一侧的巷帮上标出。

(3) 在钢轨接头下的木枕应选择尺寸标准及质地优良者。

(4) 轨枕一端取齐,单线轨道沿轨道里程标的左侧取齐,井下靠行人道一侧取齐,曲线则在曲线外侧取齐。

(5) 轨枕应与轨道中心线垂直。

(6) 枕木散布时,应使宽面和木心朝下。

(7) 在已铺底渣或道渣的道床上散布钢轨时,注意勿使轨枕受损,并应保持道床面的完整。

(8) 木枕应先钻孔,孔眼应垂直钻入,并在孔内注以防腐剂。钻孔位置应根据所铺设钢轨的类型及使用垫板尺寸事先划好,以便钉道钉时保持一端取齐。其钻孔直径标准比道钉杆宽度小 3 mm,孔深为道钉长度的 3/4 左右,如木枕材质特殊,应改用适当的木钻钻孔。

4. 散布钢轨

(1) 手指口述：经检查施工地点前后无安全隐患，脚下无障碍，安全已确认，可以手扶轨下。

(2) 操作：直线段按对接、曲线段按错接散布。如两曲线间直线长度短于 100 m，可与两曲线一同采用错接接头；用对接式铺轨时，两相对钢轨的接缝，在直线上要与轨道方向成直角。曲线错接式接头变对接接头，要在曲线尾 2 m 以外的直线上进行。

5. 钉道的准备

(1) 在轨道前每一木轨枕与钢轨之间应放妥垫板。

(2) 安齐螺栓垫圈（开口朝下）、上紧鱼尾板，并遵照以下规定：

①除特殊情况外，螺母应向内外侧交互拧紧侧拧紧，这样可防止矿车掉道时切断全部螺栓。在拧紧接头螺栓时，应使用不超过 50 cm 长的螺栓扳手，不得使用铁管或其他方法接长扳手把。

②鱼尾板应与钢轨的头部下侧和轨底上密贴，在不妨碍钢轨伸缩条件下，应尽量拧紧螺栓，使其充分发挥支持力。

③安装鱼尾板时，轨道应按要求的轨缝填入轨缝片。

6. 钉道固定轨距

(1) 用木轨枕铺轨时，应先固定直线左股或曲线外股的钢轨（用目测瞄正方向），置轨道尺与此股钢轨上，使其与钢轨成直角，然后调整另一股钢轨，使轨距合乎要求。

(2) 钉道时应保证垫板位置正确，垫板底面与木轨枕应互相切实紧贴，垫板肩棱须与轨底里面紧贴，垫板不得扭斜，轨底与垫板上承面应紧密贴实。

(3) 道钉应按设计要求钉足规定数量。

(4) 未用垫板的枕木，每根须钉 4 根道钉，在单线上钉入的位置为面向里程终点看成八字形，在双向运输量悬殊的铁道上，应面向重车方向看成八字形；在双线或其他列车运行方向，则向列车的进行方向看成八字形。

(5) 所有道钉均以钉嘴朝向钢轨，但在钢轨接头的轨枕上，可根据鱼尾板的设计情况使钉嘴背向钢轨。

(6) 遇断头道钉不能拔出时，应用道钉打入器将道钉穿过枕木打出。废弃的道钉孔应填已经防腐处理的木塞。

(7) 无论在线路的直线或曲线部分，铺轨时应比规定的轨距大 2 mm，以便抵消列车运行后枕木被压紧而导致的轨距收缩。

(8) 枕木上未钻好钉孔以前，严禁打道钉。

(9) 轨距加宽，在轨道的曲线部分，使里股钢轨内移，轨距依照曲线加宽值加宽。

7. 打入道钉

(1) 栽道钉。

栽道钉时，钉尖要离轨底边缘有钉厚一半的距离，并保持垂直。如距轨底边缘过近将挤仰道钉，过远则离缝。

栽道钉时，两脚横跨钢轨两侧，前脚站在轨枕盒中，脚尖距前一根轨枕约 50 mm，后脚站在后面的轨枕上，两脚跟距轨底各约 70~100 mm；脚尖分开 15°角；后脚与钢轨约成 30°角。

(2) 持钉及持锤的方法。

正手持锤——左手大拇指、中指及无名指紧握道钉两侧面，食指顶住道钉后面。

反手持锤——用左手大拇指、食指夹住道钉的两侧面，后面以手掌为支柱，右手持锤把，手距锤头约 50 mm，将锤上下活动打击道钉顶部，栽稳为止。

（3）打道钉。

栽好道钉后的第一锤要轻打、打准，以免将道钉打飞伤人，并防止出现歪斜等。第一锤打完后，立即观察道钉是否垂直和牢固，如发现歪斜，必须起出重打。起出时要使用撬棍，禁止用道钉锤左右敲击钉杆拔出道钉。打道钉时，中间几锤重打，两手应紧握锤把，防止锤头摇晃而将道钉钉歪；最后一锤要轻打、闷打，以防止打断钉帽，打伤轨底，打离、打活道钉。

（4）钉道作业。

分组钉道时，左组与右组不可在同一枕木上打钉，要前后错开 4 m 以上。打锤小组一般 3~4 人一盘锤。3 人一盘锤时，其中 1 人压撬，1 人站在钢轨的内侧打钢轨外侧的道钉，1 人站在钢轨外侧打内侧道钉；4 人一盘锤时，其中 1 人压撬，3 人站成三角形打锤。

钉道钉时，先由打主杆木枕道钉的单数盘（第一盘），每隔 3 根木枕固定直线左股或曲线外股的钢轨；双数盘（第二盘）跟随在后，负责拨正钢轨，量轨距，钉入直线右股或曲线内股的道钉，固定轨距。在主杆木轨枕道钉打完的每小段，轨距已经固定，即可由三盘在左、在前，四盘在右、在后，将道钉补打完毕。

8. 打道钉注意事项

（1）有铁垫板地段，应在铁垫板外棱与外侧轨底靠严后再打入道钉，以加强挤抗力。

（2）打钉前应检查锤把安装是否牢固，锤头是否有飞边，以免打飞伤人。

（3）使用道钉长度，必须保证新木轨枕底部有 20 mm 左右厚度不打入道钉。

9. 质量要求

（1）道钉打入以后持钉力要强，不易拔出，能充分发挥抗挤、抗拔的能力。

（2）垂直打入，钉顶锤痕成豆形，其他处无锤痕。钉道时要特别注意不准出现"八害"道钉。

三、安全注意事项

（1）施工人员进入施工地点前，必须有专人检查巷道中有害气体和支护情况，排除不安全隐患后方可进入施工地点。

（2）在有架线的地点施工时，应先停电后施工；不能停电时，长柄工具要平拿平放，操作时不准碰架空线，以防触电。轨道铺设、维修、回撤不准单人作业。

（3）用钎子和锤拆除矸石、混凝土道床或用剁斧铲螺丝时，掌钎人要戴防护手套，打锤人操作时不准戴手套，不准和掌钎人站在一条线上，防止走锤伤人。打锤人应注意周围环境，防止意外。

（4）捣固道床或卧地（拉底）时，前后间隙距离不得少于 2 m。

（5）使用大头镐进行捣固时，工作人员的前脚站在被捣固的轨枕上，脚尖不能伸出轨枕边缘；后脚站在两根轨枕中间，并不能伸入轨底，捣固范围自钢轨中心向两侧各 200~250 mm。

（6）砸道钉时，必须手心向上栽道钉，用锤轻轻稳牢，随后再加力钉进去，防止砸手或道钉崩起伤人。上螺栓时，不准用手指探测螺栓孔，不准用锤敲打鱼尾板和螺栓。

(7) 用起道机或千斤顶起道时钢轨顶起后要随起随垫，所有作业人员的手、脚不准伸入轨枕下面，以防伤人。

(8) 斜巷施工时必须遵守以下规定：

①严格执行"行人不行车，行车不行人、不作业"的规定。

②开工前要与信号把钩工联系好，并关闭上部阻车器后方可进入现场。

③进入现场前，必须将斜巷上口附近 5 m 以内的杂物全部清理干净，并设专人监护看守，以防异物滑落伤人。

④工作时，必须由下向上进行。上端工作人员要注意保护下端工作人员的安全。一条斜巷中严禁两个或两个以上地点同时施工。作业时要站在平稳可靠地点，所用工具要放稳、放牢，传递工具时要互叫互应，不准乱扔乱放。

⑤工作中清理出来的煤、矸石及杂物应及时装车运走；施工完毕后必须将矸石、物料清理干净，确保安全行车。

⑥需要运送钢轨或物料时，必须与斜巷上、下端的信号工及小绞车司机联系好，说明运送地点、行车速度及安全注意事项等。

(9) 使用特殊车辆运送钢轨、物料、器材（简称物件），需要装卸或跟送（监护）时，要遵守下列规定：

①向上运行时装卸人员不准跟车，要提前到达工作地点。物件车向下运行时，跟车人要在物件车上方并保持 5 m 以上的距离。

②装卸物件时要用绳扣将车拴牢后方可进行。

③监护物件的跟车人员应当精力集中，发现物件车刮碰或脱轨时立即停车。

(10) 施工地点的新旧钢轨、轨枕都要整齐地码放在宽阔地段。

第四节　翻车机司机

一、交接班

(1) 检查电动机、减速器、制动装置、内外阻车器、滚圈、滚轮、轴承、开关及信号装置等是否灵敏可靠，是否达到完好标准。

(2) 检查各部轴承回转等部位润滑情况，并定期注油。

(3) 检查减速器油位是否符合标准。

(4) 检查各回转部位的保护罩及危险部位的护栏是否齐全完好。

(5) 检查洒水除尘装置是否齐全完好、灵敏可靠。

二、手指口述

1. 手指口述

信号系统正常，矿车及阻车设施正常，安全已确认，可以翻车作业。

2. 操作

(1) 先将各车之间的连接环摘掉，打开翻车机外部阻车器，将矿车放进翻车机。翻车前必须与仓下人员联系好，经仓下信号工同意后方准翻车。

(2) 当翻车机转动接近一周时，按动停止按钮，利用惯性使翻车机回到正常位置。

(3) 翻车完毕，接到信号工发送提升信号后，方准给绞车房发送开车信号提升。

(4) 翻完一列车后，先关闭阻车器，然后进行后续作业。

三、安全注意事项

(1) 检查各部机件和注油时，必须切断电源，停止运转，并悬挂"有人工作，严禁送电"警示牌。

(2) 翻车机转动或矿车在运行中，禁止任何人进入翻车机与车辆之间。

(3) 在翻车机前摘挂连接环时必须待车停稳后方可操作。

(4) 严禁用电机车直接顶车进入翻车机。

(5) 矿车在翻车机内掉道或其他故障需要处理时，必须切断电源，闭锁开关，悬挂"有人工作，严禁送电"警示牌，关闭挡车器，确认安全后方可进行处理；进入仓内处理故障时必须系好安全带，在专人监护下进行处理。

(6) 认真执行岗位责任制和交接班制度。

第五节 小绞车司机

一、交接班

(1) 小绞车安装地点，顶、帮支护必须安全可靠，无杂乱异物，便于操作和瞭望。

(2) 安装平稳牢固，四压两戗接顶要实，无松动和腐朽现象。

(3) 闸带必须完整无断裂，磨损余厚不得小于 4 mm。

(4) 铆钉不得磨闸轮，闸轮磨损不得大于 2 mm，表面光洁平滑，无明显沟痕，无油泥。

(5) 钢丝绳无弯折、硬伤、打结、严重锈蚀，断丝不超限，在滚筒上绳端固定要牢固，不准剁股穿绳，在滚筒上排列整齐，无严重咬绳、爬绳现象。

(6) 缠绕绳长不得超过小绞车规定允许容绳量，绳径要符合要求。

(7) 松绳至终点，滚筒上余绳不得少于 3 圈。

(8) 控制开关、操纵按钮、电铃齐全完好，灵敏可靠。

(9) 电机达到完好标准。

(10) 信号声音清晰，灵敏可靠。

二、手指口述

1. 手指口述

经检查绞车完好，收到开车信号，准备开车。

2. 操作

听到清晰准确的信号后，首先应打开红灯示警，然后闸紧制动闸，松开离合闸，按信号指令方向启动小绞车空转。缓慢压紧离合闸把，同时缓慢松开制动闸把，使滚筒慢转，平稳启动加速，最后压紧离合闸，松开制动闸，达到正常运行速度。接近停车位置时，要先慢慢闸紧制动闸，同时逐渐松开离合闸，使小绞车减速，收到停车信号后闸紧制动闸，松开离合闸，停车停电。

三、安全注意事项

（1）小绞车硐室应挂有司机岗位责任制和小绞车管理牌板（标明：小绞车型号、功率、钢丝绳绳径、牵引长度、牵引车数及最大载荷、斜巷长度及坡度）。

（2）必须严格执行"行人不行车，行车不行人、不作业"的规定。

（3）严禁超载、超挂、蹬钩、扒车。

（4）矿车掉道时严禁用小绞车硬拉复位。

（5）在斜巷中施工或运送支架、"四超"物件时，要按专项措施严格执行。

（6）下放矿车时，要与把钩工配合好，随推车随放绳，禁止留有余绳，以免车过变坡点时突然加速绷断钢丝绳。

（7）禁止两个闸把同时压紧，以防烧坏电机。

（8）启动困难时必须查明原因，不准强行启动。

（9）必须在护绳板后操作，严禁在小绞车侧面或滚筒前面（出绳侧）操作；严禁一手开车，一手处理爬绳。

（10）发现下列情况时必须立即停车、采取措施，待处理好后方可运行：

①有异响、异味、异状。稳固支柱有松动现象。

②钢丝绳有异常跳动，负荷增大或突然松弛。有严重咬绳、爬绳现象。

③电机有异常、突然断电或其他险情时。

（11）正常停车后（指较长时间停止运行），必须闸死滚筒；需要离开岗位时，必须切断电源。

（12）开车时工作服必须扎紧袖口，精力集中，严格按信号指令操作，不得擅自离岗。

（13）认真执行岗位责任制和交接班制度。

第六节　电机车修理工

一、手指口述

闸已刹紧，车已掩好，弓子已拉下（插销拔出），开关断开，验、放电结束，周围环境良好，无安全隐患，确认完毕。

二、安全注意事项

（1）检修工作必须在机车停止运行的下状态进行。检修一般在维修车间进行，临时小故障的处理可在运输线路上进行，但必须切断架空线电源，并防止其他车辆冲撞检修车辆及检修人员的措施。

（2）被检修的机车停稳后，要用止轮器或木楔等将机车稳住。架线机车必须落下集电器，拉下集电器拉下总开关。

（3）修理电气设备时，要切断电源并按规定程序进行验电，确认无电后方可进行作业。

（4）作业时必须穿戴规定的劳动保护用品。

（5）工件钻孔时应用夹具夹紧工件，严禁用手持工件钻孔。

（6）检修电机车及集电器时，严禁在电机车上进行检修。

（7）井下蓄电池电机车的电气设备必须在车库内检修。

（8）检修时必须注意保护防爆电气设备的防爆面。防爆面可以化学处理或定期涂防腐油脂，但不得涂油漆。

第七节　跟　车　工

一、交接班

（1）交接上一班人车运行情况和可能发生事故的因素。

（2）交接上一班发生事故的情况和原因。

（3）交接运行线路、道岔、信号、路灯、路标等情况。

（4）填好交接班记录，并向值班领导汇报。

二、手指口述

1. 开车时

（1）手指口述：连接装置完好、车辆完好，装载及封车正常，车辆前后无闲杂人员、无障碍，已与调度站联系完毕，可以行车，确认完毕。

（2）操作：经全面检查，各项工作完毕并达到要求后，向司机发出开车信号。发送信号要清晰、准确。不能用手势或口头喊话代替信号。

2. 停车时

（1）手指口述：机车已到停车位置，车场无障碍，安全已确认，可以停车。

（2）操作：发送停车信号。

第八节　行车调度工

一、交接班

交接班时交接：

（1）行车信号、安全设施情况，有无事故及事故处理进展情况。

（2）上一班运输任务完成情况。

（3）线路上有无施工人员及施工的地点、时间、内容、负责人等情况。

（4）机车和矿车的数量及分布情况。

（5）各级领导指示及上级调度部门通知等。

二、手指口述

(1) 手指口述：
信号及通讯正常，轨道、道岔使用正常，运行线路一切正常，确认完毕。
(2) 操作：
①利用信号集中闭塞系统或通讯、信号等手段及时掌握空、重车运行情况。
②相向两列车同时经过一个交叉道口或单轨区段时，要密切监视信号、集中闭塞装置的自动闭塞情况。
③无自动控制装置要提前发出信号，合理安排会车地点，无特殊情况要先停空车、让重车通行。
(3) 在运输线路上施工或维修时，应该按下列情况办理：
①工作量不大又不危及行车安全的施工或维修时，尽量利用行车间隔时间进行，施工站岗人员要明确告诉电机车司机前端有人工作，注意安全。
②有碍行车安全的施工，需持有施工任务书和安全措施，并在施工地点可能来车方向各端 60 m 处设置停车防护信号，才能施工。
③根据施工或维修现场情况，通知电机车司机在经过该施工区段前停车或慢速通过。
(4) 在运输工作中，遇有列车中有损坏的矿车或运煤列车中有装设备、矸石、杂物的车辆时，要及时通知有关人员进行处理。

三、安全注意事项

(1) 对运输系统的信号集中闭塞装置或通讯、信号等设施要严格管理、正规操作、安全使用，使其充分发挥作用，在确保安全的情况下努力提高经济效益。
(2) 运送特殊设备、材料及大型物件时，必须严格按批准的安全技术措施进行调度。
(3) 运输工作中设备或行车信号等发生故障时，要及时通知调度站及维修人员迅速进行处理，严禁甩掉保护装置或带病运行。
(4) 运输工作中发生人身事故或其他重大事故时，要立即向区队值班领导和上级调度部门汇报，并采区应急措施，调动人力、物力、车辆进行抢救。工作中发生较大事故时，要及时向区队值班干部汇报，组织力量进行处理。
(5) 如有特殊情况确需离岗，必须由其他行车调度工或熟悉调度工作的人员顶岗，并向顶岗人员交待清楚当班有关注意事项。
(6) 必须坚守岗位、认真调度，严格执行岗位责任制。

第九节　立井信号工

一、交接班

(1) 主、备用信号及专用联络电话等通讯信号的完好状况。
(2) 有关设备、设施的完好状况。
(3) 上一班运行工作情况。

(4) 当班有关注意事项。

二、手指口述

1. 手指口述

经检查过卷保护装置实验正常，声光信号装备实验正常，闭锁装置检查正常，试运行正常，确认完毕。

2. 操作

打车时，罐笼到位应当打停点，经把罐工允许，才准操作。操作顺序为：放下摇台→打开安全门→打开前阻→打车到位。车到位经把罐工检查确认无问题后，按以下顺序操作：退回推车机→关闭前阻→关闭安全门→升起摇台。前阻打开时，后阻必须关闭；后阻打开时，前阻必须关闭。

三、安全注意事项

(1) 罐笼停止运行 15 h 以上，需要升降人员时，井口信号工要与提升机司机联系好，通知井上、下信号把钩工后方可发出信号。

(2) 当提升机停止运行 6 h 及以上时，信号工要按有关规定对所属信号系统进行全面检查试运，确认一切正常后方可发送提升信号。

(3) 正常情况下，只准使用主信号系统，只有当主信号系统发生故障时，才能使用备用信号系统，同时应立即通知有关人员修复，修复后及时恢复使用主信号系统。

(4) 在井筒内运送爆炸材料时，必须严格按《煤矿安全规程》规定操作，并事先通知提升机司机按相应的升降速度提升运输。严禁在交接班及人员上下井时间内运送爆炸材料。

(5) 信号工当班期间，应认真填写必要的信号发送故障等记录，以便检查维修与事故追查处理。

(6) 上岗期间不得擅离工作岗位，确需要离开时，先打好定点闭锁信号，向区队值班领导请假，待批准后再离岗。

(7) 严禁在罐笼运行中交接班，须待提升容器停稳后并打定点信号，方可交接班。

(8) 发现以下情况时须立即汇报值班领导，妥善解决后方可交接班：
① 接班人员有不正常精神状态。
② 交班人对现场不明，交待不清当班情况。
③ 现场无交班人员。

第十节 蓄电池机车充电工

一、检查工作程序

(1) 认真检查电压表、点温计、密度计、温度计、瓦斯测定仪等检测设备，确保灵活可靠。

(2) 充电前应对机车进行整体检查：

① 电池装置外部应完好，铭牌和防爆标志齐全。
② 电池装置的型号、额定工作电压。
③ 电池固定是否合格。

(3) 机车更换电瓶时，把控制器手把打回零位，取下手把，抽出机车上的插销。

(4) 用推移方法换电瓶时，机车应与充电架对中，抽出电瓶与机车上的4个固定插销，再平行推移到充电架上。

(5) 用吊车换电瓶时，先检查吊车起重钩环、钢丝绳、制动闸和电动按钮，确认无误后再进行起吊。

(6) 充电工作开始前，首先要检查充电机及充电机上的仪表，确认指示准确后再进行充电。

(7) 擦净电池箱盖上的灰尘、积水后，再打开电池箱清理电瓶。

(8) 每次充电前都要对电源装置进行检查，发现问题及时处理。

(9) 检查电池间连接极柱是否正常，接端子的连接是否牢固。充电机电源的两级不得接反。

(10) 整流设备充电插销必须采用电源装置的专用插销，不能用其他物品代用。

(11) 要清理放在电瓶上的任何工具、物品与脏物，打开全部电池旋塞。

二、手指口述

1. 手指口述

充电地点通风情况良好，行车（手拉葫芦）完好，电瓶箱完好，电瓶已固定稳妥，电源线已接好，可以充电，确认完毕。

2. 操作

(1) 连接好电源，观察电压表的指示值，做好记录，然后启动整流器开始充电。

(2) 观察电池在充电过程中发生的变化（其中包括电解液的密度和温度、电池的电压、充电电流的变化），有异常情况要及时停电处理，严禁电池带故障充电。

(3) 在充电过程中，每小时检查一次电池电压、电流、液面、密度和温度，做好记录。

(4) 充电完毕停止1~1.5 h，待冷却后方可盖上电池旋塞。擦净注液口的酸碱迹，用清水冲刷后，盖上电池箱盖，锁上螺栓。

三、安全注意事项

(1) 对于防爆特殊型蓄电池极柱的焊接，必须由经过专业培训并通过主管部门考核、取得上岗证的人员担任。

(2) 作业时应穿戴规定的劳动保护用品。配置电解液时必须穿戴胶靴、橡胶围裙、橡胶手套、护目眼睛和口罩等防护用品。

(3) 配制硫酸电解液必须用蒸馏水。合调电解液时必须将硫酸徐徐倒入水中，严禁向硫酸内倒水（以免硫酸飞溅，烫伤工作人员）。配制酸性电解液时，遇有电解液烫伤人员，应先用5%的硫酸钠溶液清洗，然后再用清水冲洗。配制碱性电解液时，如果皮肤沾油碱液时，应先用3%的硼酸水清洗，然后再用清水冲洗。

(4) 严禁在充电过程中紧固连接线和螺栓等。严禁将扳手等工具放在电池上。严禁占用机车充电。用吊车换电瓶时，吊车升起后，严禁人员在起重物下行走或站立。

(5) 整流设备充电插销必须采用电源装置的专用插销，不得用其他物品代替。注意连接线与极柱不得有过热或松动现象。

(6) 每组电瓶使用达 30 个循环时，要进行一次全面检查，并均衡充电时间一次。碱性蓄电池使用 300~350 个循环、酸性蓄电池使用 6 个月全部更换一次电解液进行清洗，然后按初充电方式进行充电。

(7) 每周应测量一次泄漏电流，清洗一次特殊工作栓。及时检查和调整每只蓄电池电解液的密度。

(8) 在井下蓄电池充电室内测定电压时，可使用普通型电压表，但必须在揭开电池盖 10 min 后进行。

(9) 电解液溢出时，应及时吸出、擦净。

(10) 充电工要随时监视充电设备的运行情况，遇有不正常现象应立即停充，待处理好后再行充电。

(11) 保管好现场所用的消防器材，确保其完好、有效。

(12) 认真执行岗位责任制和交接班制度。

第十一节　矿车修理工

一、检查工作程序

(1) 根据当班任务准备好所需工具、材料、备品、配件等，并检查是否齐全、完好、可靠。

(2) 详细检查退轮机、装轮机、整形机、行车等设备是否处于完好状态，运转是否正常，发现问题应立即处理。

(3) 检查所修的矿车是否已掩好，确定矿车所检修的部位。

二、手指口述

1. 手指口述

经检查车已掩好，工具完好、到位，矿车下及周边无人，安全已确认，现在开始检修。

2. 操作

(1) 要首先检查矿车状况，确定矿车部位、内容及检修方法和程序。

(2) 矿车整形前，确认箱体内无杂物后，启动整形机慢慢下放于车箱内进行整形。

(3) 装卸车轮要用专用工具或退轮机、装轮机，禁止敲打，并注意保护零部件不受损坏或丢失；在装卡工件时要放稳摆正，防止滑脱伤人。

(4) 修理后的矿车按完好标准进行验收，按矿车编号将验收日期、验收结果、验收人员记录在矿车台账上；大修的矿车按检修质量标准组织验收。

三、安全注意事项

（1）检修、检查电气设备，必须停电作业，并悬挂停电作业警示牌。
（2）机械设备运转中，禁止人员接触转动部位。处理故障时必须在停止运转的情况下进行。
（3）多人工作的场地，要分工明确、指挥统一、行动一致，不得平行作业。
（4）有关车、钳、锻、铆、电（气）焊、起重等工作，应由经过专业技术培训合格的人员承担，并遵守有关工种的操作规程。
（5）操作电力设备时，禁止带负荷停、送电。
（6）操作起吊行车时，必须看清周围有无障碍，掌握操作要领，防止出现误操作。重物起吊后，重物下及运行前方严禁有人行走、停留或工作。
（7）操作检修设备中，发现异声、异状等不正常现象时，要立即停止作业，检查处理。
（8）矿车修理工作业时，必须穿戴规定的劳动保护用品。
（9）认真执行岗位责任制和交接班制度。

第十二节　立井把钩工

一、交接班

（1）交班者要交接清楚本班安全情况和提升运行情况，并等候试运行一钩后方可离岗。
（2）接班者要认真检查所有安全设施的完好情况，明确现场所交接的事项并做好记录。
（3）确认一切正常后，双方在交接班记录上做好有关记录。

二、手指口述

1. 提车时
（1）手指口述：罐笼已停稳，摇台已落下，保安门已打开，罐内无人员及物料，可以推车。
（2）操作：
升降物料时，按下列程序操作：
①罐停稳后拉开井口安全门和罐门。
②打开罐内大小罐挡，打开进罐侧阻车器，向罐内推车装罐。
③车进罐后立即合上罐挡。
④检查无误，关闭罐门和安全门，关闭前阻，抬起摇台后，向信号工发出提升信号。
2. 当提升人员时
（1）手指口述：
罐笼已停稳，摇台已落下，保安门已打开，安全已确认，人员可以入罐。

大家好！罐笼已备好，安全已确认，准许人员乘罐，现在开始检身。

（2）操作：

①对下井人员检身并清点人数，大罐每层不能超过42人，小罐每层不能超过32人。

②提升人员时，罐笼内不能物料、人员混合提升，操车工要把两层罐笼内物料全部推出后，人员方可进入罐笼，把罐工要严格把关。

③人员上下罐时，两侧不能同时上下人；要一侧进罐、一侧出罐。

④提升人员时，开车信号未发之前，把钩工要检查乘罐人员身体或携带工具有无突出罐外的情况，如有以上情况，等处理好后再发出开车信号。

⑤携带工具、物料影响乘罐人员安全时，需将工具及物料存放在工具专用车内。

3. 停罐后

手指口述：罐笼已停稳，摇台已落下，保安门已打开，准许推车（人员请下罐）。

三、安全注意事项

（1）井口房严禁闲杂人员入内、逗留，严禁任何人往井下扒瞧，井底严禁任何人从井筒两侧通道通行。

（2）交接班及人员上下井时间段，严禁运送爆炸材料。

（3）人员不得与爆炸性、易燃性或腐蚀性的物品同乘一罐；电雷管和炸药必须分开运送，装有爆炸材料的罐笼内，除护送人员外，不得有其他人员。

（4）把罐工对上、下井物料要仔细检查，严禁超长、超高、超宽、偏载、封捆不牢的物料进罐，确认无问题后方可准许物料进罐，同时要做好记录。升降管子、轨道等长料时，按专项措施执行。

（5）升降人员时，井口、井底进车侧的阻车器应关闭，一切车辆不得向井口运行，前、后阻车器之间不准存放车辆。当罐笼停稳后，由把罐工打开门帘，下完人后方可上人。任何人不得私自打开门帘抢上抢下。

（6）升降爆破材料时，火工人员必须事先与井上、下把钩工联系，并经当日矿值班领导批准后方可准装罐。严禁在井口和井底附近存放爆破材料，并应通知绞车司机按相应的升降速度提升运行（不超过 2 m/s），严禁在交接班及人员上、下井期间运送爆破材料，爆破材料装运必须严格遵守《煤矿安全规程》中的有关规定。

（7）严格现场交接班制度，严禁罐笼运行中交接班，须罐笼到位停稳并打定点信号后方可交接班。

（8）把钩工当班要认真填写必要的信号发送故障等记录，以便检查维修与事故追查处理。

（9）每班工作结束后要现场交接班，履行交接班手续后方可离岗。

第十三节　斜巷信号工

一、交接班

交班者要交待清楚本班安全情况和提升运行情况，检查所有安全设施及信号系统的完好情况，确认一切正常后双方做好交接班记录。

二、手指口述

1. 手指口述

各种信号装置灵敏可靠，钩头、保险绳完好，钢丝绳无余绳，斜巷无行人，主、副滑头已连好，安全已确认，可以发送提升信号。

2. 操作

当把钩工允许发信号时，信号工再次确认安全可靠后方可发出提升信号。卡轨车及梭车运输时，牵引车行将到机头、机尾要及时打点停车，防止车辆撞坏挡车器。

三、安全注意事项

（1）提升信号的设施必须声光齐全，通讯设备可靠。兼作行人的运输斜巷，要设置红灯信号，行车时红灯亮，严格执行"行人不行车，行车不行人、不作业"的规定。

（2）收到的信号不明确时不得发送开车信号，应用电话或其他方式查明原因，并且废除本次信号，重新发送。

（3）必须集中精力、细心操作，在岗位上不准做与工作无关的事情，不得在联系工作过程中（如用电话或口头与他人联系时）发送信号。

（4）不得擅自离开工作岗位，严禁私自找他人代替上岗；确需离岗时，必须请示值班领导，待批准后方可离岗。

（5）严禁在提升运行过程中交接班。交接班时双方均应履行正规交接班手续。

第十四节 联 环 工

一、手指口述

1. 手指口述

车已停稳，安全已确认，可以联环。

2. 操作

重新对连接装置和车辆以及装载情况进行一次检查，选择合格的连接装置连接，确保连接销插正、插牢、闭锁可靠。

二、安全注意事项

（1）斜井提升时必须进入躲避硐室或安全地带，做好警戒，确保甩车时车场无人。

（2）连接装置严禁用其他物品替代，禁止使用磨损超限或变形、变音的连接器。

（3）发现影响安全的车辆，必须挑出，严禁提升。

（4）必须待车停稳后摘挂连接装置，禁止将头及身体探入两车之间作业。

（5）上车场为平车场时严禁用机车顶车，下车场严禁用钩头带车。不得在能自动滑行的坡道上摘挂联环。

（6）严禁站在轨道内摘挂，弯道时严禁站在弯道里侧摘挂，而且人员作业时必须离轨道外侧不小于 200 mm 处作业，以防车辆滑动碰伤身体。

（7）认真执行岗位责任制和交接班制度。

第十五节　卡轨车司机

一、交接班

（1）交接上班运行情况和可能发生事故的因素。

（2）交接上班发生事故的情况和原因。

（3）交接运行线路、道岔、信号、安全设施等情况。

（4）检查卡轨车的安全设施，托绳轮、导向轮、压绳轮等是否齐全有效，回绳站固定是否牢固可靠，同时清除路面障碍物，确保安全和畅通。

（5）确认一切正常后双方做好交接班记录。

二、手指口述

1. 手指口述

经检查钢丝绳及牵引车正常，信号清晰，巷道无行人，安全已确认，可以运输。

2. 操作

（1）司机在获得开车信号后，应先给声光信号送电，使声光信号正常工作，再点动开车两次，然后正常启动电机，绞车运转。

（2）通知信号工调整牵引车位置，将牵引车停在张紧器前方，距离道岔尖不小于 4 m 处（在尾轮处将牵引车停在距离尾轮不小于 5 m 的位置）。牵引车停稳后方可进行连车作业。

（3）将道岔扳到曲线位置，然后将待运输车辆利用小绞车或人力推过道岔，过道岔时必须提前将钢丝绳主、副绳压入道岔绳槽。严禁车辆轧绳。

（4）待运输车辆最后一辆车轮通过道岔岔尖停稳后，将道岔扳到直线位置，把钩工躲到安全地点，通知信号工移动牵引车，将牵引车调整到适当位置，待牵引车及运输车辆停稳后再进行挂钩作业。

（5）停车时，先摘除保险绳，再摘除连接环。如连接环太紧、摘钩困难，可以联系点动绞车，将连接环放松，点动绞车时把钩工必须躲在安全地点。

（6）在车场摘挂车辆时，将道岔扳到曲线位置，再将运输车辆逐辆推出车场，过道岔曲轨时必须提前将钢丝绳压入曲连接轨下，防止轧绳。在尾轮直线段处，将尾轮处阻车器打开后，逐辆推出运输车辆，然后关闭尾轮处阻车器。

三、安全注意事项

（1）待车停稳后方可摘挂钩，严禁车未停稳摘挂钩，严禁蹬车摘挂钩。

（2）运送"四超"车辆以及特殊物料进入斜坡时，必须停车检查连接固定情况，确认无误后方可提升。

（3）张紧器前方及独头车场尽头的挡车器要始终处于关闭状态。尾轮前后的阻车器必须经常处于关闭状态，车辆通过时方准打开。

（4）转运物料发现牵引车数超过规定或连接不良时，都不得发送开车信号。

（5）车辆脱轨时，要组织人员按照有关规定进行复轨，严禁跟车工个人复轨。

（6）卡轨车牵引时，严格执行"行人不行车，行车不行人、不作业"制度。

第六章 通巷队"手指口述"工作法与形象化工艺流程

第一节 通巷队主要工种"手指口述"工作法

一、爆破工手指口述

1. 火药领取

爆破工：本班××地点领取炸药××kg、电雷管××发。

库管员：发放炸药××kg，请查收。

爆破工：炸药数量准确。

库管员：发放电雷管××发，请查收。

爆破工：雷管数量准确。

2. 火药运送程序

爆破工：火药领取完毕，准备出发。

运药工：可以。

运炸工：已到达目的地。

爆破工：将炸药箱放到××地点，由我看护。

3. 装药放炮工序

班组长：现场已具备装药条件，请发给警戒牌。

爆破工：设齐警戒点。

班组长：警戒布置完毕，请检查瓦斯浓度（出示放炮命令牌）。

安监员：瓦斯浓度符合规定要求，可以装炮。

班组长：装炮完毕，准备放炮，请检查瓦斯浓度。

安监员：瓦斯浓度符合规定要求。

爆破工：请出示放炮牌，装药人员全面撤离到警界线以外。

爆破工：放——炮——了。

爆破工：请班组长、安监员与我检查爆破情况。

安监员：通风、煤尘、瓦斯浓度符合规定要求。

爆破工：现场无残爆、拒爆现象。

班组长：解除放炮警戒。

4. 交接班

交班爆破工：现场拒爆炮眼××个，请继续处理（现场未发现拒爆、残爆）。

接班爆破工：现场拒爆由我处理。请放心离岗（现场我再组织检查，请放心离岗）。

二、运料工手指口述

组长：滑头环已连好，保险绳已挂好，可以打开安全设施。
摘挂工：安全设施启动完毕，请发出开车信号。
信号工：信号已发出，行车时严禁行人。
绞车司机：收到开车信号，开始开车，工作人员注意安全。
摘挂工：物料已到位，马上停车。
信号工：信号已发出，车辆已停稳，
摘挂工：车盘已阻好，摘除连接设施。
摘挂工：保安绳、滑头已摘除，物料可以卸车。

三、水袋安装工手指口述

组长：皮带停止运行，准备接设水袋。
联络人：已与皮带司机协调好，开始安设水袋。
组长：工作台已打设牢固，可以上人。
操作工：已开始固定水袋架，请看护好皮带上的工作台。
组长：工作台牢固，请放心操作。
操作工：水袋吊挂完毕，准备充水。
组长：冲水严禁将水撒到皮带上。
注水工：水已注满。
组长：整理现场，可以离开。

四、瓦斯检查员手指口述

1. 领取仪器、仪表
瓦斯检查员：光瓦部件齐全、药品合格、气密性完好、光谱清晰，可以使用。
2. 行走途中
瓦斯检查员：
(1) 行走要走人行道。
(2) 过车场，要"一停、二看、三通过"。
(3) 不在危险警示地点逗留。
(4) 放炮警戒线不能硬闯。
(5) 横过皮带，走行人过桥。
3. 操作过程
瓦斯检查员：光瓦零点调好，开始检查瓦斯。
班长：工作面安全，可以进入。
瓦斯检查员：测量结果为……，牌板已填写完毕，请班长和安监员签字确认。
班长：瓦斯及二氧化碳浓度已确认。
安监员：瓦斯及二氧化碳浓度已确认。

4. 交接班工序

交班瓦斯检查员：我负责××片瓦斯检查，分管范围内瓦斯无超限、无煤尘堆积，监测设备运行正常，通风设施完好有效，请验收签字。

接班瓦斯检查员：已确认，可以交班，请放心离岗。

五、风筒工手指口述

1. 拉绳整理风筒工序

风筒工：皮带停止运行，准备拉绳吊挂风筒。

拉绳工：皮带已停止，综掘机已断电闭锁，可以拉绳。

风筒工：绳已展开，准备拉葫芦。

拉绳工：葫芦已固定好，可以拉绳，人员闪开绳道。

风筒工：绳道无人，开始拉绳。

拉绳工：开始拉绳，注意安全。拉绳完毕，可以挂风筒。

风筒工：风筒已接设完毕，可以恢复生产。

2. 续接风筒工序

风筒工：风筒即将超距，准备接设风筒，请停止生产。

班长：皮带已停止，综掘机已断电闭锁，可以开始施工。

风筒工：开始接设风筒，请闪开出风口。

风筒工：风筒接设完毕，可以组织生产。

六、机电维修工手指口述

维修工：负荷电缆已接好，准备接电源，请停电。

停电工：电源已停，停电牌已挂好，请通知接电人员。

送信工：停电符合要求，没有命令不准送电。

送信人员：电源已停好，可以接电。

维修工（A）：请先检查瓦斯，再检电、放电。

维修工（B）：瓦斯浓度符合要求，放电完毕，可以操作。

维修工（A）：先设好接地线，再开始接线。

维修工（B）：地线连接完毕，开始接设电源。

维修工（A）：电源接设完毕，可以送电。

停电工：送电命令已收到，开始送电。

维修工：电已送上，设备运转正常，清理现场离岗。

七、风机维修工手指口述

维修工：风机位置离回风巷大于 10 m，顶板良好，没有淋水，符合标准要求，请检查。

起重工：吊挂锚杆已固定好，葫芦已挂好，可以起吊，请检查。

监护工：检查完毕，符合要求，可以起吊。

起重工：起吊开始，风机下不准有人。

起重工：起吊完毕，开始固定风机。
维修工：风机固定完毕，请清理现场。
起重工：葫芦已取下，现场整理完毕，工作结束。

八、注浆工手指口述

注浆工（A）：准备工作就绪，打开水门，开始制浆。
注浆工（B）：水门已开，压力均匀，可以继续。
注浆工（A）：水灰比符合要求，可以停水。
注浆工（B）：水门已关，制浆完毕，等待注浆命令。
注浆工（井下）：管路正常、开始注浆。
注浆工（A）：接到注浆命令，加入防火材料，准备注浆。
注浆工（B）：防火材料已加入，开始注浆。
注浆工（A）：注浆阀门已开，浆液流量均匀。
注浆工（井下）：管路正常、流量正常，继续注浆。
注浆工（A）：注浆完毕，池底已冲，开启清水阀门冲洗管路。
注浆工（B）：清水阀已开启，冲洗正常。
注浆工（B）：冲洗时间到，关闭清水阀。
注浆工（A）：整理现场，注浆完毕。

九、防火墙构筑手指口述

组长：开始构筑前的准备工作。
组长：敲帮问顶，以先支后回的原则搞好临时支护。
防火工：顶板、巷帮支护完整，戗柱已备好，临时支护已支护完毕，开始施工。
组长：墙体构筑完毕，戗柱已设好，开始整理现场。
组长：整理完毕，工作结束，离开工作现场。

十、密闭工手指口述

组长：现场各种条件检查符合规定要求，允许施工。
密闭工：两帮活石已清除，锚网已剪开，开始掏槽。
密闭工：帮已接触实底，无任何滑坡滑落、冒落倾向，可以垒墙。
组长：台架已搭设牢固，请上架砌墙，架下严禁站人。
组长：顶板滑石已摘除，可剪网掏顶，下方严禁站人。
组长：墙体已完工，可施工抹墙。
组长：台架拆除要注意杂物滑落，下方严禁站人。
组长：现场已竣工，清理现场物料。

十一、监测工手指口述

1. 接电工序

组长：断电仪开始接电，执行好停送电制度。

停电工：开关已停电，工作牌已挂好，闭锁已上好，没有命令不准送电。
送信工：电源已停好，可以接电。
监测工（A）：电源已切断，可以接线，请先检查瓦斯。
监测工（B）：瓦斯浓度正常，符合要求，开始打开设备进行工作。
监测工（A）：电气设备已打开，开始检电、放电程序。
监测工（A）：检电、放电完毕，地线已设好，开始接设电源。
监测工（B）：电源接设完毕，符合要求，可以送电。
停电工：送电命令已收到，开始送电。
监测工：设备运转正常，整理现场，工作完毕。

2. 传感器吊挂

监护工：梯子已扶好，可以上人吊挂探头。
监测工（A）：开始上梯吊挂，请扶好。
监测工（B）：传感器吊挂完毕，符合规程规定。
监测工：设备运转正常，整理现场，工作完毕。

十二、木工手指口述

1. 地面制作

木工（A）：准备挂门，开始抬门。
木工（B）：风门已抬起，挂门销。
木工（A）：门销已到位，门已挂好。
木工（B）：开始设置闭锁，包边。
木工（A）：闭锁、包边完毕，整理现场，工作完毕。

2. 井下维护

木工（A）：开始对风门全面检查。木板、铁件不合格需要更换。
木工（B）：风门维修完毕，开始防腐处理。
木工（B）：防腐完毕，清理卫生。
木工（A）：风门前后5米范围内卫生清理干净，工作完毕。

十三、冲尘工手指口述

1. 大巷冲尘

冲尘工：准备冲尘，请停电。
冲尘工：电已停好，停电牌已挂好，接地线已设齐。
冲尘工：管路已接好，绝缘设施佩带完毕，请开阀门，开始冲尘。
冲尘工：冲尘完毕，可以恢复通电。

2. 皮带冲尘

冲尘工：准备冲尘。
冲尘工：管路已接好，绝缘设施佩带完毕，请开阀门，开始冲尘。
冲尘工：冲尘完毕，整理现场。

十四、测风员手指口述

测风员：检查仪器，仪器完好，可以使用。
测风员：顶板完好，巷道无障碍物，符合测风条件，开始测风。
测风员：开始测风，禁止人员通行。
测风员：测量时间到。
测风员：开始测量温度，测量温度完毕。
测量员：填写记录，测风牌填写完毕，测风手册填写完毕。
测风员：整理仪器，离开现场。

十五、管路安装工手指口述

组长：检查现场，排除隐患，准备安装管路。
管路工（ABC）：检查完毕，开始工作。
管路工（A）：管路对接完毕，螺丝、管卡到位。
管路工（A）：螺丝已上紧，管路接设完毕。
管路工（B）：管钩已备好，开始吊挂。
管路工（C）：吊挂完毕，管钩吊挂符合规定。
管路工（B）：吊挂结束，整理现场。
组长：工作完毕。开始下一组。

第二节 爆破工艺流程

一、佩带证件

（1）必须随身携带特种作业操作证（安监局发放）和资格证（公安局发放），无证和不持证，严禁上岗作业。
（2）证件过期的严禁上岗作业。
（3）爆破工必须是专职的。

二、领取瓦斯便携仪、发爆器、爆破母线

（1）发爆器必须具有测定爆破网络电阻值功能，同时电量充足，固定螺丝无松动现象。
（2）爆破母线必须是铜芯的绝缘双线，长度不少于100 m。
（3）爆破母线不得有明接头，且接头不能超过1个。

三、领药

（1）爆破工必须手持火药申请单和特种作业操作证、资格证到爆炸材料库领取火药。
（2）火药申请单必须由施工单位的主管领导签字，领取的火药数量不得超过火药单申请的数量。

(3) 及时将领取的雷管的角线纽结成短路。

(4) 领取的火药必须装在耐压和防冲撞、防震、防静电的非金属容器内；严禁将电雷管和炸药装在同一容器内，严禁将爆炸材料装在衣袋内。

四、火药运送

(1) 电雷管必须由爆破工亲自运送，炸药应由爆破工或在爆破工监护下由其他人运送。

(2) 领到爆炸材料后，应直接送到工作地点，严禁中途逗留。

(3) 运送火药经过上下山时，严格执行相关的规定。

(4) 严禁用刮板输送机、带式输送机等运送爆炸材料。

五、到达工作地点后

(1) 火药箱必须存放在通风良好、顶板完好、支护完整，避开机械、电气设备的地点，并放在挂有电缆、电线巷道的另一侧。

(2) 火药箱要加锁，钥匙由爆破工随身携带。

(3) 爆破前需准备好够全断面一次爆破用的引药和炮泥以及装满水的水炮泥，并整齐放置在符合规定的地点。

(4) 准备好炮棍、岩（煤）粉掏勺及发爆器具等。

六、装药前

(1) 必须对爆破地点附近 10 m 内支架进行加固，保证支架齐全、完好。

(2) 用压风或掏勺将炮眼内的煤（岩）粉清除干净。

(3) 必须对工作面附近 20 m 范围内进行瓦斯检查，严格执行"一炮三检"制度。

(4) 必须有专人在作业规程规定的各警戒岗点担任警戒。

(5) 各警戒岗点除站岗人员外，警戒线处应设置警戒牌、栏杆或拉绳等标志，执行"三保险"制度。

(6) 爆破前工作面人员都应撤至作业规程规定的安全地点。

七、装配起爆药卷

(1) 执行"三人连锁爆破"制度，设好警戒。

(2) 装配起爆药卷必须在顶板完好、支护完整，避开机械、电气设备和导电体的爆破工作地点附近进行，严禁坐在爆炸材料箱上装配起爆药卷。

(3) 装配起爆药卷数量，以当时当地需要的数量为限。

(4) 装配药卷必须防止电雷管受震动、冲击，防止折断角线和损坏角线绝缘层。

(5) 电雷管必须由药卷顶部装入，严禁用电雷管代替竹、木棍扎眼。电雷管必须全部插入药卷内，严禁将电雷管斜插在药卷的中部或捆在药卷上。

(6) 电雷管插入药卷后，必须用脚线将药卷缠住，并将电雷管脚线断开的重新纽结成短路。

八、装炮

(1) 必须按照作业规程爆破说明书规定的各号炮眼装药量、起爆方式进行装药。各炮眼的雷管段号要与爆破说明书规定的起爆顺序相符合。

(2) 装药时要一手拉脚线，一手拿木制或竹制炮棍将药卷轻轻推入眼底，用力要均匀，使药卷紧密相接。药包装完毕后要将两脚线末端扭结。

(3) 煤与半煤岩巷掘进工作面、采煤工作面不得采用反向起爆。

(4) 无论采用正向起爆还是反向起爆方式，引药都应装在全部药卷的一端，不得将引药夹在两药卷中间。

(5) 工作面有2个或2个以上自由面时，在煤层中最小抵抗线不得小于0.5 m，在岩层中最小抵抗线不得小于0.3 m。浅眼爆破大岩块时，最小抵抗线不得小于0.3 m。

(6) 有下列情况之一时，不准装药：

①采掘进工作面空顶距离超过作业规程规定，支架损坏，架设不牢，支护不齐全。

②爆破地点20 m以内，矿车、未清除的煤、矸或其他物体阻塞巷道断面三分之一以上时。

③装药地点20 m以内煤尘堆积飞扬时。

④装药地点20 m范围内风流中瓦斯浓度达到1%时。

⑤炮眼内发现异状、温度骤高骤低，炮眼出现裂缝、塌陷，有压力水，瓦斯突增等。

⑥工作面风量不足或局部通风机停止运转时。

⑦炮眼内煤（岩）粉末未清除干净时。

⑧炮眼深度、角度、位置等不符合作业规程规定时。

⑨装药地点有片帮、冒顶危险时。

⑩发现瞎炮未处理时。

九、封泥

(1) 炮眼封泥应用水炮泥，水炮泥外剩余的炮眼部分应用黏土炮泥或用不燃性的、可塑性松散材料制成的炮泥封实。严禁用煤粉、块状材料或其他可燃性材料作炮眼封泥。无封泥、封泥不足或不实的炮眼严禁爆破。

(2) 装填炮泥时，一手拉脚线，一手拿木制或竹制炮棍推填炮泥，用力轻轻捣实。

(3) 封泥的装填顺序是：先紧靠药卷填上水炮泥，然后装填炮泥一至数个，在水炮泥的外端再填塞炮泥。

(4) 装填水炮泥不要用力过大，以防压破。装填水炮泥外端的炮泥时，先将炮泥贴紧在眼壁上，然后轻轻捣实。

(5) 炮眼封泥量的规定：

①炮眼深度小于0.6 m时，不得装药、爆破；在特殊条件下，如挖底、刷帮、挑顶确需要浅眼爆破时，必须制定安全措施，炮眼深度可以小于0.6 m，但必须封满炮泥。

②炮眼深度为0.6~1 m时，封泥长度不得小于炮眼深度的1/2。

③炮眼深度超过1 m时，封泥长度不得小于0.5 m。

④炮眼深度超过2.5 m时，封泥长度不得小于1 m。

⑤光面爆破时，周边光爆炮眼应用炮泥封实，且封泥长度不得 0.3 m。
⑥浅眼爆破大岩块时，封泥长度都不得小于 0.3 m。

十、敷设爆破母线

（1）严禁用轨道、金属管、金属网、水或大地等当做回路。

（2）爆破母线与电缆、电线、信号线应分别悬挂于巷道两侧。如果必须悬挂于同一侧，爆破母线必须悬挂于电缆等线的下方，并应保持 0.3 m 以上的间距。

（3）爆破母线必须由里向外敷设。其两端头在与脚线、发爆器连接前必须扭结成短路。

（4）巷道掘进时，爆破母线必须随用随挂，以免发生误接；严禁使用固定母线爆破。

十一、连线方式和接线

（1）各炮眼电雷管脚线的连接方式应按照作业规程爆破说明书的规定采用串联、并联或串并联方式，电雷管脚线与母线的连接必须由爆破工操作。

（2）电雷管脚线和连接线、脚线和脚线之间的接头必须相互扭紧并悬空，不得与轨道、金属管、金属网、钢丝绳、刮板输送机等导电体相接触。

（3）在连接爆破前，必须在距工作面 20 m 范围内进行第二次瓦斯检查。在瓦斯含量符合规定时方准连线爆破；否则必须采取处理措施。

（4）母线与脚线连接后，爆破工必须最后退出工作面，并沿途检查爆破母线是否符合要求。

十二、爆破

（1）爆破时必须把火药箱放到警戒线以外的安全地点。

（2）爆破作业前，爆破工必须做电爆网路全电阻检查。严禁用发爆器打火放电检测电爆网路是否畅通。

（3）爆破工撤至发爆地点后，随即发出第一次爆破信号。

（4）爆破工接到班组长的爆破命令后，将母线与发爆器相接，并将发爆器钥匙插入发爆器，转至充电位置。

（5）第二次发出爆破信号，至少再过 5 s，发爆器指示灯亮稳定后，大声呼喊"放炮了"，将发爆器手把转至放电位置，电雷管起爆。

（6）电雷管起爆后，拔出钥匙将母线从发爆器接线柱上摘下，并扭结短路；拔出发爆器钥匙。

（7）爆破时使用爆破喷雾，爆破后对爆破地点附近 20 m 范围内洒水降尘。

十三、验炮

爆破后，待工作面的炮烟被吹散，必须首先巡视爆破地点，检查通风、瓦斯、煤尘、顶板、支架、拒爆、残爆等情况，如有问题，必须通知相关部门或单位，采取有效措施，立即处理。

十四、拒爆、残爆处理

处理拒爆、残爆时，必须在班组长指导下进行，并应在当班处理完毕。如果当班未能处理完毕，当班爆破工必须在现场向下一班爆破工交接清楚。处理拒爆时，必须遵守下列规定：

（1）通电以后拒爆时，爆破工必须先取下钥匙，并将爆破母线从电源上摘下，扭结成短路，再等一定时间（使用瞬发电雷管时，至少等 5 min；使用延期电雷管时，至少等 15 min），才能沿线路检查，找出拒爆的原因。由于连线不良造成的拒爆，可重新连接起爆。

（2）在距拒爆炮眼 0.3 m 以外另打与拒爆炮眼平行的新炮眼，重新装药起爆。

（3）严禁用镐刨或从炮眼中取出原放位置的起爆药卷或从起爆药卷中拉出电雷管。不论有无残余炸药严禁将炮眼残底继续加深；严禁用打眼的方法往外掏药；严禁用压风吹拒爆（残爆）炮眼。

（4）处理拒爆的炮眼爆炸后，爆破工必须详细检查炸落的煤、矸，收集未爆的电雷管。

（5）在拒爆处理完毕前，严禁在该地点进行与处理拒爆无关的工作。

十五、收尾工作

（1）爆破结束后爆破工要报告班组长，由班组长解除警戒岗哨后，其他人员方可进入工作面作业。

（2）装药的炮眼必须当班放完，遇有特殊情况时，爆破工必须在现场向下班爆破工交接清楚。

（3）放完后，将爆破母线、发爆器等收拾整理好。

（4）清点剩余电雷管、炸药，填好消退单，在核清领取数量与使用及剩余的数量相符后，经跟班队长签字，当班剩余材料要交回爆破材料库。严禁私藏爆破器材。

（5）完工后，要将发爆器、爆破母线、便携式甲烷检测仪等交回规定的存放处。

十六、薄弱环节

（1）警戒。
（2）拒爆、残爆处理。

十七、事故案例

（1）某矿一井掘一队孙某重伤事故案例。1991 年 7 月 6 日早班，在 765 溜子道迎头响第二遍炮时，班长安排王某和孙某装炮，刘某到外面站岗。由于刘某站岗时睡觉，有两个运料工从警戒线过去没有发现。爆破时，爆破工没有清点人数，只是把刘某叫醒，问人撤出来没有，恰巧两个运料工从迎头出来，刘便误以为是王某和孙某出来了，就让响炮。而这时王某和孙某联完炮往外走，正走着王某忽然想起挂滑榔子还没有回出来，便回去拿，孙某站在扒装机前等着，就在这时，爆破工拉响了炮，王某被迎头煤渣石埋住，孙某被击倒受了重伤。

(2) 2007年12月的一天夜班，某矿在4306外段皮带顺槽放到点炮，爆破时已经5：30，早班使用综掘机耙装，到13：30，发现迎头有5个炮眼拒爆，幸好未出现意外事故。

(3) 某矿一井采一队李某重伤事故案例。2002年3月18日，早班接班后开始爆破。6时40分，李某嫌爆破速度太慢，便擅自到工作面帮爆破工联炮。李某刚联上炮还未来得及撤出，爆破工无意中触动发爆器钥匙，将炮拉响，将李某左眼炸伤。

(4) 某矿二井采三队景某轻伤事故。2005年8月17日夜班5点40分，爆破工景某在9110面第二切眼放最后一遍炮时，没有按规定拉够母线，而在拐出门子口的老空侧拉炮，左胳膊被飞出的煤块打伤，缝合了五针。

十八、自保互保

1. 若发生冒顶事故被堵时

(1) 要正视已发生的灾害，切忌惊慌失措，坚信矿领导和同志们一定会积极进行抢救。应迅速组织起来，主动听从灾区中班组长和有经验老工人的指挥。团结协作，尽量减少体力和隔堵区的氧气消耗，有计划地使用饮水、食物和矿灯等。做好较长时间避灾的准备。

(2) 如人员被困地点有电话，应立即用电话汇报灾情、遇险人数和计划采取的避灾自救措施。否则，应采取敲击钢轨、管道和岩石的方法，发出规律的求救信号，并每隔一段时间敲击一次，不间断地发出信号，以便营救人员了解灾情，组织力量进行抢救。

(3) 维护加固冒落地点和人员躲避处的支护。

(4) 如被困地点有压风管，应打开压风管给被困人员输送新鲜空气，并稀释被隔堵空间的瓦斯浓度，但要注意保暖。

2. 若发生放炮伤人事故时

首先检查伤势情况，并向调度室和区队汇报详细情况和具体位置。

(1) 若是外伤出血时，对毛细血管和静脉出血，一般用干净布条包扎伤口即可，包扎时注意：

① 包扎的目的在于保护创面、减少污染、止血、固定肢体、减少疼痛、防止继发损伤，因此在包扎时，应做到动作迅速敏捷，不可触碰伤口，以免引起出血、疼痛和感染。

② 不能用井下的污水冲洗伤口。伤口表面的异物应去除。

③ 包扎动作要轻柔、松紧度要适宜，不可过松或过紧，接头不要打在伤口上，应使伤员体位舒适，绷扎部位应维持在功能位置。对大的静脉出血可用加压包扎法止血，对于动脉出血应采用指压止血法或加压包止血法。

(2) 若是骨折，首先用毛巾或衣服作衬垫，然后就地取用木棍、木板等材料做成临时夹板，将受伤的肢体固定。对受挤压的肢体不得按摩、热敷或绑止血带，以免加重伤情。

第三节　矿井安全监测工艺流程

一、主要工序

(1) 下井前按时参加班前会，会后列队进入更衣室，劳保服要穿戴整齐，扎好袖口，系好腰带，带好毛巾，穿好绝缘鞋，戴好安全帽并携带好自救器和矿灯，要带好瓦斯便携仪及所需工具。

（2）监测设备操作人员必须经培训考试合格取得井下安全技术工种操作资格证后，方可持证上岗。

（3）到达工作现场过程中要列队行走，要严格执行行车不行人制度，严格执行安全乘坐架空乘人器等矿井规章制度。

（4）井下断电仪、各种传感器的安装：

①断电仪、传感器下井前必须进行通电烤机，严格按照设备出厂的各项技术指标进行检验，发现无问题时方可下井。

②井下断电仪接电时，要先将电源停电，并有专人看守。停电后要先验电再放电，胶圈、抗圈大小要符合要求。

③电缆进线嘴连接要牢固、密封要良好，电缆护套深入内口壁 5~15 mm，接线应整齐、无毛刺，接好电后要将螺丝上紧，严禁出现失爆现象。

④敷设的电缆要与动力电缆保持 0.1 m 以上的距离。电缆之间、电缆与其他设备连接处，必须使用与电气性能相符的接线盒。电缆不得与水管或其他导体接触。吊挂完毕后，方可与原有的电缆进行连接。

⑤安装分站时，严禁带电搬迁或移动电器设备及电缆，并严格执行谁停电谁送电制度。

⑥传感器或井下分站的安设位置要符合《煤矿安全规程》第 169 条等规定。甲烷传感器具体安装位置：距顶板不得大于 300 mm，距侧壁不小于 200 mm。

⑦安装完毕后，再详细检查所用接线，确定合格无误后方可送电。井下分站预热 15 min 后进行调节，一切功能正常后，接入报警和断点控制并检验其可靠性，然后与井上联机并检验调整跟踪精度。

（5）安全监控设备的调试、校正：

①甲烷传感器、便携式甲烷检测报警仪等采用载体催化元件的甲烷检测设备，每 10 d 必须使用校准气样和空气样调校 1 次。每 10 d 必须对甲烷超限断电功能进行测试。每个探头每次调试标校不低于 3 遍。

②在给传感器送气前，应在与井上取得联系后，用偏差法在测量量程内从小到大、从大到小反复偏调几次，尽量减小跟踪误差。应先观察设备的运行情况，检查设备的基本工作条件，反复校正报警点和断电点。

③先用空气气样对设备校零，再通入校准气样校正精度，给传感器送气时，要用气体流量计控制气流速度，保证送气平稳。

（6）故障排除：

①打开设备前应先检查设备电源是否有电，应一人工作、一人监护，严禁带电作业。

②在处理探头故障时，若探头无显示，可先检查监测电缆是否断线；若探头有显示，而断电仪无信号，则可以用万用表检查探头的频率是否正常。并认真填写故障处理记录表。

③定期更换传感器里的防尘装置，清扫气室内的污物。当载体催化元件活性下降时，如调整精度电位器，其测量指示值仍低于实际甲烷浓度值，传感器要上井检修。

(7) 安装完毕后，严格按照质量标准、防爆标准进行检查，确定无误后方准收工。
(8) 做好记录，汇报工作进展情况，安全离开工作现场。

二、薄弱环节

(1) 接火、检修时停送电环节。
(2) 监测设备避免水、震动、喷浆等因素影响设备的稳定性。

三、注意事项

(1) 严禁穿化纤衣服下井。
(2) 严禁无证作业现象发生。
(3) 严格落实各项管理制度。
(4) 严格落实停送电制度。
(5) 杜绝监测仪器失爆现象。
(6) 安装传感器高空作业时，要一人作业、一人监护。
(7) 仪器调校之前汇报矿调度室，避免误报警现象发生。

四、事故案例

(1) 某矿通巷队职工张某，2007年12月4日在5303轨道顺安设瓦斯探头时，因需要悬挂探头，在没有梯子的情况下，抓着煤壁上的支护往上爬，结果将手指刮破。
(2) 山西临汾洪洞县瑞之源煤业有限责任公司"12·5"特别重大瓦斯爆炸事故。2007年12月5日23时15分左右，山西省临汾市洪洞县瑞之源煤业有限公司（位于洪洞县左木乡红光村原新窑煤矿）回风道以掘代采，巷道掘进70 m在没有安装风机、监测设备的情况下，仍组织生产，煤电钻短路产生火花，引爆盲巷积聚瓦斯，造成瓦斯爆炸事故，共造成105人死亡。

五、自保互保

监测工在工作过程有不按规程操作从而发生触电事故时，应采取以下措施：①立即切断电源，或使触电者脱离电源。②迅速观察伤者有无呼吸和心跳。如发现已停止呼吸或心音微弱，应立即进行人工呼吸或胸外心脏挤压。③若呼吸和心跳都已停止，应同时进行人工呼吸和胸外心脏挤压；迅速向调度室汇报事故具体地点和事故的详细情况，以便使地面做出正确的救援措施为伤员赢得时间。④对遭受电击者如有其他损伤（如跌伤、出血等），应作相应的急救处理。对毛细血管和静脉出血，一般用干净布条包扎伤口即可，大的静脉出血可用加压包扎法止血，对于动脉出血应采用指压止血法或加压包止血法。对于因内伤而咯血的伤员，首先使其取半躺半坐的姿势，以利于呼吸和预防窒息，然后，劝慰伤员平稳呼吸，不要惊慌，以免血压升高，呼吸加快，使出血量增多，等待医生下井急救或护送出井就医。

第四节 爆炸材料管理工艺流程

一、佩带证件

（1）必须随身携带特种作业操作证（安监局发放）和资格证（公安局发放），无证和不持证，严禁上岗作业。

（2）证件过期的严禁上岗作业。

二、储存

（1）爆炸材料管理工必须穿棉布或抗静电工作服。

（2）严格执行人员爆炸材料出、入库检查、登记制度，收存和发放安全管理制度，严防爆炸材料在储存过程中丢失和被盗。

（3）库房要保持电话畅通，照明齐全，有足够数量、完好的消防器材。消防管路必须完好。

（4）炸药、雷管必须分开存放。

（5）炸药储存量不得超过1 200 kg，每个壁槽储存量不得超过400 kg。

（6）雷管储存量不得超过9 000发，每个壁槽储存量不得超过2 000发。

（7）爆炸材料库管理工必须24小时值班，现场交接班必须清点。

（8）其他人员不得擅自进入爆炸材料库。检查人员必须有入库许可证件并进行登记，在爆炸材料管理人员的陪同下方准进入库房。

（9）爆炸材料管理工必须遵守各项管理制度。建立爆炸材料发放、库存台账；做到日清点、旬盘结，账、物相符，按时报主管部门。

（10）过期、失效、报废爆炸材料存放在专用硐室内。报废雷管不得多于500发、失效炸药不得多于100 kg，并应报主管部门申请销毁。

（11）爆炸材料必须按照入库顺序发放，做到先入库先发放，防止挤压。

（12）爆炸材料管理工要经常检查以下内容：

①库房内的温度、湿度是否符合规定。

②爆炸材料是否受潮、渗油、受热或分解变质。

③电路、照明、防火是否符合规定。

三、炸药检查和电雷管全电阻检查

（1）炸药检查：检查药卷外观是否完整，防潮剂是否剥落，封口是否严密等，不合格的不得发放。

（2）雷管检查：金属壳是否有裂缝、砂眼和锈蚀，脚线是否生锈。

（3）电雷管发放前必须逐个做全电阻检查，电雷管必须在存放硐室外开启，一次开启一箱。并清点数量，每次最多取100发进入硐室做电雷管全电阻检查。未做全电阻检查的，不得发放。

（4）电雷管全电阻检查必须在专用的硐室内进行，严格按规定操作，并定期检验和校正全电阻检查仪。更换电雷管全电阻检查仪时，应在井上或井下安全地点进行。

（5）检验电雷管用的电流不得超过 50 mA。

（6）电雷管全电阻检查合格后，要将电雷管脚线理顺成束。理顺成束时不准手拉脚线硬拽管体，更不准手拉管体硬拽脚线，应轻轻理顺、伸展整齐，每发雷管卷绕脚线，每 10 发缠绕一起。

四、发放

（1）井下爆炸材料库发放必须遵守下列规定：

①库房的发放爆炸材料硐室允许存放当班待发的炸药，但其最大存放量不得超过 3 箱。

②炸药和雷管必须有保持干燥的措施，防止受潮变质。

③收发炸药和雷管时必须轻拿轻放，严禁乱仍和撞击，炸药要摆放整齐，码放高度不得超过 5 箱。

④任何人不得携带矿灯进入爆炸材料库。

⑤发放台上必须铺有能导电的橡胶板；该橡胶板下面必须铺设金属网，并用导线将其接地。

（2）爆炸材料管理工发放爆炸材料，必须先检查爆破工的证件及火药箱是否合格齐全，再根据领料单如数发放，并登记入账。

（3）有下列情况之一，不得发放爆炸材料：

①未持有合格证件的爆破工。

②凡未经领导签发、印章不齐全或涂改的领料单。

③火药箱不合格（如破烂、无盖板），或有箱无锁。

五、清退

（1）爆破工将当班剩余的炸药、雷管退库时，应持有当班班组长的签字，爆炸材料管理工要认真查对、验收，确认领退数量相符，方可办理退库手续。退库的炸药、电雷管发放前必须重新检查，合格后方准发放。

（2）对在领退手续上作弊、有意损坏、偷盗、私藏炸药、雷管人员，爆炸材料管理工发现后要立即向上级主管部门汇报。

（3）必须有专用硐室并上架存放爆破工的火药箱，存放的火药箱不准有剩余的炸药、雷管。

六、收尾工作

爆炸材料管理和发放中发现的问题要及时向矿调度室汇报，并记录在值班簿中。

七、薄弱环节

爆炸材料账、物相符方面；雷管导通试验。

八、事故案例

某煤矿爆破材料管理工张某，在爆破材料库进行雷管导通试验时，不小心发生雷管爆炸，造成张某轻伤。

九、自保互保

爆炸材料管理工进行雷管导通试验发生意外伤人事故时，首先检查伤势情况，并向调度室和区队汇报详细情况和具体位置。

（1）若是外伤出血，对毛细血管和静脉出血，一般用干净布条包扎伤口即可，包扎时注意：

①包扎的目的在于保护创面、减少污染、止血、固定肢体、减少疼痛、防止继发损伤，因此在包扎时，应做到动作迅速敏捷，不可触碰伤口，以免引起出血、疼痛和感染。

②不能用井下的污水冲洗伤口。伤口表面的异物应去除。

③包扎动作要轻柔、松紧度要适宜，不可过松或过紧，接头不要打在伤口上，应使伤员体位舒适，绷扎部位应维持在功能位置。对大的静脉出血可用加压包扎法止血，对于动脉出血应采用指压止血法或加压包止血法。

（2）若是骨折，首先用毛巾或衣服作衬垫，然后就地取用木棍、木板等材料做成临时夹板，将受伤的肢体固定。对受挤压的肢体不得按摩、热敷或绑止血带，以免加重伤情。

第五节　爆炸材料押运工艺流程

一、佩带证件

（1）必须随身携带特种作业操作证（安监局发放）和资格证（公安局发放），无证和不持证，严禁上岗作业。

（2）证件过期的严禁上岗作业。

二、运送爆炸材料

（1）押运工必须穿棉布或抗静电工作服。

（2）爆炸材料到达井口前，押运工要提前做好准备。爆炸材料到达井口后，要认真清点核实数量，并与人保部办好交接手续。

（3）炸药、雷管不得在井口拆箱，应成箱运往井下爆炸材料库。

（4）雷管必须装在带盖的、有木质隔板的专用车箱内，车箱内部要有胶皮或麻袋等软质垫层，只准装一层雷管箱，并加盖上锁，雷管不准倒放或立放。炸药装在专用矿车内，堆放高度不得越过矿车边缘。

（5）立井井筒内运送爆炸材料，必须遵守下列规定：

①雷管、炸药必须分开运。

②必须事先通知提升司机和上下把钩工。

③装有爆炸材料的罐笼内，除押运工外，不得有其他人员。

④罐笼升降速度：运送雷管时，不得超过 2 m/s；运送炸药时，不得超过 4 m/s。
⑤严禁交接班、人员上下班时间内运送爆炸材料。
⑥严禁将爆炸材料存放在井口房、井底车场或其他巷道内。
（6）爆炸材料到达井底后，人力将专用车推至井下爆炸材料库门口指定地点。
（7）爆炸材料库门口卸车地点的铁路两端，必须有绝缘轨隔离，两处绝缘轨之间的距离不得小于同时卸车的总长度；卸车时，卸车地点的架空线必须停电。
（8）运送爆炸材料的车辆到达爆炸材料库门口后，要立即卸车，做到轻拿轻放，严禁扔、掷、碰撞等。

三、收尾工作

装、卸车完毕，押运工要立即与库管员清点数量、品种，确认无误后办好交接手续。

四、薄弱环节

装卸炸药、雷管。

五、事故案例

某矿井下爆炸材料库门口卸爆炸材料地点的铁路，没有安设绝缘轨，存在安全隐患，侥幸没有出现事故。经排查后，及时安设绝缘轨，消除了事故隐患。

第六节　风门维修工艺流程

一、地面制作

（1）禁止在木工房内吸烟、生火炉，避免引起火灾。
（2）使用电锯、电刨前设备要完好，螺钉不松动，三角带、轮罩等齐全，清理干净周围障碍物。
（3）锯料时，人体靠近电锯的转动部位时，最近距离不得小于 0.1 m，防止电锯伤人。

二、井下检修

（1）维修风门前，必须检查巷道顶板情况，做到安全施工。
（2）在主要运输巷道中维修风门时，必须设专人监护，以免发生运输车辆撞伤事故。
（3）风门维修时一般应关闭风门进行维修，必要时摘下风门扇到安全地点维修，但禁止两道风门同时打开，以免风流短路，造成采掘工作面等用风地点风量不足。
（4）拆除回收风门、木板墙、调节风门等木制品时，必须先检查巷道安全情况，应在安全情况下回收。拆卸风门时，参与人员一定相互叫应好，避免风门落下砸伤人员。
（5）木板、门框及立柱上的铁钉要全部拔出，无法拔掉的必须打平，防止刺伤人。
（6）在风门内外负压大的地点敞开单道风门维修时，一定要将风门支设、固定牢固，或由专人将风门扶稳、扶好，防止风门突然关上挤伤、撞伤维修人员。

三、更换坏件

（1）风门附属部件生锈、变形、失效后必须进行及时更换，避免因个别部件失效而产生隐患。

（2）更换闭锁绳时，必须使用梯子接设闭锁绳，严禁攀登风门或使用 H 架等其他不安全的设施登高作业，防止被风门挤伤或失足坠落。

四、确认完好

在确认风门完好无其他故障时，汇报区队值班人员，经允许后方可离开现场。

五、薄弱环节

登高作业，作业人员工作地点不固定，在负压较大地点风门维修时，容易被风门撞伤。

六、事故案例

某煤矿通风队职工张某在进行风门检修时，由于没将风门固定牢固，在负压的作用下，风门突然关闭将张某挤伤，造成其胳膊骨折。

七、自保互保

风门工在工作时，因登高或负压大容易使人员受伤，当发生意外时，不要慌张，首先检查伤势情况，并向调度室和区队汇报详细情况和具体位置。

（1）若是外伤出血，对毛细血管和静脉出血，一般用干净布条包扎伤口即可，包扎时注意：

①包扎的目的在于保护创面、减少污染、止血、固定肢体、减少疼痛、防止继发损伤，因此在包扎时，应做到动作迅速敏捷，不可触碰伤口，以免引起出血、疼痛和感染。

②不能用井下的污水冲洗伤口。伤口表面的异物应去除。

③包扎动作要轻柔、松紧度要适宜，不可过松或过紧，接头不要打在伤口上，应使伤员体位舒适，绷扎部位应维持在功能位置。对大的静脉出血可用加压包扎法止血，对于动脉出血应采用指压止血法或加压包止血法。

（2）若是骨折，首先用毛巾或衣服作衬垫，然后就地取用木棍、木板等材料做成临时夹板，将受伤的肢体固定。对受挤压的肢体不得按摩、热敷或绑止血带，以免加重伤情。

第七节　井下测尘工艺流程

一、检查仪器

下井前检查仪器、仪表的完好情况，下井时应带全仪器、仪表、工具和记录本等，仪器要随身携带，严禁碰撞、挤压，不得让他人代拿或摆弄。

二、准备滤膜

使用粉尘采样器测尘时，要事先认真称量采样滤膜。测量时用塑料镊子取下滤膜两面的夹衬纸，然后将滤膜轻放在分析天平上进行称重，并记下重量值、编好号码，再放入滤膜盒内。要求滤膜不得有磨损，滤膜盒盖要拧紧，并置于干燥器内。

三、现场采样

（一）掘进工作面采样

（1）应在巷道为安设风筒的一侧距装岩、打眼或喷浆等地点 4~5 m 外进行。

（2）注意顶板、巷帮的情况，耙装机装岩时防止被钢丝绳打伤、被矿车移动撞伤。

（二）采煤工作面采样

（1）应在采煤机回风侧、距采煤机 10~15 m 处进行。

（2）采煤工作面移架、推溜子时要注意躲避，不准站在支架与溜子之间，防止被支架挤伤或被煤壁片帮后垮落的煤矸砸伤。

（三）采煤工作面多工序同时进行作业时采样

（1）应在回风巷距工作面回风口 10~15 m 处采样。

（2）推移溜头时要注意躲避，防止被挤伤、碰伤。

（四）转载点采样

（1）应在其回风侧距转载点 3 m 处进行。

（2）注意皮带、溜子运行情况，此时要挽紧袖口，挂好矿灯，防止皮带伤害事故。

（五）其他产尘场所采样

在不妨碍工人操作的条件下，采样地点应尽量靠近工人作业时的呼吸带。

（六）注意事项

（1）采样时，必须注意个体防护，佩戴好防尘口罩。

（2）采样时，仪器的采样口必须迎向风流。

对测尘开始时间的要求：对连续性产尘作业，应在生产达到正常状态 5 min 后再进行采样；对于间断性产尘作业，应在工人作业时采样。

（3）采样时首先调节好所需流量（一般 15~30 L/min），并检查保证无漏气，然后取出准备好的滤膜夹，固定在采样器上。

（4）采样中应注意保持流速稳定，并根据估计的滤膜上的粉尘重量（一般在 1~20 mg，但不小于 1 mg）决定采样时间的长短。要详细记录采样地点、作业工艺、样号、流速及防尘措施等，同时记下采样开始和终止时间。

（5）采样后，将滤膜固定圈取出，迅速放入采样盒内。要求受尘面向上、不要摇晃震动，然后带回实验室称重、分析。

四、分析采样

测尘地点的粉尘浓度按下列公式计算：

$$C = (W_2 - W_1) \times 1\,000/QT$$

式中　C——空气中粉尘浓度，mg/m³；

W_2——采样后滤膜重量，mg；
W_1——采样前滤膜重量，mg；
Q——采样时流量，L/min；
T——采样持续时间，min。

两个平行样品的粉尘浓度偏差率不超过 20% 时，为有效样品，并取两者的平均值作为采样地点的粉尘浓度。

两个平行样品的偏差率按下式计算：
$$f=2(a-b)/(a+b)\times 100\%$$
式中 f——两个平行样品的偏差率，%；
a,b——两个平行样品的粉尘浓度，mg/m³。

滤膜在采样前后的称重间隔的时间应尽量缩短，以免影响测定结果的准确性。

五、填写数据报表

测尘完毕后，要填写粉尘测定结果报告表，月底作好本月粉尘浓度测定报告表并及时上报。

六、整理仪表

检查仪器、仪表，擦拭干净。

七、绘制粉尘浓度曲线图

按照规定定期绘制粉尘浓度曲线图。

八、薄弱环节

测尘采样时，须在各产尘地点作业的情况下进行，由于多数产尘地点矿尘造成能见度低，所以测尘员对作业地点的危险不易察觉，发生危险容易受到伤害。职工偷懒，进行假检使领导对现场实际情况了解错误，易造成重大事故。

九、事故案例

某煤矿职工陈某，由于现场工作环境差、粉尘浓度大，又没有敦促现场使用各种喷雾降尘措施，没有按规定及时测尘造成煤尘堆积，侥幸没有造成事故。

十、自保互保

在采煤工作面或掘进工作面测尘地点容易发生顶板冒落，发生顶板冒落时，要做好：
（1）要正视已发生的灾害，切忌惊慌失措，坚信矿领导和同志们一定会积极进行抢救。应迅速组织起来，主动听从灾区中班组长和有经验老工人的指挥，团结协作，尽量减少体力和隔堵区的氧气消耗、有计划地使用饮水、食物和矿灯等，做好较长时间避灾的准备。
（2）如人员被困地点有电话，应立即用电话汇报灾情、遇险人数和计划采取的避灾自救措施。否则，应采取敲击钢轨、管道和岩石的方法，发出规律的求救信号，并每隔一段时间敲击一次，不间断地发出信号，以便营救人员了解灾情，组织力量进行抢救。

（3）维护加固冒落地点和人员躲避处的支护。

（4）如被困地点有压风管，应打开压风管给被困人员输送新鲜空气，并稀释被隔堵空间的瓦斯浓度，但要注意保暖。

第八节　井下测风工艺流程

一、检查仪器

（1）根据所测地点的风速，选择合适的风表（微速风表 0.3~0.5 m/s；中速风表 0.5~10 m/s；高速风表 10 m/s 以上）。

（2）检查风表、秒表等仪器完好。

二、下井测风

（一）大巷测风

（1）避开人员走动频繁的时间段测量。

（2）在有架空线的巷道中要注意来往电机车运行；测风过程中手不要将风表举得太高，以免触碰架空线导致触电事故。

（3）测风开始前应关闭计数器，将风表指针回零（不能回零的应记录初始数据），在风表运转 30 s 时再开动计数器。在开停风表计数器的同时，开停秒表。

（4）测风过程中，风表移动要平稳、匀速，不允许在测量过程中为了保证在 1 min 内走完全程而改变风表移动速度。

（5）风表移动时，测风员持表姿势应采用侧身法。测风时风表不能离测风员身体及测风地点顶、帮、底部太近，一般应保持 20 cm 以上的距离。

（6）测风过程中，测风员要能够看到刻度盘。风表要与风流方向垂直（在倾斜井巷中更要注意），角度不得大于 10°。

（二）采煤工作面测风

（1）轨道测风时，注意卡轨车运行情况，避免被钢丝绳打伤、被车盘撞伤。

（2）皮带道测风时，注意皮带运行情况，要挽紧衣袖，避免袖口被皮带卷入。

（三）掘进工作面测风

（1）首先将风筒口固定在巷帮上。

（2）测风工作必须选在综掘机停电并闭锁后进行，随时观察迎头支护情况。

三、测温度

温度的测量，应采用最小分度 0.5 ℃并经过校正的温度计进行测量。测量时温度计要离开人体或其他发热体 0.5 m 以上。待测量一段时间，温度计读数稳定以后，记下温度计读数。采、掘面测量温度的地点为：距掘进工作面 2 m 处，采煤工作面（壁式）在回风巷采煤壁 15 m 处。机电硐室测量温度的地点在回风口处。

四、测气体浓度

(1) 测定地点应在巷道靠近顶板以下 200 mm 的位置，检查瓦斯浓度。在检查完瓦斯浓度后，拿掉二氧化碳吸收管，检查混合气体的浓度（即瓦斯和二氧化碳的浓度）。检查二氧化碳浓度时，应在靠近巷道底板 200 mm 处检查。

(2) 在有皮带的回风巷道中测量时，注意不要贴近皮带，以免皮带运行时受到伤害。

五、填测风手册

将所测实际风速、计算风量、温度瓦斯和二氧化碳浓度、测量时间记入测风手册。

六、填测风记录牌板记录牌板

将所测实际风速、计算风量、温度瓦斯和二氧化碳浓度、测量时间填入测风地点的记录牌板上。

七、整理仪器上井

风表使用完毕以后，如果叶片、轴上有水珠，应用脱脂棉轻轻擦去，或用吸水纸吸去水分后放入风表盒内保存。

八、填写报表

上井后要及时填写测风报表，做到"牌板"、"手册"、"报表"三对口。

九、薄弱环节

在有架空线的大巷测风时，由于风表移动路线为四线法，需要将风表举起，如果举的太高容易碰到架空线，造成触电事故。

十、事故案例

2002 年 12 月 10 日，某煤矿职工张某在大巷测风时，不慎触碰架空线，发生触电事故，后抢救无效死亡。

十一、自保互保

(1) 在通风不良处发现中毒或窒息人员时，迅速向调度室汇报事故地点的详细情况，不要慌张，语言表达要清晰准确，以便为伤员赢得宝贵救援时间；在确保自身安全的情况下：

①立即将伤员从危险区域抢运到新鲜风流中，并安置在顶板完好、无淋水和通风正常的地点。

②立即将伤员口鼻内的黏液、血块、泥土、碎煤等除去并解开上衣和腰带，脱掉胶鞋。

③用衣服（有条件时，用棉被和毯子）覆盖在伤员身上以保暖。

④根据心跳、呼吸、瞳孔等特征和伤员的神志情况，初步判断伤情的轻重。正常人

每分钟心跳60～80次、呼吸16～18次，两眼瞳孔是等大、等圆的，遇到光线能迅速收缩变小，而且神志清醒。休克伤员的两瞳孔不一样大、对光线反应迟钝或不收缩。对呼吸困难或停止呼吸者，要及时进行人工呼吸。

⑤当伤员出现眼红肿、流泪、畏光、喉痛、咳嗽、胸闷现象时，说明是二氧化硫中毒，当出现眼红肿、流泪、喉痛及手指、头发呈黄褐色现象时，说明伤员是二氧化氮中毒。对SO_2和NO_2的中毒者只能进行口对口的人工呼吸，不能采用压胸或压背法，否则会加重伤情。

⑥人工呼吸持续的时间以恢复自主性呼吸或到伤员真正死亡时为止。当救护队来到现场后，应转由救护队用苏生器苏生。

（2）测风工如果不小心发生发生触电事故时：

①立即切断电源，或使触电者脱离电源。

②迅速观察伤者有无呼吸和心跳。如发现已停止呼吸或心音微弱，应立即进行人工呼吸或胸外心脏挤压。

③若呼吸和心跳都已停止，应同时进行人工呼吸和胸外心脏挤压；迅速向调度室汇报事故具体地点和事故的详细情况，以便使地面做出正确的救援措施为伤员赢得时间。

④对遭受电击者，如有其他损伤（如跌伤、出血等）、应作相应的急救处理。对毛细血管和静脉出血，一般用干净布条包扎伤口即可，大的静脉出血可用加压包扎法止血，对于动脉出血应采用指压止血法或加压包止血法。对于因内伤而咯血的伤员，首先使其取半躺半坐的姿势，以利于呼吸和预防窒息，然后，劝慰伤员平稳呼吸，不要惊慌，以免血压升高，呼吸加快，使出血量增多，等待医生下井急救或护送出井就医。

第九节 构筑通风设施工艺流程

一、装运材料

（1）装运材料要有专人负责。各种材料装车后均不能超过矿车高度、宽度，装车要整齐，两头要均衡。

（2）在刮板输送机道、输送机道运料时要注意安全，不准用刮板输送机和带式输送机运送材料。

（3）井下装卸笨重材料时要互相照应，靠巷帮堆放的材料要整齐，不得影响运输、通风、行人。

二、施工前安全检查

（1）检查施工点的瓦斯、二氧化碳等有害气体的浓度。施工地点必须通风良好，瓦斯、二氧化碳等气体的浓度不超过《煤矿安全规程》的规定。

（2）由外向里逐步检查施工地点前后5 m的支架、顶板、巷帮的支护情况，发现问题及时汇报、处理，处理完后方可施工。

（3）拆除施工地点的原有支架时，必须先加固其附近巷道支架，敲帮问顶，确认安全后方可施工；若顶板破碎，应先用托棚或探梁将棚梁托住，再拆棚腿，不准空顶作业。

(4) 在架线巷道中进行有关工作时，必须先与有关单位联系，在停电、挂好"有人工作，不准送电"的停电牌、设好临时接地线及保护好架线后方能施工。施工完毕后方可取下临时地线，摘下停电牌，合闸送电。

(5) 施工人员随身携带的小型材料和工具要拿稳，利刃工具要装入护套，材料应捆扎牢固，防止触碰架空线等物品。

三、施工

(1) 封闭采空区之前，一定要先安装局部通风机，接设、吊挂风筒至施工地点，不能实现全负压通风时开启局部通风机，并在施工地点的顶板上悬挂瓦斯—氧气两用报警仪，报警仪若报警立即撤出作业人员，不再报警时方可进入现场施工。

(2) 如果施工地点的通风状况不理想，氧气浓度偏低，则必须在施工地点的顶板上悬挂瓦斯—氧气两用报警仪，报警仪报警时立即撤出作业人员，不再报警时方可进入现场施工。

(3) 密闭封顶要与顶帮接实，当顶板破碎时，应除去浮煤、矸石后再掏槽砌墙。

(4) 掏槽只能用大锤、钎子、手镐、风镐施工，不准采用爆破方法。掏槽、剪网时注意顶板煤矸情况，防止煤矸坠落、溜壁子伤人。

(5) 在立眼或急倾斜巷道施工时，必须佩带保险带，并制定安全措施。

(6) 砌墙高度超过 2 m 时，必须搭脚手架，保证安全牢靠。

(7) 向脚手架上送砖、泥时，砖块必须摆放整齐，如果砖块摆放不整齐，砖块容易掉落砸伤送料人员。

(8) 施工时，现场负责人应经常检查附近巷道支架、顶板的情况，发现问题及时解决，并及时汇报。

(9) 拆除通风设施时，必须注意安全，特别是通风设施附近的巷道顶、帮情况以及各种气体浓度情况，符合《煤矿安全规程》规定时，方可操作。

(10) 在运输巷道中施工风门时，要设专人指挥来往车辆，做到安全施工。

(11) 安设门框时，调好门框倾角后，必须用棍棒、铁丝将门框稳固，防止门框歪倒伤人。

四、质量检查

进行质量检查及现场的安全检查。

五、清理操作现场

施工后，要仔细检查工作地点，不得遗漏物品、工具、配件等。

六、薄弱环节

(1) 登高作业时需要搭脚手架，脚手架搭设不牢固，应付凑合，容易发生人员坠落事故。

(2) 向脚手架上送砖、泥时，如果砖块摆放不整齐，砖块容易掉落砸伤送料人员。

(3) 在回风侧巷道构筑或维修密闭时，若不携带检测仪器，容易发生窒息事故。

七、事故案例

某煤矿通巷队职工王某在向脚手架上送砖、泥时,没有与脚手架上面的施工人员叫应好,盲目递料,被掉落的砖块砸伤。

八、自保互保

当发生人员坠落时或砸伤人员时,首先要检查伤员的伤势,并迅速向调度室汇报事故的具体情况,以便安排派人救援。在这种情况下先要将受伤部位进行急救处理:

(1) 若是外伤出血,应作相应的急救处理。对毛细血管和静脉出血,一般用干净布条包扎伤口即可,大的静脉出血可用加压包扎法止血,对于动脉出血应采用指压止血法或加压包止血法。

(2) 若因内伤而咯血的伤员,首先使其取半躺半坐的姿势,以利于呼吸和预防窒息。

(3) 若是骨折,首先用毛巾或衣服作衬垫,然后就地取用木棍、木板等材料做成临时夹板,将受伤的肢体固定。在搬运伤员时注意:一般的伤员可用担架、木板、风筒、绳网等运送,但脊柱损伤和盆骨骨折的伤员应用硬板担架运送;对脊柱损伤的伤员,要严禁让其坐起、站立和行走;一般外伤的伤员,可平卧在担架上,伤肢抬高。转运时应让伤员的头部在后面,随行的救护人员要时刻注意伤员的面色、呼吸、脉搏,必要时进行及时抢救。

在回风流施工若发生一氧化碳中毒、缺氧事故,应立即将伤员从险区抢运到新鲜风流中,并安置在顶板良好、无淋水和通风正常的地点。立即将伤员口、鼻内的黏液、血块、泥土、碎煤等除去,并解开上衣和腰带,脱掉胶鞋。用衣服(有条件时,用棉被和毯子)覆盖在伤员身上以保暖。根据心跳、呼吸、瞳孔等三大特征和伤员的神志情况,初步判断伤情的轻重。当伤员出现眼红肿、流泪、畏光、喉痛、咳嗽、胸闷现象时,说明是受二氧化硫中毒所致。当出现眼红肿、流泪、喉痛及手指、头发呈黄褐色时,说明伤员是二氧化氮中毒。对二氧化硫和二氧化氮的中毒者只能进行口对口的人工呼吸,不能进行压胸或压背法的人工呼吸,以免加重伤情。人工呼吸持续的时间以恢复自主性呼吸或到伤员真正死亡时为止。当救护队员来到现场后,应转由救护队员进行救护。

第十节 冲尘工艺流程

一、备料

足够长的胶皮水管、铁丝、丝头等工具。

二、工作前准备

冲尘人员佩戴口罩和绝缘手套、靴子等进行工作。

三、冲尘

(1) 定期冲刷巷道积尘,井下主要大巷每月冲刷一次,采区皮带道每 10 d 冲刷一次;

采煤工作面每班冲刷一次，皮带顺槽每天冲刷一次，井下所有皮带头、溜头、煤仓口及溜煤眼附近 20 m 范围内每班冲刷一次；确保粉尘厚度不超过 2 mm。

（2）在行车斜巷中进行冲尘时必须严格执行"行车不行人"制度，在上、下山施工时要与绞车司机及摘挂工联系叫应好，冲尘时严禁行车。

（3）冲尘人员要戴绝缘手套、穿绝缘鞋，在架空线巷道内冲尘或给隔爆水袋充水时必须切断架空线的电源，设好接地极，并由专人看管架空线开关，严格执行停送电制度。

（4）在皮带巷道进行冲尘时，要注意检查顶板情况。不得随意跨越运转中的皮带或在皮带上方工作，如确需在皮带上方工作，必须在行人过桥上或派专人与皮带司机联系好，在停止皮带电源后方可在皮带上方工作。防尘管路阀门较高，在连接管路时要注意登高安全。

四、薄弱环节

（1）冲尘时的穿戴，必须戴绝缘手套。
（2）在有架空线的大巷冲尘时的停电环节。

五、事故案例

（1）2005 年 6 月 21 日夜班，某煤矿通巷队职工在副井底冲尘，组长安排苏某看电，但苏某在看电时睡觉，被巡查的领导发现，按照"一般三违"对其进行处罚。

（2）2006 年 2 月 28 日早班，某煤矿通巷队职工毕某在 4307 冲尘时没有戴绝缘手套，被领导发现，按照"一般三违"对其进行处罚。

六、自保互保

在巷道冲尘时，因登高、地滑或皮带发生意外可能会使冲尘工受伤，当发生意外时，不要慌张，首先检查自己的伤势情况，迅速向调度室汇报，并对受伤部位进行急救处理：

（1）若是外伤出血时，对毛细血管和静脉出血，一般用干净布条包扎伤口即可，大的静脉出血可用加压包扎法止血，对于动脉出血应采用指压止血法或加压包止血法。

（2）若是骨折，首先用毛巾或衣服作衬垫，然后就地取用木棍、木板等材料做成临时夹板，将受伤的肢体固定。对受挤压的肢体不得按摩、热敷或绑止血带，以免加重伤情。

冲尘工如果不小心发生发生触电事故时：

（1）立即切断电源，或使触电者脱离电源。

（2）迅速观察伤者有无呼吸和心跳。如发现已停止呼吸或心音微弱，应立即进行人工呼吸或胸外心脏挤压。

（3）若呼吸和心跳都已停止，应同时进行人工呼吸和胸外心脏挤压；迅速向调度室汇报事故具体地点和事故的详细情况，以便使地面做出正确的救援措施为伤员赢得时间。

（4）对遭受电击者，如有其他损伤（如跌伤、出血等），应作相应的急救处理。对毛细血管和静脉出血，一般用干净布条包扎伤口即可，大的静脉出血可用加压包扎法止血，对于动脉出血应采用指压止血法或加压包止血法。对于因内伤而咯血的伤员，首先使其取半躺半坐的姿势，以利于呼吸和预防窒息，然后劝慰伤员平稳呼吸，不要惊慌，以免血压升高，呼吸加快，使出血量增多，等待医生下井急救或护送出井就医。

第十一节　风筒接设工艺流程

一、风筒吊挂、接设

（1）接风筒前，掘进单位提前在巷道（锚网巷道除外）一帮每隔 5 m 打好橛子，风筒工拉直拉紧钢丝绳。风筒吊挂一般应避开电缆、各种管线，以免相互影响。风筒的吊挂要平、直、稳、紧，避免风筒被刮破、挤扁、放炮崩破。风筒吊挂要逢环必挂，尽量靠近巷道一帮，高度符合设计要求。吊挂风筒要采取由外向里的方向，逐节连接、吊挂。风筒的接头要严密，胶质风筒采用反压边接头。铁风筒与胶质风筒连接处要加软质衬垫，并用铁丝箍紧，确保不漏风。风筒的直径要保持一致，如果不一致，需要使用过渡节连接。应先大后小，不准花接。风筒末端加接风筒时，应先将加接段风筒吊挂在钢绞线上，对正接头接好，避免产生风筒弯曲、折叠。风筒拐弯处要用伸缩风筒连接。

（2）斜巷和立井施工时，风筒更要注意接头牢固，防止脱落。

（3）在电机车运行的巷道中吊挂风筒时，要设安全警戒，严防被车刮、撞。在架线电机车巷道中施工时需要停电。在巷道高处吊挂风筒时要加设台架，操作时要站稳。

（4）在带式输送机、刮板运输机附近操作时，必须先与输送机司机联系好，必要时可以停止输送机运转，保证操作者的安全。

二、风筒维护

（1）风筒由风筒工负责管理和维护。要保证风筒吊挂平直、接头不漏风、无破口、逢环必挂，随着迎头的掘进，要及时整理风筒和换接风筒，风筒要进行编号管理。

（2）现场的备用风筒，要上架管理，并要叠好、码放整齐。

（3）对于因特殊情况而损坏的风筒，要及时粘补或更换。

（4）严禁任何人以任何借口断开撕裂风筒。

（5）若因需要更换风筒，需要停止风车运行，而造成迎头停风的，要填写停电申请，经矿领导同意后方可进行；在停风期间，掘进工作面要停电、撤人、在门口设栅栏，恢复通风前，要检查瓦斯，符合规定后方可恢复通风。

三、风筒拆除

（1）风筒撤出时，必须一节一节地拆。拆下的风筒要叠好，垛放整齐。

（2）严禁不解开吊绳而硬拽风筒，以免损坏吊环。

（3）巷道掘进完成以后，应在通防部门指挥下及时把风筒全部拆除。拆除的风筒要运至井上，冲洗、晒干、修补完好。

（4）拆除独头巷道的风筒时，不得停风，要由里向外依次拆除。

四、风筒运装

（1）风筒下井前必须严格检查是否有破口或接缝漏风，不符合要求不准下井。

（2）装运时必须封牢封实，不得超高装运。

(3) 装车和卸车时，要相互叫应，同时一定要轻拿轻放，避免碰坏局部撕破风筒。风筒要运送到指定位置，并垛放整齐。

(4) 在运输时严格执行运输制度。在斜巷运输时严格执行"行车不行人"制度，小绞车司机必须持证上岗。

(5) 井下装运时，选择顶板完好、支护完整的地点装运。

五、风筒修补

(1) 修补风筒时，粘补风筒的胶浆应按要求配置。根据破口大小，裁剪补丁（以圆形为好）；补丁四周应大于破口 20 mm 以上；补丁边应裁剪成斜面；补丁和破口处应刷净漏出风筒原色，晾干后涂上胶浆进行粘贴，粘贴后应用木锤砸实，使其粘贴严密；最后应再涂上滑石粉。100 mm 以上的破口，应先用线缝合后，再进行粘贴。

(2) 修补风筒时，应准备 1 台局部通风机，用来吹干风筒。

(3) 风筒修补室内不得使用火炉取暖。

(4) 风筒修补室内需配备灭火器材，做好防火工作

(5) 修补好的风筒应妥善保存，每季度要晾晒 1 次。

六、风筒保存

整修完毕的风筒，要交存保管。记录好风筒台账。

七、薄弱环节

当皮带运行时、综掘机运转期间、爆破期间的接设、维护风筒管理。

八、事故案例

(1) 2000 年 8 月 15 日，某矿 130 南翼集中皮带巷掘进工作面正在进行割煤作业，风筒工郭某、刁某在综掘机附近接设风筒，由于自主保安不强，郭某的脚面被综掘机后支撑压成骨折。

(2) 某矿二号井通风队张某重伤事故案例。2005 年 2 月 27 日，区队安排职工张某去 3132 切眼接风筒。张某背着 2 节风筒行至 3132 皮带道第四部皮带尾过桥处，当时皮带没有开，便将风筒放在过桥上，脚踩皮带准备跨过，这时皮带突然开动，张某被皮带拉倒，并摔下皮带，造成右大腿骨折。

九、自保互保

风筒工在独头巷道迎头工作时，若发生冒顶被堵时，要做好以下几点：

(1) 要正视已发生的灾害，切忌惊慌失措，坚信矿领导和同志们一定会积极进行抢救。应迅速组织起来，主动听从灾区中班组长和有经验老工人的指挥，团结协作，尽量减少体力和隔堵区的氧气消耗，有计划地使用饮水、食物和矿灯等，做好较长时间避灾的准备。

(2) 如人员被困地点有电话，应立即用电话汇报灾情、遇险人数和计划采取的避灾自救措施。否则，应采取敲击钢轨、管道和岩石的方法，发出规律的求救信号，并每隔一段

时间敲击一次，不间断地发出信号，以便营救人员了解灾情，组织力量进行抢救。

（3）维护加固冒落地点和人员躲避处的支护。

（4）如被困地点有压风管，应打开压风管给被困人员输送新鲜空气，并稀释被隔堵空间的瓦斯浓度，但要注意保暖。

风筒工在工作过程中因登高意外跌伤时，不要慌张，首先检查伤势情况，并向调度室和区队汇报详细情况和具体位置：

（1）若是外伤出血，对毛细血管和静脉出血，一般用干净布条包扎伤口即可，包扎时注意：

①包扎的目的在于保护创面、减少污染、止血、固定肢体、减少疼痛、防止继发损伤，因此在包扎时，应做到动作迅速敏捷，不可触碰伤口，以免引起出血、疼痛和感染。

②不能用井下的污水冲洗伤口。伤口表面的异物应去除。

③包扎动作要轻柔、松紧度要适宜，不可过松或过紧，接头不要打在伤口上，应使伤员体位舒适，绷扎部位应维持在功能位置。对大的静脉出血可用加压包扎法止血，对于动脉出血应采用指压止血法或加压包止血法。

（2）若是骨折，首先用毛巾或衣服作衬垫，然后就地取用木棍、木板等材料做成临时夹板，将受伤的肢体固定。对受挤压的肢体不得按摩、热敷或绑止血带，以免加重伤情。

第十二节　运输物料工艺流程

一、检查证件

无证和不持证者严禁操作绞车。

二、检查绞车完好

（1）看绞车是否通过合格验收。若没有经过合格验收，严禁使用。

（2）检查绞车附近顶板支护情况。必须顶、帮支护完好。

（3）检查绞车固定是否牢固。应平稳牢固，四压两戗接顶要实，无松动和腐朽现象；用地锚或混凝土基础的要检查地锚的基础螺栓是否松动、变位；安装在巷道一边的绞车，突出部位距轨道外侧不得小于 500 mm。

（4）检查绞车刹车系统是否完好。闸带必须完整无断裂，磨损余厚不得小于 4 mm，铆钉不得磨闸轮，闸轮磨损不得大于 2 mm，各种轮栓、销、轴、拉杆螺栓及背帽、限位螺栓等完整齐全，无弯曲、变形。

（5）检查绞车钢丝绳完好情况。要求无弯折、硬伤、打结、严重锈蚀、断丝超限现象，在滚筒上绳端规定要牢固，不准刹股穿绳，在滚筒上的排列应整齐，无严重咬绳、爬绳现象。保险绳应与主绳同径，并连接牢固。

（6）检查信号和开关等设施。信号必须声光兼备，声音清晰，准确可靠；开关、操纵按钮、电机、电铃等严禁失爆；绞车要有可靠的护板绳。

（7）试空车。松开离合闸，压紧制动闸，启动绞车空转，应无异常响动和震动、无甩油现象。

三、检查轨道和安全设施完好

（1）检查铁路轨道完好情况。对轨道超宽要进行处理，防止掉道。
（2）检查安全设施完好情况。一坡三挡齐全、完好。对卧闸、超速吊梁、手动吊梁、阻车器、挡车器进行检查，任何一项不合格，要进行处理，否则严禁运输。

四、检查运输物料固定是否牢固

检查物料车规定牢固情况。物料必须用双股钢丝绳牢固固定在车盘上，车盘装料不得超出边缘 200 mm；车皮装料不得超高边缘 300 mm。若不符合规定，必须对物料车进行重新固定、整理，否则严禁运输。

五、联结

（1）根据绞车的运输能力，确定物料车辆数量，严禁超能力运输。
（2）连接牢固检查：连接三连环不能扭结，车皮与车皮之间连接时要使用好车皮销子闭锁，车盘连接要使用闭锁销子。
必须连接保险绳。保险绳要连接到最后一个物料车上，并连接牢固。

六、查看运输路线内有无行人

严格执行"行车不行人、行人不行车"制度。若运输路线内有人行走或作业，严禁运输，等没有行人或人员都进入躲避硐室后，方可开始运输。

七、打信号

（1）信号人员要在躲避硐室内，当运输路线内没有人员时，方可按照规定发出运输信号，开始运输。
（2）当遇到掉道等紧急情况时，要立即发出信号，停止运输，等问题解决后方可继续运输。

八、运送物料

（1）绞车司机在开车中间，注意力要高度集中，要听清楚信号并回同样的信号后，方可进行操作，严禁在没有听清楚信号的情况下随意操作。
（2）在运输途中，当接到停车信号，发现绞车、钢丝绳出现异常情况时，要立即停止运输。
（3）无论发生什么事，绞车司机都要坚守在岗位上，严禁脱岗。
（4）在运输工程中，严禁司机一边操作绞车、一边排绳或做与操作绞车无关的工作。
（5）在运输途中，当出现料车掉道等情况，严禁用绞车拉料车复轨，而要采用手拉葫芦、用木棍撬等措施，让料车复位。在复位过程中，要在保证复位人员人身安全的情况下进行。

九、恢复安全设施

运输物料过后，要立即恢复安全设施。

十、摘除联结

等物料车停稳后，摘除物料车之间的连接。

十一、将绞车盘绳

运输完毕后，将绞车绳排整齐，滑头和保险绳挂到规定的位置上。

十二、薄弱环节

(1) 绞车检查环节。
(2) 安全设施使用环节。
(3) 料车连接环节。

十三、事故案例

(1) 2003年9月6日中班，某矿三号井－800副巷下山，区队安排绞车司机田某到－800副巷顶盘开55 kW绞车。田某接班后，没有按照规定要求对绞车闸把离合情况进行详细检查，听到信号后就盲目拉车，在拉车过程中突然停电，因闸把不起作用，造成跑车，侥幸没有造成人身事故。

(2) 2005年3月6日夜班，某矿综采一队马某在1307施工道开绞车，开车前不对保险绳进行检查，盲目操作，保险绳五股钢丝绳已断，继续开车运料，被当场制止。

(3) 2004年2月29日12时，某矿通巷队张某等人从1号片盘上往下山用车盘运铁路，在没有用钢丝绳将铁路封牢的情况下，跟在车后随料同行。在南一门口车下辙，铁路从车盘上滚下，砸在张某右腿上，造成小腿粉碎性骨折，经鉴定为重伤。

(4) 某矿二井准备队陈某轻伤事故案例。2005年1月8日早班，准备队副队长彭某带领三名职工从311面上出口向下出口转运50节40#溜板，在挂车时没有严格遵守小绞车每次只能挂一个车的规定，一次挂上两个车盘往下送车。当送至30 m处时，钢丝绳突然崩断，造成跑车，车内的溜板滑出，将在躲避所内的陈某右脚砸伤。

(5) 某矿通运队李某死亡事故。2002年7月19日4时，在－500水平轨道暗斜井底车场，电瓶车司机张某将轨道暗斜井底车场的四车沙送至水仓顶车场。电瓶车沿空车路线向底车场返回时，行至底盘躲避所13 m处将正在铁路当中休息的李某撞伤，经抢救无效死亡。

(6) 某矿二井扩修队李某重伤事故案例。2001年11月16日，在301采区安装时，因管路漏水，影响正常施工，李某便独自一人带上管钳去绞车道处理，当正要跨越绞车钢丝绳时，绞车突然提升，钢丝绳弹起，将李某挑到顶板上，摔在地滑子上，造成腰脊椎错位，下肢瘫痪。

(7) 某矿一井准备队李某轻伤事故。2004年1月15日早班，李某等人到1046上出口清扫渣石。11时30分装完渣石，在轨道换车时，由于是在弯道的里首，车与车之间的间隙太小，头又正好在两车之间，因车未稳就去摘挂，在挂第二个载车时将头部挤伤。

(8) 某矿掘进队刘某轻伤事故案例。2005年2月18日早班，刘某及其名5名工人在410副巷打迎头，迎头响完炮后组长安排他开小绞车，送点后看到绳不正，就用手去调整，身体压到闸把上，拿绳的手未及时抽出，被绳压住，造成无名指第一节被挤掉。

十四、自保互保

当在运料过程中发生伤人事故时，若是外伤出血，应作相应的急救处理。

(1) 对毛细血管和静脉出血，一般用干净布条包扎伤口即可，大的静脉出血可用加压包扎法止血，对于动脉出血应采用指压止血法或加压包止血法。当皮肤肌肉出现擦、裂伤时，应立即避免伤口继续污染，予以包扎。包扎时注意：

① 包扎的目的在于保护创面、减少污染、止血、固定肢体、减少疼痛、防止继发损伤，因此在包扎时，应做到动作迅速敏捷，不可触碰伤口，以免引起出血、疼痛和感染。

② 不能用井下的污水冲洗伤口。伤口表面的异物应去除。

③ 包扎动作要轻柔、松紧度要适宜，不可过松或过紧，接头不要打在伤口上，应使伤员体位舒适，绷扎部位应维持在功能位置。

④ 脱出的内脏不可纳回伤口，以免造成体腔内感染。

⑤ 经井下初步包扎后的伤口，到地面急救站或医院后，要重新进行冲洗、消毒、清创、缝合和重新包扎。

(2) 若因内伤而咯血的伤员，首先使其取半躺半坐的姿势，以利于呼吸和预防窒息。

(3) 若是骨折，首先用毛巾或衣服作衬垫，然后就地取用木棍、木板等材料做成临时夹板，将受伤的肢体固定。在搬运伤员时注意：

① 一般的伤员可用担架、木板、风筒、绳网等运送，但脊柱损伤和盆骨骨折的伤员应用硬板担架运送。

② 对脊柱损伤的伤员，要严禁让其坐起、站立和行走；一般外伤的伤员，可平卧在担架上，伤肢抬高。

③ 转运时应让伤员的头部在后面，随行的救护人员要时刻注意伤员的面色、呼吸、脉搏，必要时进行及时抢救。

第十三节　瓦斯检查工艺流程

一、检查特殊工种证件

(1) 无证和不持证，严禁上岗作业。
(2) 证件过期的严禁上岗作业。

二、领取仪器仪表

(1) 要带好光学瓦斯鉴定器、温度计、一氧化碳报警仪（去采煤工作面或回撤面的瓦斯检查工要携带）、手册、皮管、瓦斯手杖、瓦斯便携仪。

(2) 不完好仪器严禁携带下井。对光瓦各部件、药品、气密性（畅通、漏气）、干涉条纹进行检查，发现药品失效的要对药品进行更换，部件不全的更换光瓦，漏气和干涉条纹不清楚的要查明原因，解除故障；温度计要完好，否则要更换；一氧化碳便携仪显示清楚，在地面数据不能超过±5 ppm（1 ppm=10^{-6}），瓦斯便携仪在地面显示数据不能超过±0.04%，电压不能低于 3.8 V。

三、巡检途中

（1）井下巷道行走时，一定要走人行道，不准在轨道间或另一帮行走。

（2）过有人工作的车场或施工地点时，要先联系后通过，严格执行行车不行人、行人不行车制度。

（3）严禁进入有栅栏或挂有危险警告牌的地点。

（4）在回风道中行走时，要检查路经的回风流密闭前有毒有害气体浓度，发现不符合规定，要立即汇报区队值班人员。

（5）经过风门时，要开一道过一道，不可同时打开两道风门。

（6）严禁扒、蹬、跳运行中的任何车辆。

（7）待检地点爆破施工作业期间，严禁因赶时间私自闯入警戒区检查瓦斯。

（8）对巡检沿途的通风设施、防尘管路、风筒、监测监控设备、煤尘情况等进行检查，发现问题，及时汇报区队值班人员。

（9）严禁在顶板危险的巷道内行走，并及时汇报调度室和通巷队。

（10）横穿有皮带的巷道，严禁跨越或从皮带下钻过，必须走行人过桥。

（11）在通过负压大的风门时，要防止风门撞人。

（12）随身携带的瓦斯氧气两用仪和一氧化碳便携仪一定开机，严禁关掉不用。

四、光瓦调零

在新鲜的进风流中（与待测地点的温差不能超过 10 ℃）挤压吸气球 5～6 次，清洗瓦斯鉴定器的瓦斯室，并对瓦斯鉴定器的零位进行调整。

五、工作地点瓦斯检查

（一）炮掘掘进工作面瓦斯检查

（1）瓦斯检查工要通过班前会、向施工单位工作人员询问等方式，了解当班工作面作业状况，明确工作面是否进行爆破作业，做到心中有数。

（2）若掘进工作面进行爆破作业，严禁为赶时间私自闯入警戒区，必须等放完炮、撤岗之后放可进入。

（3）在工作面进行喷浆、爆破等产尘量大的工作时，瓦斯员要佩戴防尘口罩。

（4）在掘进工作面回风流检查瓦斯时，严禁在顶板和巷帮危险的地方检查。

（5）在回风流中检查瓦斯时，要注意来往车辆，严禁站在铁路中间。在巷道上部先检查瓦斯浓度，在巷道下部检查二氧化碳浓度，并与监测设备的数据对照，发现异常情况，立即汇报区队和调度室，并填写手册和牌版。

（6）在工作面检查时，扒装机作业或处理瞎炮时，严禁进入检查瓦斯。

（7）进入工作面时，要观察顶板情况，若空顶、有活石等危险情况时，严禁进入，等顶板处理完毕后再进行检查。

(8) 检查风筒距迎头是否超距,若超距,要立即通知工作面班组长进行处理。

(9) 当检查采区、工作面风流中的瓦斯浓度超过1%,二氧化碳浓度超过1.5%,瓦斯员要立即通知施工人员,停止工作,撤出人员,采取措施,进行处理,并立即汇报调度室和通巷队。

(10) 瓦斯员要将检查结果告知工作面班组长和安监员,在手册上签字,并认真填写三位一体牌板。

(11) 若遇到工作面停风,当工作面恢复通风时,负责停风区、风机开关附近的瓦斯检查工作,保证停风地点安全恢复正常通风。

(二) 综掘掘进工作面瓦斯检查

(1) 瓦斯检查工要通过班前会、向施工单位工作人员询问等方式,了解当班工作面作业状况,明确工作面是否进行截割作业,做到心中有数。

(2) 填写局部通风管理牌板,并挂牌管理,检查风机、风筒完好情况,发现问题,及时汇报区队值班人员。

(3) 若工作面进行割煤、割岩等产尘量大的工作,瓦斯检查工要佩戴防尘口罩。

(4) 在掘进工作面回风流检查瓦斯时,严禁在顶板和巷帮危险的地方检查。

(5) 在回风流中检查瓦斯时,要注意皮带,严禁靠近皮带检查,在巷道上部先检查瓦斯浓度,在巷道下部检查二氧化碳浓度,并与监测设备的数据对照,发现异常情况,立即汇报区队和调度室,并填写手册和牌版。

(6) 在工作面检查时,综掘机作业或处理瞎炮时,严禁进入检查瓦斯。

(7) 进入工作面时,要观察顶板情况,若空顶、有活石等危险情况,严禁进入,等顶板处理完毕后再进行检查。

(8) 检查风筒距迎头是否超距,若超距,要立即通知工作面班组长进行处理。

(9) 当检查采区、工作面风流中的瓦斯浓度超过1%,二氧化碳浓度超过1.5%,瓦斯员要立即通知施工人员,停止工作,撤出人员,采取措施,进行处理,并立即汇报调度室和通巷队。

(10) 瓦斯员要将检查结果告知工作面班组长和安监员,在手册上签字,并认真填写三位一体牌板。

(11) 若遇到工作面停风,当工作面恢复通风时,负责停风区、风机开关附近的瓦斯检查工作,保证停风地点安全恢复正常通风。

(三) 采煤工作面瓦斯检查

(1) 若工作面进行爆破作业,要严禁为赶时间私自闯入警戒区,必须等放完炮,撤岗之后放可进入。

(2) 在顺槽、超前支护段行走时,要注意顶板安全。

(3) 在工作面行走时,必须在支架前立柱和后立柱(或支架后部)间行走,严禁在面前部运输机内行走,并要密切关注工作面煤壁和支架情况,防止片帮伤人和矸石从架间冒落伤人。若面上正在生产,要与移架工联系好,避免通过时被移架挤伤;在通过采煤机时,要与司机打好招呼,注意好安全,防止滚筒甩出的煤炭伤人。

(4) 在溜头通过时,小心大块煤矸石跳出转载机伤人。

(5) 当移转载机时,要闪开绳道,必须要进入躲避硐室或安全地点内,等拉完转载机后方可通过。

(6) 在回风隅角检查时,当有毒有害气体浓度超过规定时,应及时汇报区队值班人员。

(7) 瓦斯员将回风流、工作面、回风隅角的气体检查情况填写在记录本、牌板上,告知现场班组长、安监员,并在手册上签字。

(8) 填写三位一体牌版。

(四) 变电所、硐室、采区、总回风道内的瓦斯检查

(1) 在变电所、硐室回风口检查瓦斯时,严禁在变电所、硐室内随意触摸、操作任何电气设备。

(2) 当变电所、硐室回风口瓦斯浓度超过 0.5% 时,要立即汇报调度室和通巷队。

(3) 在采区回风巷、总回风道等地点检查时,由于有斜巷且风速大,要注意防倒防滑。

(4) 当采区回风流瓦斯浓度大到 1%、总回风道瓦斯浓度达到 0.75% 时,要立即汇报调度室和通巷队。

六、班中汇报

按照请示报告制度的要求,及时向区队值班人员做好班中汇报。

七、交接班

在区队规定的地点进行现场交接班,交接内容一定要全面、细致,将本片区内的薄弱环节、问题等认真交接清楚,并在交接记录本、瓦斯手册上签好字。

八、上井填写报表

九、薄弱环节

(1) 爆破地点的瓦斯检查环节。

(2) 通风不良地点瓦斯检查环节。

(3) 巡检途中行走环节。

十、事故案列

(1) 某矿通巷队职工岳某,2005 年 7 月 14 日夜班,在 1160 检查瓦斯时,上山途中绞车坐滑头,由于速度快,下车不及,跳车时跌伤,造成仪器被压坏,小腿被跌伤,在家休养了 1 个半月。

(2) 2007 年 3 月 29 日 1 时,某矿－400 水平煤仓检修道放炮时,属于多处站岗,由于警戒人员脱离工作现场,致使瓦斯检查员王某在该地点检查第二遍瓦斯时,闯入警戒线,恰好被放炮打伤头部。

(3) 2003 年 4 月 24 日早班点名后,某煤矿通风工刘某下井到各采掘工作面检查局部通风情况后,独自一人来到－150 m 水平探煤上山打开栅栏(此掘进迎头已掘进 20 m,

于 4 月 21 日停止掘进，停止通风，已打好栅栏并挂好警示牌），进入盲巷回撤原使用的一节风筒，由于该盲巷没有进行通风，巷道内集聚了高浓度的二氧化碳和其他有毒有害气体（抢救刘某时，利用局部通风机向该盲巷通风 5 min，测得二氧化碳浓度为 2.7%，瓦斯浓度为 0.23%），致使氧气浓度降低，造成刘某因缺氧而窒息，失去知觉倒在上山巷道起坡点处。中班点名后，井口考勤人员清点人员发现通风工刘某没有升井后，通知调度室，安排安监员栾某、王某到井下寻找，17 时发现－150 m 探煤上山起坡点处有矿灯亮和人员躺在里面，经过通风后，把刘某抢救抬出地面，然后送到临沂 146 医院，经抢救无效死亡。

十一、自保互保

（1）瓦斯员误入盲巷或有毒有害气体超标的区域，当感到呼吸急促或呼吸困难，头晕或其他身体不适时，首先要意识到走到了危险区域，可能是缺氧或有毒有害气体超标，这时千万不要惊慌，立即停止前进，若有风筒经过，迅速划破风筒，靠近风筒破口供自己呼吸；否则立即返回，行动要沉着，要匀速行走。

（2）在井下遇到透水事故时，应在可能的情况下迅速观察和判断透水地点、水源、涌出量等情况，根据灾害预防和处理计划中规定的路线，迅速撤退到透水地点以上的水平；行进中，应靠近巷帮一侧；在撤退沿途和所经过的交岔口，应留设指示行进方向的明显标志，以提示救护人员注意；严禁盲目潜水逃生等冒险行为。

（3）当发生火灾、瓦斯和煤尘爆炸事故时，应沉着冷静，并尽可能了解事故的地点和规模，同时尽快报告矿调度室。切不可惊慌乱跑，应由在场负责人或有经验的老工人带领，按避灾路线迅速而有秩序地撤离。不论沿什么路线撤离，当爆炸波及火焰袭来时，都应面部向下、卧倒或俯卧于水沟内，避开爆炸波及火焰后再撤退。撤退时，位于爆炸事故进风侧的人员，应迎着风流撤退。位于事故地点回风侧人员应佩戴好自救器，以最快速度（但不要跑，且呼吸要均匀）进入新鲜风流中。在撤退过程中，如遇通道堵塞，不知退路是否安全时，则应就近选择安全地点（如硐室、两道风门之间或独头巷道），利用现场材料迅速构筑临时避难硐室，并及时打开压风管，供人呼吸，等待营救。人员在避难硐室内应静卧，注意节省电、水和氧气。硐室外可写字或悬挂衣物、矿灯等明显标志，并经常性敲击管路等，以待营救人员到来。

第十四节　隔爆设施安装工艺流程

一、备料

备齐所需水袋、钩子、胶管、铁丝、弯头及工具等。

二、选定安设地点

（一）主要隔爆设施

（1）矿井两翼与井筒相连通的主要运输大巷和回风大巷。

（2）相邻采区之间的集中运输巷道和回风巷道。

(3) 相邻煤层之间的运输石门和回风石门。

说明：采区隔爆水槽在采区巷口以里 50 m 左右处安设，主要运输大巷和回风大巷的隔爆设施安设地点应以覆盖整个采区或水平为条件。

（二）辅助隔爆设施

(1) 采煤工作面进风、回风巷道。每隔 200 m 设一组水袋。

(2) 采区内的煤层掘进巷道。

(3) 采用独立通风并有煤层爆炸危险的其他巷道。

(4) 与煤仓相通的巷道。

说明：要对该地点的巷道顶板、支架完好情况进行详细检查，隔爆设施应设置在巷道断面基本相同的直线段内。隔爆设施与巷道的交岔、转弯处、变坡之间的距离保持 50～70 m，与风门的距离应大于 25 m。

三、吊挂

（一）掘进工作面及皮带运输巷

(1) 首先安装水袋首尾两列的吊杆，用铁丝绑好，使它们距底板的距离相等。

(2) 然后分别拉三条线，其中两条线与吊杆两端的距离为 10 cm，另一条线在吊杆的中间位置，即与吊杆两端的距离为 165 cm。

(3) 继续依次安装吊杆，并使吊杆贴近拉线，以保证高度相等。

(4) 一排各安装三个水袋（特殊情况除外），每个水袋由五个钩子吊挂。安装时水袋的钩子要紧靠拉线，以保持水袋的整齐美观。

(5) 首列隔爆设施与掘进迎头或采煤工作面安全出口的距离，必须保持在 60～200 m 范围内。水袋的排间距为 1.2～3 m；隔爆设施的长度不得小于 20 m。

(6) 在皮带道工作时，要与皮带司机联系好，停止皮带运输后方可工作，或在过桥上作业，严禁与皮带运输平行作业。

（二）工作面轨道巷

(1) 首先安装水袋首尾两列的吊杆，用铁丝绑好，使它们距底板的距离相等。

(2) 然后分别拉三条线，其中两条线与吊杆两端的距离为 10 cm，另一条线在吊杆的中间位置，即与吊杆两端的距离为 165 cm。

(3) 继续依次安装吊杆，并使吊杆贴近拉线，以保证高度相等。

(4) 一排各安装三个水袋（特殊情况除外），每个水袋由五个钩子吊挂。安装时水袋的钩子要紧靠拉线，以保持水袋的整齐美观。

(5) 首列隔爆设施与采煤工作面安全出口的距离，必须保持在 60～200 m 范围内水袋的排间距为 1.2～3 m；隔爆设施的长度不得小于 20 m。

(6) 需要用梯子工作时，必须将梯子安设牢固，工作在梯子上的人员首先要站稳，保持平衡后方可工作。

（三）主要进回风大巷

(1) 水槽的排间距为 1.2～3 m；水槽的长度不得小于 30 m。

(2) 在上下山绞车道安撤时，首先要与顶盘摘挂工联系好，在提升运输停止并使用好安全设施后，方可安撤，行车时严禁作业。

(3) 在架线电机车巷道工作时，要停掉架线电源后方可作业，并严格执行好停送电制度。

(4) 在运输大巷中施工，要有人监护、指挥运行车辆，确保安全施工。

四、充水

(一) 主要隔爆设施

(1) 向水槽中注入清水，水量充足，保证每个水槽的水量在95％以上。

(2) 按巷道断面计算，主要隔爆设施≥400 L/m^2。

(二) 辅助隔爆设施

(1) 向水袋中注入清水，水量充足，保证每个水袋的水量在95％以上。

(2) 按巷道断面计算，辅助隔爆设施≥200 L/m^2。

五、检查安装质量

隔爆设施必须实行挂牌管理，牌板标明：地点、水袋个数、水棚长度、水量、断面、管理人等项目，查验安装的水袋（槽）的质量，保证水袋编号齐全、不漏水、不歪斜，否则要及时进行调整更换。隔爆设施要每周检查一次，要经常保持隔爆设施的完好和充足的水量。

六、清理现场

(1) 清理好施工现场，把剩余的水槽、钩子整理好存放到材料库。

(2) 及时通知有关人员，将新安设（拆除）的隔爆设施标注在图纸上并建立档案。

七、薄弱环节

(1) 在有架空线巷道施工时的停送电环节。

(2) 登高作业环节。

八、事故案例

某煤矿职工李某，在皮带顺槽安装水袋时，没有与皮带司机相互叫应好，在安装过程中皮带突然开动，李某被皮带刮伤。

九、自保互保

在安设水袋过程中若发生触电事故时：

(1) 立即切断电源，或使触电者脱离电源。

(2) 迅速观察伤者有无呼吸和心跳。如发现已停止呼吸或心音微弱，应立即进行人工呼吸或胸外心脏挤压。

(3) 若呼吸和心跳都已停止，应同时进行人工呼吸和胸外心脏挤压。

(4) 立即向调度室汇报事故的详细情况，实事求是，语言清晰准确，以便调度室作出正确的急救方案。对遭受电击者，如有其他损伤（如跌伤、出血），应作相应的急救处理；出血过多的，先判断出血血管再进行相应的止血方法，不要慌张，冷静处理。

在安设水袋过程中若因登高发生意外跌伤，不要慌张，首先检查伤势情况，并向调度室和区队汇报详细情况和具体位置：

（1）若是外伤出血，对毛细血管和静脉出血，一般用干净布条包扎伤口即可，包扎时注意：

①包扎的目的在于保护创面、减少污染、止血、固定肢体、减少疼痛、防止继发损伤，因此在包扎时，应做到动作迅速敏捷，不可触碰伤口，以免引起出血、疼痛和感染。

②不能用井下的污水冲洗伤口。伤口表面的异物应去除。

③包扎动作要轻柔、松紧度要适宜，不可过松或过紧，接头不要打在伤口上，应使伤员体位舒适，绷扎部位应维持在功能位置。对大的静脉出血可用加压包扎法止血，对于动脉出血应采用指压止血法或加压包止血法。

（2）若是骨折，首先用毛巾或衣服作衬垫，然后就地取用木棍、木板等材料做成临时夹板，将受伤的肢体固定。对受挤压的肢体不得按摩、热敷或绑止血带，以免加重伤情。

第十五节 注浆工艺流程

一、制浆

（1）制浆前，各类制浆设备应完好，各阀门开关处在正确位置，供水系统应畅通，照明设备应齐全，各岗位人员应到齐上岗。

（2）用水枪冲粉煤灰时，水枪操作人员要不断摆动水枪；采粉煤灰要均匀，使冲下的粉煤灰充分湿润。

（3）采粉煤灰结束后，要将水枪和管路中的水放净，并放到固定的地方以便下次使用。

（4）根据要求的水灰比向制浆机内加水，停水时严禁加入粉煤灰。

（5）开动搅拌机进行泥浆搅拌，使浆液浓度均匀。

（6）接到注浆通知后，打开相应阀门。

（7）开动搅拌机进行搅拌的同时，用密度计检查泥浆浓度，并调整到要求的水土比。一般要求在进行洒浆时，灰水比不低于1：3。

（8）要经常检查灰浆的浓度。浓度低于规定时，要打开搅拌机，保证灰浆浓度。当浓度大于规定时，在泥浆池放清水，稀释灰浆，防止吸浆管堵塞。

（9）灌浆人员要时刻注意设备运转情况，当设备运转出现异常，应立即停机进行检查处理。

（10）接到井下停浆电话后，要先停搅拌机，然后给水冲洗管路（冲洗时间一般不少于20 min）。

（11）采取其他防火浆材的制取，必须编制专门措施，报矿井技术负责人批准后，按照设备、材料的使用说明书操作。

（12）注浆结束后，及时清理、冲刷注浆池。

（13）工作结束后，要核实本班注浆量、浆液浓度、粉煤灰量、水量，并将本班工作情况详细记入"注浆日志"。

(14) 下班前应做好场地整理工作，并按要求管理好设备，保持储水池有足够的水量。

二、巡视管路

(1) 首先确定注浆地点。
(2) 准备管钳、扳手、丝锥、钳子、铁丝等工具材料。
(3) 沿注浆管路打开通往注浆地点的阀门。关闭其他地点的阀门。
(4) 检查、巡视沿途管路的吊挂及漏水（浆）情况。
(5) 发现管路漏水时要及时处理。
(6) 在确认胶管和输浆管连接严密牢固后，打开主管路（工作面顺槽内）的阀门，用电话同制浆站联系要水，水流畅通后再要浆。
(7) 注浆过程中，巡视注浆管路，保持与注浆站联系。
(8) 注浆结束后，及时关闭阀门，防止通过注浆管路向采空区漏风。

三、注浆

(1) 工作面在回采过程中，及时埋设注浆管路。保持注浆管末端距采煤工作面煤壁保持 $10\sim30$ m 的距离。埋管可用 $\phi50$ mm 或 $\phi100$ mm 的钢管或高密度管。
(2) 严禁在无风或风量不足的地点从事注浆工作。
(3) 到达工作地点必须首先检查管路系统状况，注浆地点的顶、帮支护情况，瓦斯、一氧化碳等气体浓度及温度，必须在符合《煤矿安全规程》规定后方可安排操作。发现问题要及时处理，处理不了的要汇报。
(4) 注浆前，清理工作面的水沟，保持水沟畅通、排水系统完善。
(5) 由于注浆造成工作面出水，使工作面不能正常生产时，根据情况可放慢注浆速度或暂停注浆。

四、注复合胶体

(1) 地面浆池内配好浆，并按比例加入稠化悬浮剂（JXF1930），在井下用浆地点附近通过 ZM—5/1.8D 型煤矿用注浆机将凝胶剂（FCJ12）按比例加入注浆管道内，与浆液混合形成胶体后注入采空区。
(2) 材料配比：灰：水＝1：1～1.5，稠化悬浮剂用量 0.2%，凝胶剂用量 0.2%。
(3) 先在地面浆池内将粉煤灰浆液和成胶材料按比例配好并搅拌均匀（每池均匀洒入 1 袋 JXF1930 悬浮剂）。
(4) 把配制好的浆液沿管路系统输送至注胶地点。
(5) 在顺槽后部采空区堆积土袋（或煤袋），建立堵漏隔离墙，把灌浆管预设在拦浆防火墙顶部（伸入墙内 5 m）。
(6) 井下见浆后启动 ZM—5/1.8D 煤矿用注浆机，把胶凝剂（注复合胶体）按比例通过混合"三通"（"三通"距出浆口不超过 100 m）加入灌浆管道内，与浆液混合形成胶体后注入采空区。

五、收尾工作

(1) 注浆（胶体）结束后，及时恢复因注浆（胶体）而移动的挡风帘或拦浆防火墙。
(2) 下班前做好场地清理工作，并按要求管理好设备，上井后必须将当班的工作情况向区队值班人员汇报。

六、薄弱环节

接设管路。

七、事故案例

某煤矿三井掘三队张某轻伤事故案例。2002年9月11日8时，七五点维修工张某下井处理431下山顶盘拐弯处注浆管路漏浆时，在没有关注浆管阀门的情况下，用弯把子扳手紧注浆管螺丝，注浆管突然鼓开，打伤其面部。

八、自保互保

在采煤工作面注浆时，当发现工作地点有即将发生冒顶的征兆，又难以采取措施防止采煤工作面顶板冒落时，最好的避灾措施是迅速离开危险区，撤退到安全地点；并迅速汇报调度室。遇险时若退路被堵死无法逃脱，要靠煤帮贴身站立或到木垛处避灾；遇险后应立即发出呼救信号，采用呼叫或敲打的方法，发出有规律的声音（如敲打物料、岩块，可能造成新的冒落时，则不能敲打只能呼叫）；冒顶后不要惊慌失措，在条件不允许的情况下切忌采用猛烈挣扎的办法脱险，以免造成事故扩大。被冒顶隔离人员，应在遇险地点有组织地维护好自身安全，构筑脱险通道，要积极配合外部的营救工作，为提前脱险创造良好的条件。

第十六节　风机安装工艺流程

一、地面风机试运转

下井前，必须在地面对局部通风机进行试运转，保证完好，满足供风要求。

二、运输

见运输物料工艺流程。

三、安装

(1) 局部安装在设计的地点，安装地点应支护良好、无滴水。
(2) 局部通风机及其启动装置必须安装在进风巷道中，距掘进巷道回风口不得小于10 m。
(3) 安设稳固的局部通风机标准底架或吊挂用品，采用底架时，底架离地高度应大于300 mm。采用吊挂式时，要用专用起吊锚杆，局部通风机吊挂高度及与顶帮间距要符合规定要求。

(4) 将局部通风机安放在底架上（或挂好），固定好。

四、接线

(1) 严格停送电、验电制度，安排专人看电、送电，并挂好停电牌，使用好接地线。
(2) 按照接设要求，实现"三专"。
接设的所有电气设备杜绝失爆。
(3) 按照安装规定要求接设风电闭锁。
(4) 整理线路，保证吊挂整齐。
(5) 按照规定，使用好接地极。

五、接设监测设备

(1) 接设设备严格执行好停送电制度。
(2) 按照安装规定要求接设瓦斯电闭锁。
(3) 接设馈电、风机开停状态等传感器。

六、试运行

待开关、相关设备安装完毕后进行试机，如果运转不正常或有其他问题，需调整、处理，直到局部通风机正常运转为止。

七、安设牌板

按照规定，安装局部通风管理牌板、风电闭锁试验牌板和供电系统图。

八、安装完毕

清理工作现场。

九、薄弱环节

(1) 接火试电时的停送电环节。
(2) 抬运、起吊风机环节。

十、事故案例

(1) 某煤矿三井机电队孙某轻伤事故。2002年11月18日，机电维修工孙某在－225水平421变电所处理故障时，由于检测不戴绝缘手套，造成短路产生电弧，被烧伤双手。
(2) 2008年元月6日，某煤矿通巷队维修工李某在5301切眼施工道安设风机。在抬架风机时，几个人没有叫应好，风机安设时受力不平衡，风机撞向煤壁上，李某的手躲闪不及，手指被挤伤。
(3) 某煤矿二井通风队张某轻伤事故。2003年6月23日中班，区队安排张某和程某去3126皮带道安装风机。当风机运到312轨道下山顶车场时，二人发现消音器上的喇叭口超高，便在车皮内进行调整。在调整过程中，由于两人没有叫应好，消音器将张某左手挤伤，小拇指被挤掉一节。

（4）某煤矿掘进三队张某轻伤事故案例。2004年11月25日早班7：30，机电队王某安排张某、刁某等人到230东轨上山吊挂电缆，并强调了接电缆时要严格执行停送电制度，由张某负责接电、甩电工作。工作在230东轨底盘的樊某安排张某甩电，并要求验电后再甩电。张某打开"四通"后，在没有检查是否停电的情况下盲目操作，造成短路产生火花，将其右手背烧伤。

（5）某煤矿掘一队1306轨道顺槽瞎炮伤人事故。2003年6月14日20时40分，掘一队1306轨道顺槽掘进工作面响完两遍炮后，班长陈某、组长刘某及放炮员程某等8人进入掘进工作面，对工作面爆破情况进行检查，均没有发现距左帮轮廓线150 mm、顶板300 mm瞎炮，随后班长陈某开始安排职工作业。20时40分左右，职工颜某使用风镐刷巷道左帮的过程中，引爆了瞎炮。瞎炮爆炸后将颜某及身后攉煤的郑某和右侧打锚杆的侯某炸伤。

（6）某煤矿三井工二队爆破打坏电缆事故。2004年12月9日早班，组长李某等人在4324皮带道新开门口施工爆破时，332变电所的一根电缆被巷道对面反弹的碎石击伤，造成芯线短路，致使423采区变电所停电3个多小时。

十一、自保互保

在安装风机过程中，人员受到砸、碰、擦、刮、挤、压等都会造成撕裂破损，出现创伤。当皮肤肌肉出现擦、裂伤时，应立即避免伤口继续污染，予以包扎。包扎时注意：

（1）包扎的目的在于保护创面、减少污染、止血、固定肢体、减少疼痛、防止继发损伤，因此在包扎时，应做到动作迅速敏捷，不可触碰伤口，以免引起出血、疼痛和感染。

（2）不能用井下的污水冲洗伤口。伤口表面的异物应去除。

（3）包扎动作要轻柔、松紧度要适宜，不可过松或过紧，接头不要打在伤口上，应使伤员体位舒适，绷扎部位应维持在功能位置。

（4）脱出的内脏不可纳回伤口，以免造成体腔内感染。

（5）经井下初步包扎后的伤口，到地面急救站或医院后，若是骨折，首先用毛巾或衣服作衬垫，要重新进行冲洗、消毒、清创、缝合和重新包扎。然后就地取用木棍、木板等材料做成临时夹板，将受伤的肢体固定。并向调度室汇报，以便派人对伤员进行进一步的治疗。

第十七节 工作面进回风隅角构筑阻燃墙工艺流程

一、选取构筑地点

（1）采煤面初次来压前不能构筑拦浆防火墙。

（2）要掌握好工作面周期来压规律，在来压时严禁建筑阻燃墙。

（3）若进回风隅角的顶板全部冒落，顶、帮围岩有松动、异响、裂隙大、淋水大等应力异常时，要严禁在隅角构筑阻燃墙。

（4）阻燃墙应建于顶板完整位置。

二、备料

当在工作面超前段、工作面架间备料时,要严格敲帮问顶制度,在确保顶板完好的情况下进行操作。

三、运输阻燃墙料

(1) 运料通过转载机时,必须经过转载机上的安全梯,严禁经过其他地点通过转载机或在转载机上行走。

(2) 严禁用皮带或刮板运输机运送物料。

(3) 若前部运输机运行,严禁从溜头经过运送,防止大块煤矸石跳出伤人。

四、设置构筑通道

(1) 建筑拦浆防火墙时,需要移开一颗密集支柱时,须由端头支护工完成,通巷队施工人员严禁随意操作,确保顶板完好。

(2) 构筑时,在密集支柱以里距密集支柱 0.3 m 处均匀布置三颗临时木柱,并用木楔加紧加牢,以确保施工安全;并随着拦浆防火墙的建筑,及时回撤临时木柱。

五、构筑阻燃墙

(1) 施工前,必须先用长柄(1.2 m 以上)工具摘掉顶帮危岩活石,并每隔 15 min 敲帮问顶一次,在确保安全前提下进行施工。

(2) 建筑阻燃墙时,施工人员不得少于 4 人,其中 1 人在密集柱子以外专门负责照明和施工安全,其余三人负责运料、建筑全断面阻燃墙。

(3) 在发现顶、帮围岩有松动、异响、裂隙加大、淋水增大等应力异常时,要立即撤出人员。

(4) 施工人员要随身携带一氧化碳、氧气、甲烷等气体检测仪器,发现报警立即撤至安全地点。

(5) 当工作面生产时,严禁构筑阻燃墙。

(6) 在构筑阻燃墙时,严禁对构筑地点 20 m 范围的支架、支柱进行任何操作。

六、完毕

施工结束后,及时补齐密集支柱。

七、薄弱环节

(1) 构筑阻燃墙时的顶板管理环节。

(2) 回风隅角的有毒有害气体环节。

八、事故案例

(1) 某煤矿"8·19"顶板事故。2003 年 8 月 18 日夜班,某煤矿采煤二区队工作面进行整修,吴某、马某为一组,整修支柱,郎某监督。当班下半班(即 8 月 19 日凌晨

2时55分），该支护组在支设柱子时，顶板突然来压，所在位置水平销脱出，铰接顶梁迅速甩落，击中吴某头部，使其倒在底板上。这时马某、郎某听到有人倒下的声音，看到吴某头部有伤，倒在地上，随汇报调度室并组织人员将其抬上井。3时30分送至煤矿医院，经抢救无效死亡。

（2）某煤矿一井采煤队颜某死亡事故案例。2006年4月11日夜班，在出完337面剩余的26节溜子煤后，班长留下10人在337面整修，其余19人到416面上头20节打眼、放炮、攉煤。其中，颜某和张某负责15节至20节溜子攉煤。4时50分，颜某在距上出口27 m处攉煤时，因未及时支柱，造成顶板冒落，一块长1.8 m、宽0.78 m、厚0.34 m的石头将正在攉煤的颜某砸伤，现场人员立即组织抢救，并及时送往医院救治，但终经抢救无效死亡。

九、自保互保

在构筑阻燃墙时，因工作地点存在有毒有害气体可能发现中毒或窒息的情况。发现这种情况后，应立即向调度室汇报该地点的具体情况，语速不要过快，声音要清晰，准确介绍事故的详细情况，以便调度室及时派人救援。在确保自身安全的情况下：

（1）立即将伤员从危险区域抢运到新鲜风流中，并安置在顶板完好、无淋水和通风正常的地点。

（2）立即将伤员口鼻内的黏液、血块、泥土、碎煤等除去并解开上衣和腰带，脱掉胶鞋。

（3）用衣服（有条件时，用棉被和毯子）覆盖在伤员身上以保暖。

（4）根据心跳、呼吸、瞳孔等特征和伤员的神志情况，初步判断伤情的轻重。正常人每分钟心跳60~80次、呼吸16~18次，两眼瞳孔是等大、等圆的，遇到光线能迅速收缩变小，而且神志清醒。休克伤员的两瞳孔不一样大，对光线反应迟钝或不收缩。对呼吸困难或停止呼吸者，要及时进行人工呼吸。

（5）当伤员出现眼红肿、流泪、畏光、喉痛、咳嗽、胸闷现象时，说明是二氧化硫中毒，当出现眼红肿、流泪、喉痛及手指、头发呈黄褐色现象时，说明伤员是二氧化氮中毒。对SO_2和NO_2的中毒者只能进行口对口的人工呼吸，不能进行压胸或压背法的人工呼吸，否则会加重伤情。

（6）人工呼吸持续的时间以恢复自主性呼吸或到伤员真正死亡时为止。当救护队来到现场后，应转由救护队用苏生器苏生。

第七章 普掘队"手指口述"工作法与形象化工艺流程

第一节 掘进钻眼工

一、上岗条件

钻眼工必须认真学习作业规程,熟悉工作面的炮眼布置、爆破说明书、支护方式等有关技术规定;掌握钻眼机具的结构、性能和使用方法;钻眼机具在工作中出现故障时,应能立即检修或更换。经过专门技术培训、考试合格、获得操作资格证书后,方可持证上岗。

二、操作顺序

掘进钻眼工的操作顺序:检查施工地点的安全→准备钻眼设备、工具→试运转→标定眼位→钻眼→撤出设备工具→转入下道工序。

三、操作方法

(1) 按中腰线和炮眼布置图的要求标出眼位。

(2) 多台风钻打眼时,要划分好区块,做到定人、定钻、定眼位、定位、定责,不准交叉作业。

(3) 开钻要先给水再给风,控制好风量、水量。钻眼必须一人操作、一人点眼。领钎人站在风钻一侧,将钻头放在眼窝内开始钻眼。将风钻操控阀开到轻运转,稳定后,领钎人员站在风钻后,钻前严禁有人以免断钎伤人,待眼位稳定并钻进 20~30 mm 后,再把风钻操控阀开到中运转位置,直到钻头不易脱离岩口,再全速钻进。在钻眼过程中,水量不宜过大,严禁干打眼。钻后要有一名有经验的工人观察顶板和两帮,避免冒顶或片帮,如有问题立即停钻处理。

(4) 在钻进过程中要确保风钻、钻杆和钻眼方向一致,掏槽眼要按炮眼布置图上规定的角度来打。扶钻时,要躲开眼口的方向,站在风钻的侧面,严禁骑钻打眼。

(5) 多台风钻同时打眼时,风钻要向同一个方向同时掘进,严禁交叉打眼。迎头钻眼一次性钻完再进行装药。严禁钻眼与装药平行作业。严禁在残眼内打眼。

(6) 更换钻眼位置或移动调整钻架时,必须将风钻停止运转。

(7) 钻深眼时,必须采用不同长度的钻杆,开始时使用短钻杆。

(8) 钻完眼后,应先关水阀,使风钻进行空运转,以吹净其内部残存的水滴,防止零件锈蚀。

四、手指口述

(1) 顶、帮、迎头已找实，无危岩活矸，临时支护可靠，确认完毕。
(2) 风水管路完好，风钻试好，可以打眼，确认完毕。
(3) 退路畅通，可以打眼，确认完毕。
(4) 袖口、衣领扎紧，轮廓线画好，准备打眼，确认完毕。
(5) 无关人员撤离，确认完毕，现在开始打眼。

五、安全规定

(1) 必须坚持湿式打眼。在遇水膨胀的岩层中掘进不能采用湿式打眼时，可采用干式打眼，但必须采取防尘措施，并使用个体防尘保护用品。
(2) 严禁钻眼与装药平行作业或在残眼内钻眼。
(3) 钻眼前首先检查钻眼地点的安全情况，敲帮问顶、加固支护，严禁空顶作业。
(4) 钻眼过程中，必须有专人监护顶、帮安全，并注意观察钻进情况。
(5) 钻眼过程中如出现瓦斯超限、透水透老空区等征兆时必须及时停止钻进，查明原因并进行处理。
(6) 工作面拒爆、残爆没有处理完时严禁钻眼作业。
(7) 钻眼过程中如发现钻眼机具以及钻杆出现异常情况，必须停钻处理。
(8) 在倾角较大的上山工作面钻眼时，应设置牢固可靠的脚手架或工作台，必要时工作人员应佩带保险带。巷道中须设置挡板，防止人员滑下和煤岩滚动伤人，并将风水管路和电缆固定好。
(9) 严格按标定的眼位和爆破说明书规定的炮眼角度、深度、个数进行钻眼，凡出现掏槽眼相互钻透或不合格的炮眼，必须重新钻眼。
(10) 钻眼时，钻杆不要上下、左右摆动，以保持钻进方向；钻杆下方不准站人，以免钻杆折断伤人。
(11) 在向下掘进的倾斜巷道中钻底眼时，应及时用物体把岩口堵好，防止煤岩粉将炮眼堵塞。
(12) 大断面巷道施工必须严格按措施规定进行。
(13) 掘进接近采空区、旧巷以及巷道贯通等特殊地段时，必须按照措施规定施工。

六、危险源辨识

(1) 掘进打眼过程中，一旦发现有有淋水预兆，应立即停止打眼，并通知所有人员，严格按规程中规定的避灾路线安全撤离，保证人员安全。
(2) 掘进打眼过程中，一旦发现冲击地压预兆，应立即停止打眼，并撤出人员，立即上报调度室进行处理。
(3) 掘进打眼过程中，一旦发现有煤岩变松、片帮、来压或钻孔中有压力水、水量突然增大或出现有害气体涌出等异常现象，必须停止钻眼，关掉风源，但钻杆不要拔出。马上向有关部门及时汇报，听候处理，工作人员应立即撤至安全地点。

七、事故案例

（1）2005年12月12日夜班，某矿某区队安排掘进工陈×、朱××等3人在2311轨道顺槽打锚索。陈×打眼，朱××点眼。在点眼时，由于朱××工作服袖口没有扎紧，被钻杆缠住，将右胳膊肘关节拧成轻微骨折。

事故原因：

① 朱××工作中缺乏安全意识，没有及时把袖口扎紧，致使转动的钻杆把衣袖缠绕住，拧伤胳膊，是造成事故的直接原因。

② 职工自保、互保意识差。陈×在打眼过程中，没有做好互相保安，是造成事故的主要原因。

③ 区队对职工的安全教育不够，班前安排工作不严不细，安全注意事项强调不具体，是造成事故的又一原因。

事故有感：

"千里之堤，毁于蚁穴"。从量变到质变，从偶然到必然，看似小小的违章，久而久之就会造成事故。不按规定着装，看似小节问题，却招致了自身的伤痛。

（2）2004年12月27日夜班，某矿张××同机修工陈×在－410东轨大巷打眼施工，23时00分张××在没认真检查风钻的情况下使用已坏的风钻，被风钻钎子摔伤左手食指，无法继续工作。

事故原因：

① 张××自主保安和相互保安意识差，安全意识淡薄，思想麻痹大意，业务技能水平低，操作不熟悉，在用风钻打眼时，没有正确地使用风钻，被钢钎挤伤左手食指，是造成事故的直接原因。

② 区队对安全规程、操作规程基本常识组织学习不够细致，注意事项没有使职工入脑入耳，现场的跟班领导督察检查没有起到作用，是造成这次事故的主要原因。

事故有感：

各类安全事故发生的原因尽管多种多样，但管理者、操作者责任心不强而导致麻痹大意，处置失当等情况非常普遍，因此，教育职工增强安全责任意识，消除侥幸心理确实有必要。

第二节　锚杆支护工

一、上岗条件

锚杆支护工必须掌握作业规程规定的巷道断面、支护形式和支护技术参数和质量标准等；熟练使用作业工具，并能进行检查和保养。经过专门培训、考试合格后方可上岗。

二、操作顺序

锚杆支护工操作顺序：敲帮问顶，处理危岩悬矸→进行临时支护→打锚杆眼→安装锚杆、网、钢带（梁）→检查、整改支护质量，清理施工现场。

三、操作方法

(1) 敲帮问顶，处理危岩悬矸。

(2) 及时按照作业规程规定进行临时支护。

(3) 打锚杆眼：

①敲帮问顶，检查工作面围岩的临时支护情况。

②确定眼位，做出标志。

③在钎杆上做好眼深标记。

④用煤电钻、风钻或锚杆钻机打眼。

⑤打锚杆眼时，应从外向里进行；同排锚杆先打顶眼，后打帮眼。断面小的巷道打锚杆眼时要使用长短套钎。

(4) 锚杆（网、钢带等）安装。

①清理锚杆眼。

②检查钻孔质量，不合格的必须处理或补打。

③按所使用锚杆的正规操作程序及时打锚杆，压好锚盘、托板并用专用工具上紧，预紧力符合要求。

(5) 树脂锚杆安装。

①清锚杆眼。

②检查锚杆眼深度，其深度应保证锚杆外露丝长度为 30～50 mm。锚杆眼的超深部分应填入炮泥或锚固剂；未达到规定深度的锚杆眼，应补贴至规定深度。

③检查树脂药卷，破裂、失效的药卷不准使用。

④将树脂药卷按照安装顺序轻轻送入眼底，用锚杆顶住药卷，利用快速搅拌器开始搅拌，直到感觉有负载时，停止锚杆旋转。树脂完全凝固后，开动快速搅拌器，带动螺母拧断剪力销，上紧螺母。在树脂药卷没有固化前，严禁移动或晃动锚杆体。

⑤全螺纹钢等强锚杆要采用左旋搅拌方式。

⑥套上托盘，上紧螺母。

四、操作要领

(1) 在支护前和支护过程中要敲帮问顶，及时摘除危岩悬矸。

①应由两名有经验的人员担任这项工作，一人敲帮问顶，一人观察顶板和退路。敲帮问顶人员应站在安全地点，观察人应站在找顶人的侧后面，并保证退路畅通。

②敲帮问顶应从有完好支护的地点开始，由外向里，先顶部后两帮依次进行。敲帮问顶范围内严禁其他人员进入。

③用长把工具敲帮问顶时，应防止煤矸顺矸而下伤人。

④顶帮遇到大块断裂煤矸或煤矸离层时，应首先设置临时支护，保证安全后再顺着

裂隙、层理敲帮问顶，不得强挖硬刨。

(2) 严禁空顶作业，临时支护要紧跟工作面，其支护形式、规格、数量和使用方法必需在作业规程中规定。爆破前最大空顶距不得大于锚杆排距，爆破后最大空顶距不得大于锚杆排距+循环进度。

(3) 煤巷两帮打锚杆前用手镐刷至硬煤，并保持煤帮平整。

(4) 严禁使用不符合规定的支护材料：

①不符合作业规程规定的锚杆和配套材料及严重锈蚀、变形、弯曲、径缩的锚杆杆体。

②过期失效、凝结的锚固剂。

③网格偏大、强度偏低、变形严重的金属网。

(5) 锚杆眼的直径、间距、排距、深度、方向（与岩面的夹角）等，必须符合作业规程规定。

①使用全螺纹钢等强锚杆，锚孔深度应保证锚杆外露长度 30～50 mm。

②巷帮使用管缝式锚杆时，锚杆眼深度与锚杆长度相同。

③对角度不符合要求的锚杆眼，严禁安装锚杆。

(6) 安装锚杆时，必须使托盘（或托梁、钢带）紧贴岩面，未接触部分必须揳紧垫实，不得松动。

(7) 锚杆支护巷道必须配备锚杆检测工具，锚杆安装后，对每根锚杆进行预紧力检测，不合格的锚杆要立即上紧；对锚杆锚固力进行抽查，不合格的锚杆必须重新补打。

(8) 当工作面遇断层、构造时，必须补充专门措施，加强支护。

(9) 要随打眼随安装锚杆。

(10) 锚杆的安装顺序：应从顶部向两侧进行，两帮锚杆先安装上部、后安装下部。铺设、联接金属网时，铺设顺序、搭接及联接长度要符合作业规程的规定。铺网时要把网张紧。

(11) 锚杆必须按规定做拉力试验。煤巷必须进行顶板离层监测，并用记录牌板显示。

(12) 巷道支护高度超过 2.5 m，或在倾角较大的上下山进行支护施工时，应有工作台。

五、手指口述

(1) 迎头已敲帮问顶，无危岩活矸，可以连网，确认完毕。

(2) 金属网已连好，可以进行超前支护，确认完毕。

(3) 超前支护合格，现场无危险，可以打注锚杆，确认完毕。

(4) 风水管路、钻机、钎杆、钻头齐全完好，确认完毕。

(5) 风水管路连接可靠，可以打眼，确认完毕。

(6) 锚固剂、锚杆已注入，钻机可以拧紧，确认完毕。

(7) 风、水阀门已关，确认完毕。

(8) 管路已卸压，物料、工具全部撤出，确认完毕。

六、安全规定

（1）在支护前和支护过程中要敲帮问顶，及时摘除危岩悬矸。

（2）严禁空顶作业，临时支护要紧跟工作面，其支护形式、规格、数量和使用方法必需在作业规程中规定。爆破前最大空顶距不得大于锚杆排距，爆破后最大空顶距不得大于锚杆排距＋循环进度。

（3）煤巷两帮打锚杆前用手镐刷至硬煤，并保持煤帮平整。

（4）安装锚杆时，必须使托盘（或托梁、钢带）紧贴岩面，未接触部分必须揳紧垫实，不得松动。

（5）锚杆支护巷道必须配备锚杆检测工具，锚杆安装后，对每根锚杆进行预紧力检测，不合格的锚杆要立即上紧；对锚杆锚固力进行抽查，不合格的锚杆必须重新补打。

（6）当工作面遇断层、构造时，必须补充专门措施，加强支护。

（7）要随打眼随安装锚杆。

（8）锚杆的安装顺序：应从顶部向两侧进行，两帮锚杆先安装上部、后安装下部。铺设、联接金属网时，铺设顺序、搭接及联接长度要符合作业规程的规定。铺网时要把网张紧。

（9）锚杆必须按规定做拉力试验。煤巷必须进行顶板离层监测，并用记录牌板显示。

（10）巷道支护高度超过 2.5 m，或在倾角较大的上下山进行支护施工时，应有工作台。

七、危险源辨识

（1）在支护前，若煤巷两帮有松散的煤炭，应用手镐刷至硬煤，并保持煤帮平整，然后方可进行支护。

（2）在支护前和支护过程中若发现有人空顶作业，应马上制止、进行教育，并且进行敲帮问顶，及时摘除危岩悬矸后方可进行作业。

（3）锚杆安装后，应对每根锚杆进行预紧力检测，不合格的锚杆要立即上紧，对锚杆锚固力进行抽查，若发现不合格的锚杆必须重新补打。

八、事故案例

（1）2003 年 11 月 18 日中班，某矿 230 采区东翼轨道上山掘进工作面，现场交接班后，班长安排掘进作业。19 时，掘进工作面爆破完毕，在没有使用前探梁及其他临时支护的情况下，组长曹××空顶作业，违章进入迎头使用手镐松顶。19 时 10 分，在松顶过程中顶板突然冒落，将曹××埋住，经抢救无效死亡。

事故原因：

①死者曹××思想麻痹，安全意识淡薄，自主保安能力差，违反操作规程，严重违章，空顶作业，是造成这次事故的直接原因。

②现场管理混乱，规程质量差，前探梁使用不正常。区队管理不严不细，大而化之，对一些违章现象看惯了、干惯了，没有及时采区有效措施。当班没有区队跟班干部，管理出现空隙和漏洞。

③安全教育培训不到位,职工安全意识淡薄,自主保安和互相保安意识不强,一起作业人员监护不力,没能及时制止曹××的违章行为。

事故教训:

①加强职工安全培训,提高职工安全素质,增强自保互保意识,规范职工群体、个体行为,是搞好安全工作的基础。

②强化薄弱环节的安全监督检查,安全工作必须从最薄弱的环节抓起。一个班组、一个区队、一个煤矿井,是一个安全整体,每个个体安全行为的得失,直接关系到整体安全水平。

事故有感:

安全教育要常抓不懈,提高职工的自律能力是确保安全生产的关键所在。每名矿工都应该牢记:"自己的安全自己管,指望别人不保险"。

(2) 2005年4月29日中班,某矿孙××等9人在2310轨道顺槽迎头施工,班长安排孙××等2人负责迎头的两帮支护。21时40分左右,孙××在支护右帮锚杆时,被巷道上部掉下来的一块煤块砸中右脚,造成脚趾骨折。

事故原因:

①孙××安全意识淡薄,自主保安意识差,支护过程中图麻烦省劲,没有执行敲帮问顶制度,被活石掉落砸伤脚趾,是造成事故的直接原因。

②区队对职工安全教育不到位,工人自主保安和相互保安意识差,安全管理制度执行不严,跟班队长、班组长的监督检查不到位,是造成事故的重要原因。

事故教训:

①职工要积极参加参加安全知识培训,提高按章作业的自觉性,牢固树立起"安全第一"的思想,把安全放在一切工作的首位,任何工作都要在安全的前提下进行,切实做到不安全不生产、先安全后生产。

②要教育职工做好自主保安和相互保安,在实际工作中严格按章作业,克服粗心大意和侥幸的心理,保证安全生产。

③要认真抓好安全管理制度的落实,充分发挥班组长在现场的安全监督检查管理职能,保证施工安全。

事故有感:

安全生产是一项细致的工作,工作中的每个环节、每一个步骤都要小心翼翼,谨慎从事,不能有丝毫的马虎。毕竟,再完善的制度,再严密的措施,最终还需要有人的操作。搞好防范措施,安全之舟才不会颠覆。

第三节　耙装机司机

一、上岗条件

耙装机司机应熟悉所用设备的性能、构造和原理，掌握一般性的维修保养和故障处理技能，必须经过专门技术培训、考试合格后方可持证上岗。

二、操作顺序

耙装机的操作顺序：检查→发出信号试运转→检修处理问题→正式启动→运转→结束停机。

三、操作方法

（1）合上张力启动器隔离开关，按动耙装机的启动按钮，开动耙装绞车。

（2）操作绞车的离合器把手，使耙斗沿确定方向移动。

（3）操作耙装机时，耙斗主、尾绳牵引速度要均匀、协调，以免钢丝绳摆动跳出滚筒或被滑轮卡住。

（4）机器装矸时，不准将两个手把同时拉紧，以防耙斗飞起。

（5）遇有大块岩石或耙斗受阻时，不可强行牵引耙斗，应退回1~2 m重新耙取，以防断绳或烧毁电动机。

（6）不准在过渡槽上存矸，以防矸石被耙斗挤出或被钢丝绳甩出伤人。

（7）当耙斗出绳方向或耙装的角度过大时，司机应站在出绳的相对侧操作，以防耙斗窜出溜槽伤人。耙岩时，耙斗和钢丝绳两侧不准有人。

（8）在拐弯巷道耙装时，若司机看不到工作面情况，应派专人站在安全地点指挥。

（9）耙岩距离应在作业规程中规定，不宜太远或太近。耙斗不准触及两帮和顶部的支架或碹体。

（10）耙装机在使用中发生故障时，必须停车，切断电源后进行处理。

（11）工作面装药前，应将耙斗拉到溜槽上，切断电源，用木板挡好电缆、操作按钮等。爆破后，将耙装机上面及其周围岩石清理干净后方可开车。

（12）在耙装过程中，司机应时刻注意机器各部的运转情况，当发现电气或机械部位温度超限、运转声音异常或有强烈震动时，应立即停车进行检查和处理。

（13）耙装完毕或接到停机信号时，司机应立即松开离合器把手，使耙斗停止运行。

（14）正常停机，应将耙斗拉出工作面一定距离，打开离合器，按动停止按钮，切断耙装机电源。

四、手指口述

（1）照明良好，喷雾完好，确认完毕。

（2）防护装置牢固可靠，确认完毕。

（3）操纵杆灵活，确认完毕。

(4) 启动按钮、闭锁灵敏,确认完毕。
(5) 试运转声音正常,确认完毕。
(6) 耙装区域无人,可以开机,确认完毕。
(7) 耙装机已启动,接车已准备好,可以开始耙装,确认完毕。
(8) 耙斗已落地,停放位置适宜,确认完毕。
(9) 耙装机开关已停电闭锁,人员可以进入,确认完毕。

五、安全规定

(1) 必须坚持使用耙装机上所有的安全保护装置和设施,不得擅自改动或甩掉不用。
(2) 严格执行交接班制度,并做好交接班记录。
(3) 在淋水条件下工作,电气系统要有防水措施。
(4) 检修或检查耙装机时,必须将开关闭锁,并悬挂有"有人工作,严禁送电"牌。

六、危险源辨识

(1) 在耙装岩石时,若耙装机耙岩距离太远或者太近,应先进行移机,距离达到作业规程施规定后方可进行耙装。
(2) 在耙装过程中,司机应时刻注意机器各部的运转情况,当发现电气或机械部位温度超限、运转声音异常或有强烈震动时,应立即停车进行检查和处理。
(3) 在拐弯巷道耙装时,若司机看不到工作面情况,应派专人站在安全地点指挥。
(4) 耙装机在使用中一旦发生故障时,必须停车,切断电源后进行处理,处理完毕后方可进行正常操作。

七、事故案例

(1) 2006年2月8日夜班,某矿维修工朱××在没有通知耙装机司机的情况下,到耙装机前面开风钻打吊挂电缆眼,耙装机司机杨×在没有看清机前是否有人工作的情况下,就送电开耙装机,耙装机绳弹起,将朱××打倒,造成后脑勺破裂,经医院诊断为轻伤。

事故原因:
①耙装机司机工作精力不集中,麻痹松懈,没有看清耙装机前面是否有人工作,就贸然送点,是造成这起事故的直接原因。
②朱××打眼时,既没通知耙装机司机,又没有将耙装机开关停止到零位,给耙装机操作按钮上锁,违章作业,是造成这起事故的主要原因。
③现场工作人员安全意识和相互保安意识淡薄,重生产、轻安全,是造成这次事故的重要原因。

事故教训:
现场作业不能图省劲、怕麻烦、要严格按章作业。停止扒装时,要将耙装机开关停止到零位,并将耙装机操作按钮上锁。扒装时,要先看清机前情况,确定无人或杂物后再进行扒装。

事故有感：

怕麻烦偷懒取巧，一时偷懒，就可能麻烦终生。安全凡事，必做于细；安全成果，必得于勤。

（2）2005年6月3日中班19时30分左右，某矿顾××在没有参加培训取得耙装机司机证的情况下，违章操作耙装机。在扒装过程中，由于操作不熟悉，耙装机机身积存矸石过多，笆斗自耙装机左侧坠落，将挡绳栏上的钢绞线砸出，打在顾××的脸部，导致其嘴唇破裂、牙齿松动。

事故原因：

①顾××安全意识淡薄，没有取得耙装机司机证，不熟悉耙装机基本性能，开机前没有详细检查耙装机安全状况，无证上网，违章蛮干，是造成事故的直接原因。

②区队班前安全教育不到位，现场安全设施不齐全，致使顾××无证操作设备，笆斗自耙装机左侧坠落，将挡绳栏上的钢绞线砸出，是造成事故的主要原因。

③现场方面，跟班队长、班长现场监督检查不到位，未及时对顾××无证上岗的违章行为进行制止，迎头组长现场违章指挥，安排其操作耙装机，是造成事故的重要原因。

事故教训：

①加强对特殊工种的安全技术培训。定期对各类特殊作业人员进行培训，提高设备操作人员的覆盖面，提高职工的安全技术素质，预防和杜绝无证上岗。

②强化职工安全意识教育，提高职工遵章作业的自觉性。区队在进行安全教育时，要结合现场实际，围绕安全重点作具体的、细致的安全教育，增强职工的规范操作和自主保安意识。职工要坚决抵制违章指挥。

③认真执行《煤矿安全规程》中的规定，加强对特殊工种的管理和控制，确保特殊工种持证上岗；现场管理人员要加强对特殊工种、重要岗位的管理和监控，强化安全检查，杜绝类似事故的发生。

事故有感：

"上标准岗，干标准活"。这是任何工作岗位必须做到的最基本的要求。当你工作的时候不妨自问一下："我按照标准做了吗？"一个没有准则的人，肯定是一个糊涂人！

第四节 喷浆工

一、上岗条件

喷浆机司机要掌握喷浆机和拌料机的构造、性能原理。并懂得一般性的故障处理及维修、保养方面的常识，熟练地掌握喷浆技术。

二、操作顺序

喷浆工的操作顺序：备齐施工机具、材料→安全质量检查，处理危岩悬矸→初喷→复喷→检查、整改支护质量，清理施工现场。

三、操作方法

1. 配、拌料

(1) 按设计配比把水泥和骨料送入拌料机，上料要均匀。

(2) 检查拌好的潮料含水率，要求能用手握成团，松开手似散非散，吹无烟。

(3) 必须按作业规程规定的掺入量在喷射机上料口均匀加入速凝剂。

2. 喷射

(1) 开风，调整水量、风量，保持风压不低于 0.4 MPa。

(2) 喷射手操作喷头，自上而下冲洗岩面。

(3) 送电，开喷浆机、拌料机，上料喷浆。

(4) 根据上料情况再次调整风、水量，保证喷面无干斑、无流淌。

(5) 喷射手分段按自下而上、先墙后拱的顺序进行喷射。

(6) 喷射时喷头尽可能垂直于受喷面，夹角不得小于 70°。

(7) 喷头距受喷面保持 0.6～1 m。

(8) 喷射时，喷头运行轨迹应呈螺旋形，按直径 200～300 mm、一圆压半圆的方法均匀缓慢移动。

(9) 应配两人，一人持喷头喷射，一人辅助照明并负责联络，观察顶帮安全和喷射质量。

3. 停机

喷浆结束时，按先停料、后停水、再停电、最后关风的顺序操作。

四、手指口述

(1) 顶板支护可靠，防尘设施完好，检查设备，组织喷浆，确认完毕。

(2) 风水管连接可靠，准备试验风水，确认完毕。

(3) 喷浆机完好，试验风水，开水、开风，确认完毕。

(4) 风水合适，确认完毕，可以喷浆。

(5) 各就各位，送电、上料，开始喷浆。

(6) 停电、停水、停风，喷浆完毕，检查质量。

五、安全规定

(1) 一次喷射混凝土厚度达不到设计要求时，应分次喷射，但复喷间隔时间不得超过 2 h，否则应用高压水冲洗受喷面。

(2) 遇有超挖或裂缝低凹处，应先喷补平整，然后再正常喷射。

(3) 严禁将喷头对准人员。

(4) 喷射过程中，如发生堵塞、停风或停电等故障，应立即关闭水门，将喷头向下放置，以防水流入输料管内；处理堵管时，采用敲击法疏通料管，喷枪口前方及其附近严禁有人。

(5) 在喷射过程中，喷浆机压力表突然上升或下降，摆动异常时，应立即停机检查。

(6) 喷浆时严格执行除尘及降尘措施,喷射人员要佩戴防尘口罩、乳胶手套和眼镜。

(7) 喷射工作结束后,喷层在 7 d 以内,每班洒水一次,7 d 以后,每天洒水一次,并持续养护 28 d。

(8) 喷射混凝土的骨料应在地面拌匀。

(9) 金属网联扣距、联网铁丝规程符合作业规程规定。

(10) 定期进行混凝土强度检测,对不合格的地段必须进行补强支护。

六、危险源辨识

(1) 在喷浆前若发现喷浆地点的电缆、风水管线、风筒及机电设备没有进行保护的,应先进行保护,然后进行喷浆。

(2) 喷射过程中,如发生堵塞、停风或停电等故障,应立即关闭水门,将喷头向下放置,以防水流入输料管内;处理堵管时,采用敲击法疏通料管,喷枪口前方及其附近严禁有人。

(3) 巷道过断层、破碎带及老空等特殊地段时,应先加强临时支护,并派专人负责观察顶板,然后进行喷浆。

(4) 喷浆前若发现输料管路有急弯,应及时整理平直,并把接头安装严紧,不漏风后方可进行操作。

七、事故案例

(1) 2004 年 11 月 13 日早班 7:00,某矿张××、曹××等人在 130 一节上山喷浆,曹××抱喷头,张××照灯。在喷浆过程中张××盲目拖拽供水胶管,曹××站立不稳被水管绊倒,导致喷浆枪口失控,喷浆料喷到张××脸上,当场把张××的左眼膜打伤。

事故原因:

①曹××抱喷浆枪头没有站稳,使枪头对准他人,致使张××受伤,是造成事故的直接原因。

②张××自主保安意识不强,在没有观察现场情况下,盲目拖拽供水胶管,将曹××绊倒,致使喷浆枪口失控,是事故发生的主要原因。

③区队对职工安全教育不够,职工安全意识淡薄,自主保安相互保安意识不强,是造成事故的重要原因。

事故有感:

也许是无意而为之,却造成了实实在在的伤害,纵观身边所有的事故案例,又有哪一起事故是主观的故意?隐患存在于生产中的每一个细节,稍有不慎就会招致不可预测的后果。

(2) 2003 年 5 月 8 日早班,某矿 1040 皮带下山扩修完准备喷浆,在试吹风管内杂物时,由于刘××安全意识淡薄、麻痹大意,被管内吹出的杂物打伤右眼,经手术抢救,右眼球被摘除。

事故原因:

①刘××身为副班长，安全意识淡薄、麻痹松懈，在明知风管内有杂物吹出的情况下，不戴防护眼镜，违章作业，是造成这起事故的直接原因。

②在开风阀门时应先小后大，却一下子把风开到最大，违章操作，是造成这起事故的主要原因。

③区队安全教育不严不细，安全管理不到位，制度措施在现场得不到落实，是造成这起事故的重要原因。

事故教训：

刘××身为副班长，却不按规程措施要求施工，带头违章作业，他失去的不仅仅是自己的一只眼睛，更重要的是给了人们十分深刻的教训。因此，不管是管理人员还是操作人员，一定要把严格落实规程措施作为保障安全、保护生命的头道防线，绝不能掉以轻心，否则就会造成不堪设想的严重后果。

事故有感：

还有什么比眼睛更重要？还有什么比生命更珍贵？作业规程和安全技术措施是实现安全生产的有力保证，是总结了无数经验和血的教训形成的。只有在工作中严格按照规程措施要求去做，才能不伤害自己，不伤害他人，不被他人伤害。

第五节　上、下山绞车工

一、上岗条件

必须熟悉所使用绞车的结构、性能、原理、主要技术参数及完好标准，并能进行一般性检查、维修、润滑保养及故障处理；掌握使用该绞车巷道的基本情况，如巷道长度、坡度、变坡地段、中间水平车场（甩车场）、支护方式、轨道状况、安全设施配置、信号联系方法、牵引长度及规定牵引车数等。经专业培训考试合格，取得操作资格证，持证上岗。

二、操作顺序

上、下绞车的操作顺序：检查→发出信号启动→运行→结束停机。

三、操作方法

（1）听到清晰准确的信号后，首先应打开红灯示警，然后闸紧制动闸，松开离合闸，按信号指令方向启动绞车空转，缓缓压紧离合闸，同时缓缓松开制动闸，使滚筒慢转，平稳启动加速，最后压紧离合闸，松开制动闸，达到正常运行速度。

（2）必须在护绳板后操作，严禁在绞车侧面或滚筒前面操作；严禁一手开车、一手处理爬绳。

（3）下放矿车时，应与把钩工配合好，随推车随放绳，禁止留有余绳，以免车过变坡点时突然加速绷断钢丝绳。

（4）禁止两个闸把同时压紧，以防烧坏电机。

(5) 启动困难时应查明原因，不准强行启动。

(6) 绞车运行中应精力集中，注意观察，手不离闸把，收到不明信号应立即停车查明原因。

(7) 注意绞车各部运行情况，发现下列情况时必须立即停车采取措施，待处理好后方可运行：

① 有异常响声、异味、异状。

② 钢丝绳有异常跳动，负载增大或突然松弛。

③ 稳固支柱有松动现象。

④ 有严重咬绳爬绳现象。

⑤ 电机有异常。

⑥ 突然断电或其他险情时。

(8) 应根据提放煤矸设备材料等荷载不同和斜巷的变化起伏，酌情掌握速度。严禁不带电放飞车。

(9) 接近停车位置时，应先慢慢闸紧制动闸，同时逐渐松开离合闸，使绞车减速。听到停车信号后，闸紧制动闸，松开离合闸，停车、停电。

(10) 上提矿车时，车过变坡点后应停车准确，严禁过卷或停车不到位。

四、手指口述

(1) 闸、离合器完好，声光信号正常，确认完毕。

(2) 绞车固定可靠，确认完毕。

(3) 钢丝绳、保险绳、钩头完好，确认完毕。

(4) 经检查一切正常，可以开车，确认完毕。

五、安全规定

(1) 小绞车硐室或安装地点应挂有司机岗位责任制和小绞车管理牌板（标明：绞车型号和功率、配用绳径、牵引长度、牵引车数及最大载荷、斜巷长度及坡度等）。

(2) 必须严格执行"行车不行人，行人不行车、不作业"的规定。

(3) 严禁超载、超挂、蹬钩、扒车。

(4) 矿车调道时禁止用绞车硬拉复位。

(5) 在斜巷中施工或运送支架、超长超大物件时，应按专项措施执行。

(6) 正常停车后（指较长时间停止运行），应闸死滚筒，需离开岗位时，必须切断电源。

(7) 必须穿工作服，扎紧袖口，精力集中，严格按信号指令操作，不得擅自离岗。

(8) 认真执行岗位责任制和交接班制度。

六、危险源辨识

(1) 开动绞车时，若发现绞车有异常响声、异味、异状，应及时进行处理，处理完毕后方可进行操作。

(2) 在绞车运行过程中，若出现钢丝绳有异常跳动、负载增大或突然松弛，应及时停车，检查处理问题。

(3) 在绞车运行时，若出现有严重咬绳爬绳现象，应停车并关闭电源进行处理。

(4) 操作绞车工程中若遇到绞车开动困难，应先查明原因，进行处理，待处理完毕后方可进行操作。

七、事故案例

(1) 2005年2月18日早班，某矿刘××等5名工人在410副巷打迎头。迎头响完炮后组长安排他开小绞车，送电后看到绳不正，就用手去调整，身体压到闸把上，拿绳的手未及时抽出，被绳压住造成无名指第一节被挤掉。

事故原因：

①刘××图省劲、怕麻烦，违章用手拨绳，是造成这起事故的直接原因。

②区队安全教育不到位，现场安全工作抓得不严、不细，是造成这起事故的直接原因。

事故教训：

①要强化职工安全教育，增强安全思想意识，搞好自主保安。

②要加强对职工业务技能的培训，努力提高事故的防范能力。

③要强化遵章作业意识，坚决杜绝违章作业。

事故有感：

血的教训一次次告诫我们：安全工作，不能大意，老虎有打盹的时候，但安全工作绝不允许我们"打盹"。

(2) 2003年2月28日早班，某矿马××在316上出口迎头开绞车时，因绞车车绳跑偏，便顺手将一根3.6 m长的铁路顶在抬棚上挡绳。当提到第4钩车时，因车速较快，绞车撞到铁路上，将抬棚顶倒，马××腿被落下的棚梁砸致骨折。

事故原因：

①马××安全意识淡薄，图省劲、怕麻烦、违章操作，是造成事故的直接原因。

②区队安全教育不到位，现场管理混乱，安全监督不力，是造成事故的主要原因。

事故教训：

①强化职工安全教育，提高职工的自主保安和事故防范能力，严格执行各项规章制度。

②强化安全生产管理，加大安全监察力度，及时消除事故隐患，确保各种安全设施灵活可靠。

事故有感：

惰性，是人性中固有的本性之一，也是人性中潜在的魔鬼，有理性的人会把它隐藏起来，压制下去，不让惰性肆意滋长，一旦人的惰性占据了主导地位，做事唯唯诺诺、得过且过，那么，此长彼消，理想就会被泯灭。被践踏，你也将会付出沉重的代价，甚至生命。

第六节 信号把钩工

一、上岗条件

必须掌握所在工作地点的提升运输线路及巷道技术参数，熟悉《煤矿安全规程》的相关规定和所使用车辆、挡车设施、信号设施的性能，清楚列车组列方法和连接装置的选择，必须经专业培训考试合格、取得操作资格证后持证上岗。

二、操作顺序

运行前：联环→挂钩头→挂保险绳→发开车信号。
停车后：摘保险绳→摘钩头→摘环。

三、操作方法

（1）停稳后方可摘挂钩，严禁车未停稳就摘挂钩，严禁蹬车摘挂钩。

（2）每次挂钩完毕后，必须对列车组列、装载、连接装置、保险绳等进行详细检查，确认无误后方可发出开车信号，开车后要目送车辆运行，并正确使用挡车设施，发现异常及时发出紧急停车信号。

（3）运送超长、超宽、超高、超重以及特殊物料进入斜坡时，必须停车检查连接固定情况，确认无误后方可提升。

摘挂钩操作时站立的位置应符合下列要求：

①严禁站在道以内，头部和身体严禁伸入两车之间进行操作，以防车辆滑动碰伤身体。

②必须站立在轨道外侧，距外侧钢轨 200 mm 左右。

③单道操作时，一般应站在信号位置同一侧或巷道较宽一侧。

④双道操作时，应站在双道之间，如果双道之间安全间隙达不到《煤矿安全规程》的要求时，则应站在人行道一侧。

⑤摘挂完毕确需越过串车时，严禁从两车辆之间或车辆运行下方越过。

（4）发关信号时应站立在信号硐室内或安全地点，手按信号发送器，严密注视车辆运行状况，发现异常或事故，及时发关紧急停车信号。

四、安全规定

（1）严格执行"行车不行人"制度。
（2）执行作业地点技术特征牌板中对物料运送的要求。
（3）挡车设施必须处于常闭状态，在上部平车场严禁有余绳开车。
（4）严禁用代用品代替联接装置。
（5）执行岗位责任制和交接班制度。
（6）严禁用矿车运送人员，严禁扒、蹬、跳车。
（7）严禁他人代替摘挂钩或发送信号。

(8) 提升时严禁非把钩信号工进入车场，已进入提升区段的要躲入安全地带。
(9) 严禁用空钩头拖拉钢轨等物料。
(10) 下山掘进，上提车辆正常使用尾绳。

五、手指口述

(1) 声光信号装置灵敏可靠，钩头、保险绳完好，确认完毕。
(2) 斜巷安全设施完好，没有行人，确认完毕。
(3) 主副绳已连好，可以发信号拉车，确认完毕。

六、危险源辨识

(1) 在绞车进行操作时，若发生矿车掉道的情况，应先打信号，马上停止运输，待处理好矿车掉道情况后方可进行操作。
(2) 在斜巷运输过程中，若遇到超长、超大物件，应先按专项措施进行处理，待处理完毕后方可进行操作。

七、事故案例

2004年1月21日正好是农历大年三十，早班10点，某矿李××在－600绞车道底盘摘挂时，为图省劲，拉起载车，打住信号，便急忙去摘掉后面的载车。由于钢丝绳的反弹作用和车辆惯性，伤者的头正好在两车之间被挤伤，造成左下颚骨骨折。

事故原因：
①李××安全意识淡薄，自主保安能力差，图省劲、怕麻烦，单岗操作业务技能经验不足，是造成事故的直接原因。
②2004年1月21日正好是大年三十，过节思想浓厚，回家后不注意休息，造成身心劳累，上班精力不集中，反应迟钝，是造成这一事故的主要原因。

事故教训：要严格按章作业，不能图省劲、怕麻烦。要淡化过节意识，注意休息好，上班精力要集中。强化安全教育，增强安全意识，提高自主保安能力和遵章作业的自觉性。

事故有感：

　　每逢佳节倍思亲。忙家事、盼团圆，万不能赶时间、抢上井，乱了方寸。需知道，家人盼归的是健康的你，全家平安才是美满。

第七节　电机车司机

一、上岗条件

电机车司机必须掌握设备的结构、性能、工作原理和技术特征，并能够处理电机车的简单故障。须经过培训、考试合格后持证上岗。

二、正常顺序

检查电机车→启动和制动试验→开动→正常行驶→停止。

三、操作方法

（1）检查受电器和电源开关是否工作正常。
（2）控制器是否灵活，闭锁装置是否可靠。
（3）机车的闸、灯、喇叭、连接装置和撒沙装置是否正常。
（4）各处油量是否满足，机械部分有无缺损或螺丝松动。
（5）最后做一次启动和制动试验。
（6）开车前要检查车前、后有无障碍物。
（7）合上电源开关，将换向手把按上。
（8）推动换向手把至所需位置。
（9）按响喇叭，松开车闸。
（10）控制器自零位推至一挡，电机车启动，等全部车辆启动后再逐渐加速到正常速度运行。

四、安全规定

（1）按规定车辆数进行配车，不得随意超挂车。
（2）司机要熟知信号规定：一声表示停车，二声表示前进，三声表示后退。
（3）司机开车前要检查车前、后有无障碍物。如不检查极易碰、撞轨道上行走的人或车辆。
（4）司机操作机车必须在机车驾驶室内，将车门关好，目视前方，不得背脸开车和身体任何部位露出车外及在车外开车、碰伤司机。
（5）车启动时要按下列顺序进行：
①合上电源开关，将换向手把按上。
②推动换向手把至所需位置。
③按响喇叭，松开车闸。
④控制器自零位推至一挡，电机车启动，等全部车辆启动后再逐渐加速到正常速度运行。
⑤如遇路滑、爬坡，需撒沙后再启动。防止车轮与轨道打滑而加速车轮磨损。
（6）列车或单独机车都必须前有照明、后有红灯。正常运行时，机车必须在列车前端。
（7）机车行近巷道口、硐室口、弯道、道岔坡度较大或噪声大等地段，以及前面有车辆或视线有障碍时，都必须减低速度运行，并发出信号。
（8）严禁运送火药、雷管。由于火药、雷管属于易燃易爆品，电机车车体通有直流电流，极易引爆火药和雷管。

五、手指口述

（1）前后照明灯正常，警铃正常，确认完毕。
（2）车前车后无人及其他障碍物，确认完毕。
（3）车门已关好，可以开车，确认完毕。
（4）停车位置为指定位置，可以停车，确认完毕。

六、危险源辨识

（1）电机车司机不得擅自离岗，一旦需要离开时，必须切断电动机电源，取下换向器手把，扳紧车闸，但不得关闭车灯。
（2）电机车停车时，如遇路滑、爬坡，必须关紧手闸，并且倚住电机车车轮，以免机车自行滑动。
（3）机车行近巷道口、硐室口、弯道、道岔坡度较大或噪声大等地段以及前面有车辆或视线有障碍时，都应立即减低速度运行，并发出信号，以免撞伤行人。

七、事故案例

2005年10月1日夜班，某矿电机车司机王××在－255开电机车时，在过弯道时不鸣笛，不开前灯，违规操作，被跟班领导当场查处。
违章原因：
（1）王××安全意识淡薄，缺乏工作责任心，是造成违章的直接原因。
（2）区队安全管理工作不严不细，安全教育培训不到位，致使职工安全意识淡薄、有章不遵，是造成职工违章作业的重要原因。

事故有感：
　　如此的违章引发的事故不计其数，违章被查处实是敲响了警钟。在安全上一定要当明白人，千万不要等悲剧发生后再后悔莫及。

第八节　推　车　工

一、上岗条件

推车工要熟悉巷道的坡度、道岔、拐弯、沿途设施及矿车至两帮的安全间隙，以便在发车推车拐弯、速度控制、发车警号、停车时做到心中有数。必须经过专门培训、考试合格后方可上岗。

二、操作工序

（1）推车前，应认真巡视路线，检查轨道和道岔，清除沿途障碍物，确保线路畅通无阻。
（2）推车前，应将后面的矿车用木楔稳住。

(3) 推车时应在矿车后方推车，不准在车前拉车和手把车沿推车，并注意防止巷道两帮或风门等物体挤伤人。

(4) 推车工必须头戴矿灯，集中精力，注意前方，严禁低头推车。

(5) 在弯道推车时用力要里带外推，以防调道。

(6) 推车通过非自动风门时，应先减速、后停车、再开门，通过后立即关闭风门。若通过一组风门时，要做到一开一关，不准同时打开。不准用矿车撞风门。

(7) 推车过道岔时，要在减速停车后再扳道岔，过道岔后应将道岔扳回原位。

(8) 推到位置的矿车，应挂好钩或用木楔稳住。

(9) 在能自行滑动的坡度上停放车辆时，必须用可靠的制动器或木楔稳住，否则不准停放。

三、手指口述

(1) 轨道已畅通，确认完毕。

(2) 推车区域内人员站位安全，确认完毕。

(3) 车已停稳，阻车设施已安设，确认完毕。

四、危险源辨识与安全规定

(1) 人力推车时，必须遵守下列规定：

① 一次只准推一辆车。严禁在矿车两侧推车。同向推车的间距，在轨道坡度小于或等于5‰时不得小于10 m，坡度大于5‰时不得小于30 m。前车停车时，要立即发出警号通知后车。

② 推车时必须时刻注意前方。在开始推车、停车、调道、发现前方有人或有障碍物、从坡度较大的地方向下推车，以及接近岔道、弯道、巷道口、风门、硐室出口时，都必须发出警号。

③ 推车应匀速前进，严禁放飞车，不准蹬坐车滑行。

④ 巷道坡度大于7‰时，严禁人力推车。

(2) 在车场或错车道存车时，矿车不准压道岔。

(3) 在单轨道上推车，要确认对方没有车辆推过来时才准发车。两人以上推车时要同进同出，以免发生误撞。在双轨道上推车时，应检查另一轨道上的车辆是否有超宽物料。

(4) 临时停车处理障碍物时，必须提前发出警号，把矿车停稳挡好并在矿车两端10 m处设阻挡物。

(5) 在巷道内推车时，严禁用肩扛车。

(6) 在平车场接近变坡点推车时，必须检查挡车设施是否关闭。

五、事故案例

2004年8月5日夜班2时，某矿魏××在－410东轨大巷2#联络巷车场处换车，当连环连到第二个载车时，被第三个连环将拇指砸伤。

事故原因：

(1) 魏××自主保安意识差，工作时精力不集中，操作不当，是造成事故的直接原因。

(2) 区队对单岗作业人员未重点强调安全注意事项，是造成事故的主要原因。

事故教训：

区队要切实加强对职工的安全教育，提高职工的安全意识和综合素质。魏××之所以受伤，正是说明自己安全意识淡薄，自主保安意识差，没有真正认识到安全工作的重要性。

事故有感：

小小三连环伤人不少，常在河边走不可忽视。小事成就大事，细心造就安全。

第九节　井下电钳工

一、上岗条件

具备电工基本知识，熟悉所维修范围内的供电系统、电气设备和电缆线路的主要技术特征以及电缆的分布情况。经过培训合格后持证上岗，无证不得上岗进行电气操作。

二、操作方法

(1) 馈电开关的短路、过负荷、漏电保护装置应保持完好，整定值正确，动作可靠。

(2) 在检查和维修过程中，发现电气设备失爆时，应立即停电进行处理。对在现场无法恢复的防爆设备，必须停止运行，并向有关领导汇报。

(3) 检漏继电器跳闸后，应查明跳闸原因和故障性质，及时排除后才能送电，禁止在甩掉检漏继电器的情况下对供电系统强行送电。

(4) 电气设备的局部接地螺栓与接地引线的连接必须接触可靠，不准有锈蚀。连接的螺母、垫片应镀有防锈层，并有防松垫圈加以紧固。局部接地极和接地引线的截面尺寸、材质均应符合有关规程细则规定。

三、危险源辨识与安全规定

(1) 上班前不喝酒、遵守劳动纪律，上班时不做与本职工作无关的事情，遵守本操作规程及各项规章制度。

(2) 高压电气设备停送电操作，必须填写工作票。

(3) 检修、安装、挪移机电设备、电缆时，禁止带电作业。

(4) 井下电气设备在检查、修理、搬移时应由两人协同工作，相互监护。检修前必须首先切断电源，经验电确认已停电后再放电（采区变电所的电气设备及供电电缆的放电，只能在硐室内瓦斯浓度在1%以下时才准进行）、悬挂接地线，操作手把上挂"有人工作，禁止合闸"警示牌后，才允许触及电气设备。

(5) 操作高压电气设备时，操作人员必须戴绝缘手套、穿高压绝缘靴或站在绝缘台上操作。操作千伏级电气设备主回路时，操作人员必须戴绝缘手套或穿高压绝缘靴，或站在绝缘台上操作。127V手持式电气设备的操作手柄和工作中必须接触的部分的绝缘应良好。

（6）井下电气维修工工作期间，应携带电工常用工具、与电压等级相符的验电笔和便携式瓦斯检测仪。

（7）凡有可能反送电的开关必须加锁，开关上悬挂"小心反电"警示牌。如需反送电时，应采取可靠的安全措施，防止触电事故和损坏设备。

（8）在同一馈电开关控制的系统中，有两个及以上多点同时作业时，要分别悬挂"有人工作，严禁送电"的标志牌，并应有一个总负责人负责联络、协调各相关环节的工作进度。工作结束后、恢复送电前，必须由专人巡点检查，全部完工并各自摘掉自己的停电标志牌后方可送电。严禁约定时间送电。

四、手指口述

1. 停电前准备

（1）停（送）电工作票符合要求，与停（送）电开关一致，确认完毕。

（2）接地极、接地线符合要求，确认完毕。

（3）绝缘手套、绝缘靴穿戴正确，确认完毕。

（4）瓦斯浓度符合规程规定，确认完毕。

2. 停电检查

（1）停（送）电开关与工作票一致，确认完毕。

（2）隔离手把已拉开、闭锁、挂牌，确认完毕。

（3）开关已停电，确认完毕。

3. 验、放电工作检查

（1）验电工作完成，设备无电，确认完毕。

（2）放电工作完成，接地线已挂设，确认完毕。

4. 送电检查

（1）接地线、警示牌已拆除，确认完毕。

（2）闭锁已打开，可以送电，确认完毕。

五、事故案例

2005年5月15日，某矿4302配电点，新安315 kVA移变发生故障，值班维修工到现场处理，经检查并更换简陋继电器后送点，约5 s后，听到开关内有异响，打开开关后，发现本体烧毁。经组织人员抢修，于21时58分恢复送点。

事故原因：

（1）新安移变在停运期间进入潮气，安装后没有仔细检查，导致弧光短路，是造成这次事故的主要原因。

（2）维修人员没有完全诊断出故障，再次合闸是导致这次事故的重要原因。

（3）安全教育不到位，维修人员没有严格落实移变检查制度，是造成这次事故的另一原因。

事故教训：

（1）严格落实设备定期检查制度，对供电设备实行强制检测。

（2）加强职工的业务培训和安全教育，提高业务能力和安全意识。

事故有感：
　　经验让人成熟，阅历让人练达。技术过硬是安全作业的基础，经验阅历是应对复杂局面的资源。这种宝贵的资源来自成功和挫折的精磨细酿。

第十节　风　筒　工

一、上岗条件

（1）风筒工必须经过培训、考试合格后方可上岗。
（2）风筒工需要掌握以下知识：
①《煤矿安全规程》对局部通风机及其开停的有关规定。
②《煤矿安全规程》对选用风筒的有关规定。
③风筒安装、使用的有关规定和技术要求。
④所分管区域的掘进工作面的情况。
⑤有关煤矿瓦斯、煤尘爆炸的知识。
⑥井下各种气体超限的危害及预防知识。
⑦下井须知的有关安全规定。

二、操作顺序

安装时：运输→吊挂→检查。
拆除时：拆除→运输→检查（晾晒）→修补→保存。

三、操作要求

（1）风筒的吊挂要平、直、稳、紧，避免风筒被刮破、挤扁、放炮崩破。
（2）风筒吊挂要逢环必挂，尽量靠近巷道一帮，高度符合设计要求。
（3）吊挂风筒要采用由外向里的方向，逐节连接、吊挂。
（4）风筒的接头要严密。
（5）斜巷施工时，风筒更要注意接头牢固，防止脱落。
（6）经常检查风筒的质量，发现有破口、漏风，要及时修补。
（7）更换风筒时，不得随意停风。确需停风时，应按照矿井技术负责人签发的停风计划执行。
（8）在正常工作中，如果风筒突然断开、大破裂，影响到正常供风，应及时通知受影响地点的人员撤出，并尽快修复、更换。在更换过程中要注意检查有害气体的积聚情况，按照有关规定操作。更换完毕后，要向调度室和通防部门汇报。
（9）巷道掘进完成后，应在通防部门的指挥下及时把风筒全部拆除。拆除的风筒要运至井上，冲洗、晒干、修补完好。
（10）拆除独头巷道的风筒时，不得停风，要由里向外依次拆除。
（11）风筒吊挂一般应避开电缆、各种管线，以免相互影响。

三、手指口述

风机运转正常，风筒吊挂平直，不超距，无破口，确认完毕。

四、安全规定

(1) 风筒末端到工作面的距离，岩巷不大于 10 m，煤巷不大于 8 m。
(2) 风筒必须使用有"煤安"标志的合格产品。
(3) 风筒拐弯处要缓慢拐弯，不准拐死弯。
(4) 一台风机不允许同时向两个作业的掘进工作面供风。
(5) 风筒管理要做到"五不让"：不让风筒落后工作面的距离超过作业规程规定、不让风筒脱节破裂、不让别人改变风筒的位置和方向、不让风筒堵塞不通、不让风筒淹在水中。

五、事故案例

2001 年 11 月 16 日早班，某矿区队安排职工张××去轨道上山处理风筒破口，张××在没有做任何安全措施或找人帮忙扶梯子的情况下，心存侥幸独自进行工作，突然梯子滑倒，造成张××右大腿骨折。

事故原因：
(1) 张××自主保安意识不强，是造成事故的直接原因。
(2) 区队安全教育不到位，安排工作不严不细，是造成事故的主要原因。

事故教训：
(1) 在斜巷中处理风筒时，必须做好安全防护，有专人扶梯，不得单独工作。
(2) 加强现场安全管理，强化安全教育。

事故有感：

　　侥幸源于盲目自信。十次违章悄然无事，我心释然；一次违章酿成祸事，好不凄惨，不怕一万，就怕万一。侥幸心理支配着的行为，必然招致不幸的后果。

第十一节　电机车跟车工

一、操作要求

跟车工要全面掌握机车运行路线、路况及道岔位置。

二、操作准备

(1) 检查矿车销、三环链、联接装置、碰头等部件是否完好。
(2) 检查车辆装载情况，超高、超宽、偏斜等不符合规定的物品有权拒绝运送。
(3) 提醒电机车司机开车前发出开车信号。
(4) 运行前对各矿车连接情况进行全面检查。

三、正常操作

(1) 对列车组全面检查后，挂好红尾灯上车坐稳，面向矿车方向身体前倾，与集电弓和导电滚保持 400 mm 距离，以防触电。

(2) 行车时负责观察后部车辆运行情况，发现车辆掉道或有人扒车时及时通知司机停车。

(3) 行车时严禁将身体的任何部位探出车外，提醒司机到弯道处发信号、减速行驶。

(4) 行车途中有故障时，必须停稳车后方可处理。

(5) 列车进入车场闭合道岔时，必须在列车停稳后，将牵引机车摘钩，牵引电机车开进空车道，符合警冲标位置挂车。跟车工观察车场情况，确认不影响行车安全后，方可将闭合岔打向重车道，用绳套将矿车牵引过道叉后，跟车工把道叉打向空车道，电机车开出空车道后，跟车工把道叉打向重车道，电机车把重车顶到警冲标位置后退出重车道，跟车工把道岔打向空车道摘下红灯挂到空车上，电机车开进空车道牵引空车进入里部车场。

(6) 在存车场存车时，严禁异道顶车。车辆摘钩后，必须对所有车辆可靠挂车。列车开出车场后，必须将车场道岔恢复正常行车路线，严禁在规定的存车场外或道岔上存放矿车。

(7) 一般情况下，严禁顶车作业，确须顶车时，必须在前方探路，严禁顶车不挂环。

每班工作结束后，与下班跟车工交接，履行交接手续后方可离岗，将列车红灯交充电室充电。

(8) 交班跟车工要向下一班跟车工交清路线、道岔、信号、警冲标等情况。

四、手指口述

(1) 矿车已连好、尾灯已挂好，可以开车，确认完毕。

(2) 电机车已到停车位置，可以停车，确认完毕。

五、事故案例

2004 年 2 月 29 日早班 12 时，某矿张××等人从 1# 片盘往下山用车盘运铁路，在没有用钢丝绳将铁路封牢的情况下，跟在车后随料同行。在南一门口处车盘下撤，铁路从车盘上滚下，砸在张××右腿上，造成其小腿粉碎性骨折，经鉴定为重伤。

事故原因：

(1) 张××安全意识不强，自主保安能力差，违章作业，在铁路没有封牢的情况下随料同行，是造成事故的直接原因。

(2) 班长安排工作麻痹大意，缺乏相互保安意识，致使安全管理出现漏洞，是造成事故的主要原因。

(3) 区队安全管理不到位，对特殊作业要求不严不细，是造成事故的重要原因。

事故教训：

(1) 加强现场安全管理，管理人员要盯紧现场，切实抓好安全监督检查，杜绝违章作业现象，预防各类事故的发生。

(2) 加强单岗作业人员的教育和管理，自觉增强自主保安和相互保安意识，确保安全生产。

事故有感：

安全在于心细，事故出自大意。在煤矿井下特殊的环境中作业，哪怕有一丁点闪失，都可能引发事故。世界上是没有卖后悔药的。只有消除思想上的隐患，才能保证工作中的安全。否则，一旦出事，就会后悔莫及。

第十二节 电 焊 工

一、上岗条件

电焊工必须经过培训、考试合格后方可上岗。

二、操作要求

(1) 电焊机线路各连接点必须接触良好。
(2) 任何时候焊钳都不得放在工作台上。
(3) 发现电焊机出现异常时，马上停机、断电。
(4) 操作完毕或检查电机时，必须拉闸、断电。
(5) 使用前，检查一次二次线是否有短路现象。

三、手指口述

(1) 作业前手指口述：劳动保护用品佩戴齐全，工作空间无易燃、易爆物品，焊接设施完好。
(2) 作业后手指口述：电源已切断，火源已熄灭，确认完毕。

四、安全规定

(1) 防止触电：检查电焊机外壳接地是否良好；焊钳及焊接电缆绝缘必须良好。
(2) 操作人员应穿绝缘鞋、戴好电焊手套，不准在湿地处工作。人体不要同时接触电焊机输入两端，防止弧光伤害。
(3) 操作人员应穿好劳动服、使用焊帽、戴电焊手套以防止烫伤。
(4) 清渣时，注意铁渣飞溅方向。
(5) 焊接后，焊件用火钳夹持，不准用手直接拿。

第十三节 气 焊 工

一、上岗条件

(1) 电焊工必须经过培训、考试合格后方可上岗。

二、操作要求

(1) 焊接前应仔细检查气瓶送气管道有无损坏、堵塞，连接是否严密。

(2) 焊接时应按规定穿戴好个人防护用品。
(3) 夏季应将气瓶放置于阴凉处，冬季应放置于温暖处，以防爆裂和结冰。
(4) 氧气和乙炔气瓶与明火作业点之间距离应符合安全距离。
(5) 工作地点附近不得有易燃易爆物品。
(6) 焊接中应经常检查各部位工作是否正常，焊接完毕应按规定关好各种开关。
(7) 工作场地要保持整齐清洁，严禁杂乱无章的现象。

三、手指口述

(1) 作业前手指口述：劳动用品佩戴齐全，安全距离、工作环境符合要求（氧气、乙炔瓶安全间距大于5 m，距明火大于10 m，10 m范围内无易燃、易爆物品），管路、割具完好，确认完毕。

(2) 作业后手指口述：氧气、乙炔阀已关闭，防护帽已戴好，现场无隐患，确认完毕。

第十四节　矿工自保互保

矿井发生事故后，矿山救护队不可能立即到达事故地点。实践证明，矿工如能在事故初期及时采取措施，正确开展自救互救，可以减少事故危害程度，减少人员伤亡。

（一）对中毒或窒息人员的急救

(1) 立即将伤员从危险区抢运到新鲜风流中，并安置在顶板良好、无淋水的地点。
(2) 立即将伤员口、鼻内的黏液、血块、泥土、碎煤等除去，并解开其上衣和腰带，脱掉其胶鞋。
(3) 用衣服覆盖在伤员身上以保暖。
(4) 根据心跳、呼吸、瞳孔等特征和伤员的神智情况，初步判断伤情的轻重。休克伤员的两瞳孔不一样大、对光线反应迟钝或不收缩。对呼吸困难或停止呼吸者，应及时进行人工呼吸。当出现心跳停止的现象时，除进行人工呼吸外，还应同时进行胸外心脏按压急救。
(5) 人工呼吸持续的时间以伤员恢复自主性呼吸或到伤员真正死亡时为止。当救护队来到现场后，应转由救护队用苏生器苏生。

（二）对外伤人员的急救

1. 对烧伤人员的急救

矿工烧伤的急救要点可概括为灭、查、防、包、送五个字。

灭：扑灭伤员身上的火，使伤员尽快脱离热源，缩短烧伤时间。

查：检查伤员呼吸、心跳情况；检查是否有其他外伤或有害气体中毒；对爆炸冲击烧伤伤员，应特别注意有无颅脑或内脏损伤和呼吸道烧伤。

防：要防止休克、窒息、创面污染。伤员因疼痛和恐惧发生休克时或发生急救性喉头梗阻而窒息时，可进行人工呼吸等急救。为了减少创面的污染和损伤，在现场检查和搬运伤员时，伤员的衣服可以不脱、不剪开。

包：用较干净的衣服把伤员包裹起来，防止感染。在现场，除化学烧伤可用大量流动清水持续冲洗外，对创面一般不作处理，尽量不弄破水泡以保持表皮。

送：把严重伤员迅速送往医院。搬运伤员时，动作要轻柔，行进要平稳，并随时观察伤情。

2. 对出血人员的急救

对这类的伤员，首先要争分夺秒、准确有效地止血，然后再进行其他急救处理。止血的方法随出血种类不同而不同。出血的种类有：

①动脉出血，血液是鲜红的，而且是从伤口向外喷射。

②静脉出血，血液是暗红色，血流缓慢而均匀。

③毛细血管，血液呈红色，像水珠似的从伤口流出。

对毛细血管和静脉出血，一般用干净布条包扎伤口即可，大的静脉出血可用加压包扎法止血，对于动脉出血应采用指压止血法或加压包扎止血法。

对于因内伤而咯血的伤员。首先使其取半躺半坐的姿势，以利于呼吸和预防窒息；然后劝慰伤员平稳呼吸，不要惊慌，以免血压升高，呼吸加快，使出血量增多；最后等待医生下井急救或护送出井就医。

3. 对骨折人员的急救

对骨折者，首先用毛巾或衣服作衬垫，然后就地取用木棍、木板等材料做成临时夹板，将受伤的肢体固定后，抬送医院。对受挤压的肢体不得按摩、热敷或绑电缆皮，以免加重伤情。

①上臂骨折：于患侧腋窝内垫以棉垫或毛巾，在上臂外侧安放垫衬好的夹板或其他代用物，绑扎后，使肘关节屈曲90°，将患者捆于胸前，再用干毛巾或布条将其悬吊于胸前。

②前臂及手部骨折：用衬好的两块夹板或代用物分别置放在患侧前臂及手的掌侧及背侧，以布带绑好，再以毛巾或布条将臂吊于胸前。

③大腿骨折：用长木板放在患肢及躯干外侧，将髋关节、大腿中段、膝关节、小腿中段、裸关节同时固定。

④小腿骨折：用长、宽合适的木夹板2块，自大腿上段至裸关节分别在内外两侧捆绑固定。

⑤骨盆骨折：用衣物将骨盆部包扎住，并将伤员两下肢互相捆绑在一起，膝、踝间加以软垫，曲髋、曲膝。要多人将伤员仰卧平托在木板担架上，有骨盆骨折者，应注意检查有无内脏损伤及内出血。

⑥锁骨骨折：以绷带作"∞"型固定，固定时双臂应向后伸。

井下条件复杂，道路不畅，转运伤员要尽量做到轻、稳、快。没有经过初步固定、止血、包扎和抢救的伤员，一般不应运转。搬运时，应做到不增加伤员的痛苦，避免造成新的损伤及合并症。

(三) 对溺水者的急救

对溺水人员应迅速采取下列急救措施：

(1) 转送：把溺水者从水中救出后，要立即送到比较温暖和空气流通的地方，松开腰带，脱掉湿衣服，盖上干衣服，以保持体温。

(2) 检查：以最快的速度检查溺水者的口鼻，如有泥水和污物堵塞，应迅速清除，擦洗干净，以保持呼吸道通畅。

（3）控水：使溺水者取俯卧位，用木料、衣服等垫在肚子下面；或将左腿跪下，把溺水者的腹部放在救护者的大腿上，使其头朝下，并压其背部，迫使其体内的水由气管、口腔里流出。

（4）人工呼吸：上述方法控水效果不理想时，应立即做俯卧压背式人工呼吸或口对口吹气，或胸外心脏挤压。

（四）对触电者的急救

（1）立即切断电源，或使触电者脱离电源。

（2）迅速观察伤员有无呼吸和心跳。如发现已停止呼吸或心音微弱，应立即进行人工呼吸或胸外心脏挤压。

（3）若呼吸和心跳都已停止，应同时进行人工呼吸和胸外心脏挤压。

（4）对遭受电击者，如有其他损伤（如跌伤、出血等），应作相应的急救处理。

第三部分　许厂煤矿"手指口述"工作法心得体会

第一节 综采二队"手指口述"工作法心得体会

自从 2008 年 8 月推行手指口述以来，综采二队推行手指口述经历了三个阶段。

第一个阶段是宣传发动阶段，通过参加矿组织的准备队 5303 工作面现场观摩，区队领导班子、班组长及部分骨干召开了手指口述专题会议，并根据现场实际的操作工艺流程，初步制定出了采煤机、支架、电钳工三个工种的手指口述内容。但在实行过程中暴露出了一些问题，因此，区队进一步规范了部分手指口述的内容。

第二个阶段，通过去综掘二队现场观摩学习，发现了在执行手指口述方面同兄弟单位之间的差距，针对新问题、新情况，该队及时制定措施，集思广益，认真制定并优化了各工种的手指口述内容。根据本队岗位工艺流程，区队班子及班组长在矿手指口述领导小组的指导下，本着严密、细致、简洁的原则，重新编制了各工种的手指口述内容。广大职工根据既定的内容在执行过程中都报以积极的态度去执行，表现出了强烈的执行力。但是随着时间的推移，尤其是形象化工艺流程的出台，部分工种手指口述的内容显然已不适合现场实际情况了，有鉴于此，在全队上下及时召开会议，聘请上级领导作指导，优化了部分工种的手指口述内容，尤其是根据现场实际情况，制定了特殊和紧急情况下的手指口述内容。各工种手指口述内容的不断优化，使工作法在二队的推进得到了纵深方向发展。

第三个阶段起步于 2009 年年初宁尚根教授到许厂煤矿进行手指口述授课后。通过听课，广大职工从思想上真正认识到了手指口述的作用。会后，经区队班子研究决定，每周二、四、六班前（后）会为手指口述专题学习时间。区队班子成员集体研究制定本月手指口述学习内容，编制好配档表，并根据配档表安排，每人做好备课记录。班前会要求职工提前 20 分钟签到，首先由队长、书记或值班队长进行手指口述理论部分的讲解，之间穿插提问昨天讲解的内容，然后以学习型组织为载体，采取互动的方式让职工台前模拟演练，根据模拟演练效果并结合现场实际工作情况由跟班队长点评上一班的手指口述执行落实情况。为了使模拟演练效果形象化，区队特制作了幻灯片和采煤机、支架、开关等实物模型，实物模型的应用不但活跃了现场气氛，而且使职工对机械性能做到了更加详尽的了解，取得了"双赢"的效果。区队每月还组织一次"跳出本班看手指口述"活动，具体实施办法为：一个班挑选某个工种（如支架工）的 1～2 人在不耽搁本班工作的前提下，到别的班观摩手指口述执行情况，并给予打分，所打分数纳入班组绩效考核。旨在通过这项活动使各个班组找差距、比不足，互相监督、互相激励，达到班组之间平衡发展、共同提高、共同进步的目的。

综采二队采取正向激励的办法，并成立了手指口述考核领导小组，制定出了绩效考核机制。手指口述执行情况与工资相挂钩，具体考核结果体现在原始记录单上。根据现场落实情况，跟班队长对于当班手指口述执行工作做得好的职工直接加分给个人，分配标准为最高上限 200 分，分配人数可以是一人或几人，但严禁出现全班平均分配、吃大锅饭的现象。

目前综采二队"手指口述"工作法推进还存有以下问题：
(1) 部分职工从思想上还是不能够正确认识"手指口述"工作法对煤矿安全生产的作用。

(2) 部分职工对"手指口述"在现场的执行不能够自始至终地坚持。
(3) 大部分职工能自觉执行，但是有一部分性格内向的职工还不能主动执行，并且这部分职工很有可能出现工伤。
(4) 职工技能培训应通过什么方式同手指口述结合起来，还有待进一步研究。
(5) 有待提出"手指口述"工作法向前推进的方向和指导性的建议。

第二节 综掘一队"手指口述"工作法心得体会

综掘一队自2008年六月开始逐步推行"手指口述"工作法，从这段时间的运行情况分析，现场实际执行情况已基本趋于正常化、规范化。从初始的综掘机延皮带、综掘机截割、迎头支护、皮带司机、小绞车司机、电钳工维修六个工序到后来又加入的皮带打扣、设备回撤及安装、锚杆拉力实验等，手指口述内容逐步覆盖各工种工艺流程。现在大多数职工对这一工作法比较认可，能够运用"心想、眼看、耳听、手指、口述"等一系列行为，对关键生产工序进行安全确认，工作中的人为失误较以前也大大减少了。

一、存在的不足之处

(1) 考核机制有待完善，许多考核措施落实不到位。
(2) 部分职工主观认识还不够充分，执行过程中不够规范，有应付现象，达不到自觉、自愿、主动落实的程度。
(3) 个别班长、跟班队长没有发挥好带头和监督作用。
(4) 有关方面学习和指导资料缺乏。

二、为进一步推进手指口述的落实制定以下措施

(1) 每班由跟班队长、班长对每名职工进行打分，拿出当班工资的10%作为浮动，班后会上由跟班队长、班长进行总结、讲评。
(2) 以矿安监处日考核分数为依据，月底分班进行汇总统计，对第一名班组每人奖励200元，班长奖励500元，最后一名班组每人罚款200元，班长罚500元。
(3) 每月组织一次手指口述全员考试，分演练、口答、笔试等，每班前三名和后三名分别奖罚200元。
(4) 对与手指口述内容相对应的事故案例反复地讲解，让职工明确手指口述的作用。
(5) 区队班子成员、班长要对各工种、各岗位的手指口述内容熟练掌握，以身示范，起好带头作用，及时纠正职工在现场的不规范行为，跟班队长要把检查、督促手指口述落实情况作为走动管理的一项重要内容。

第三节 综掘二队"手指口述"工作法心得体会

自2008年7月全矿推行"手指口述"工作法以来，综掘二队按照矿领导的推进思路认真地想了、扎实地做了，在不断的实践中提高了认识、触动了灵魂、尝到了甜头、积累了经验。经过近一年在全队上下积极动员和推行，取得了一定的效果，提高了全队上下对

"手指口述"工作法的认识，切实杜绝了各类安全事故的发生。"手指口述"工作法确实能够保证安全生产，能够集中职工在现场作业时的精神，提高工作情绪。

综掘二队现场存在环节多、运输线路长、掘进速度快、人员不集中、管理跟不上等不利因素，个别职工在工作中有图省劲、怕麻烦的表现，这些问题造成了"三违"人员多、罚款多。在推行"手指口述"工作法以前，综掘二队"三违"发生人次每月都很高，平均每月都十几人次。每次看到早会日报表上的高额罚款时，区队领导都感到非常头痛。这些都说明在现场安全管理上有很多薄弱点，违章作业现象时有发生，工程质量不稳定，没有切实的把握来保证现场安全生产。区队也曾采取过很多方法、很多措施，但效果都不理想。2008年7月26日队长周培精与支部书记王守田以及三名班长参加了准备队5303工作面手指口述现场会，感触非常深刻。会议的当天下午，区队及时召开了班子会，传达了会议精神，班子成员达成了共识，一致认为"手指口述"工作法能够解决安全生产过程中存在的问题，能够从根源上解决不安全因素。从8月开始推行"手指口述"工作法以来，当月只出现"三违"8人次，其中有3个是行为养成，生产性"三违"比前几个月降低了近四倍。通过一段时间的实践，职工确确实实感觉到"手指口述"工作法有用、有效！我们欢迎！我们支持！

手指口述是提升岗位作业质量、确保安全生产的重要手段，也是岗位作业文明行为养成的重要内容。开展手指口述，可以使员工在操作中确保各个环节运作规范，让事故苗头远离员工、让事故隐患远离现场，确保生产安全、生命安全。

在对"手指口述"工作法形成了一定程度的认识并初步尝到了甜头的基础上，队长带领综掘二队一班人开始系统推行这一工作法，并且成立了手指口述工作领导小组，由队长任组长，负责主抓这项工作。值班人员要在三班班前会上再三强调："手指口述工作从矿上到区队都作为一把手工程来抓，矿上由矿长亲自抓，综掘二队就由大队长来主抓，进尺可以掉，但是必须做好这一工作。这项工作的干好与否主要在主管队长、跟班队长和班长。"让管理人员感觉到担子的沉重，把压力层层传递下去。

区队利用班前班后会，向职工传达矿上关于推行"手指口述"工作法的系列精神，反复学习矿下发的辅导材料，并结合学习进行提问，使职工明白什么是"手指口述"工作法以及它在现场施工中起到的作用。从8月开始，区队在班前会上模拟操作延皮带、综掘机截割、迎头支护、皮带运行这四个岗位的工艺流程与"手指口述"工作法，并在现场试运行。与此同时，区队还制定出了激励机制，手指口述实施的好坏与工资挂钩，由跟班队长现场督促，班长全面带动，具体考核体现在原始记录单上。原始记录单上加了"手指口述"一栏，职工的手指口述得分与技能等级分数加起来就是当班得分。手指口述最高分规定为3分，在现场积极主动并且按照标准推行手指口述，得1分；声音洪亮、精神饱满，并且积极主动配合他人来执行，得1分；在执行手指口述上有新思想、新创意，能够带来好效果，得1分。全班人员由班长考核，跟班队长考核班长及外围人员。班后会统一公布，让职工都参与评论，相互监督，避免弄虚作假。激励机制的实施调动了职工的积极性。

再就是认真分析安监处每班对"手指口述"工作法检查写实表各环节得分情况。通过分析看出，扣分多的项目集中体现在：①管理干部及班长作用发挥不到位。②职工扭扭捏捏、吐字不清。于是，区队开始重点强调这一块，将"手指口述"工作法检查写实表及时进行公示，班前会上，点名批评跟班队长和班长这两个重点人物，要他们向一些好的职工看齐，让他们在职工面前脸红。这样就提高了管理人员在现场的督促作用。对于扭扭捏捏、吐字不清的职工，采取了示范培训、激励鼓舞和利益调控相结合的措施，很大一部分人已发生了根本变化。

通过写实表还反映出三个班在手指口述工作上发展不平衡。经过研究决定，由区队大队长与支部书记来重点盯靠落后的班组。通过盯靠，确实发现了个别班长认识跟不上，存在应付凑合思想。有一次在班前会安排完工作后，班长强调："今天周队跟班，我们要执行好手指口述。"这一说法充分体现出了这个班落后的原因——班长认识不足。当班就把他停下来，没让他下井，给他补了一天课，作用不小，很快这个班就赶了上来。还有的班组干活忙起来就不执行，这是一个普遍现象。为解决这个问题，区队班子研究决定，树立一个好的班组，在班前会上大张旗鼓地表扬他们，向他们学习；查一个落后的班组，作为反面典型。魏金义班执行得最好，被区队树立为标杆，三班都向他们学习；有一个落后班的班长降为组长，等工作赶上来之后才又担任班长职务。

汇编的"手指口述"工作法在现场的落实情况如何？是否符合现场实际？怎样才能使"手指口述"工作法与现场实际相结合，使职工能够容易吸收，操作起来灵活有效？那就只有盯到现场，盯到每一个实施环节上，才能够发现与现场存在的矛盾。针对这一点，三班轮番进行了盯靠，发现如果按汇编的"手指口述"工作法标准来做，有一定局限性，突出表现在职工各行其是，没有具体要求，有点乱，只能在现场机械地执行"手指口述"工作标准，也形不成一个闭合的系统性程序，缺少一个在现场统一指挥、具体负责监督协调的人员，三班人员普遍认为应该加上这个人。经过讨论，班长在现场就是起这个作用的。于是在"手指口述"工作法的基础上，班子成员又进行了重组，在心想、眼看、手指、口述四个要素的基础上，加上了"确认完毕"，只有"确认完毕"才说明对具体操作物达到了全面安全检查。把整个流程用文字叙述的方式总结出来，加上了班长作为监督协调人。三班进行学习，再拿到现场进行反复印证，实施起来较以前要规范了些，并且形成了一个闭合程序。具体操作就是：班长接班后，首先进行全面巡视，然后手指具体操作对象，大声口述，安排现场人员去干某项安全检查工作，安全检查完毕后，再向班长进行回应，"这项安全检查工作已完成，确认完毕"，等全部确认完毕后班长再大声口述："各处安全确认完毕，人员各就各位。"然后开始作业流程。在整个作业流程中，班长负责全面巡视、监督，观察每一个细节，及时用手指口述作业法进行安全检查、确认。比如综掘机截割"手指口述"工作法，班长巡视完现场后手指操作物大声口述："综掘机副司机负责迎头和综掘机两侧人员及物料的撤出，综掘机司机负责检查各部件及闭锁装置是否完好、各操作把手是否在零位，皮带尾工负责检查小跑车、跟机电缆是否有挤压，皮带运转是否正常。"各岗位人员检查完成后，都手指操作对象大声口述回复并确认完毕。然后班长再下令各处安全确认已完毕，人员各就各位，开始截割。这样就形成了一个闭合的"手指口述"工作法管理流程。再就是"手指口述"工作法在现场实施时，不能死搬硬套，要根据实际操作进行，比如"手指口述"工作法上没有文字叙述的，就根据现场实际操作进行手指口述，要求职工在工作中变成自己的口语来进行，慢慢地再往标准术语上靠。计划在达到一定基础后取消编制的书面手指口述流程，让手指口述作业法没有局限性，职工在作业时形成一个自然执行的作业法，这样就显得更加灵活。

通过实施"手指口述"工作法已收到了一定效果：一是职工在现场工作中眼、脑、行高度统一，精力集中，杜绝了误操作，对下一道工序的危险源及时进行确认和排除，保证了自身及设备安全。遵章作业、严格执行各工种的操作规程，已经深深扎根于职工心中。二是三违人数直线下降，比前段时间降低了近四倍，机电设备事故也明显下降。三是职工操作更加规范化、标准化，施工准确率、工作效率大幅度提高，杜绝了返工浪费现象。

通过一段时间的推行，职工对"手指口述"工作法的理论都有一定程度的掌握。2008年底对全队职工进行了一次摸底，即利用班前会10 min的时间，每人写出对"手指口述"工作法的认识，职工相互之间不能讨论，要从自身的收获及看法独立写出。通过摸底，职工都能从不同的角度认识到"手指口述"工作法在现场保证安全的重要性，这说明职工对理论有一定掌握。在对副队长摸底上发现，有的副队长在理论掌握程度上还达不到要求，正常班前会都是由队长或书记主持，于是进入2009年，区队就让跟班队长在班前会上根据排定的内容来主持手指口述班前教育，以提高副队长对理论的掌握程度。充分利用班前班后会，让班长根据本班排定的手指口述计划，带领本班人员进行互动，让全班人员都参与讨论，根据自身经历讲述实例。比如中班规定利用上旬时间重点深化迎头截割和锚杆支护两个工作法，班前会重点针对这两个工作法进行讨论，如截割时出现过什么问题，打眼时出现过什么问题等。通过这种有针对性的作业训练，可以加深职工的记忆，规范操作的标准化，确认每一道工序的所有危险源。

为了进一步强化"手指口述"工作法，综掘二队制定了相关制约机制。一是充分利用技能等级评定来进行制约。将"手指口述"工作法纳入技能等级的评定里面，执行好的适当加分，执行不好的在原来的技能等级上相应减分，这样就与工资直接挂起钩，从而达到制约的目的。二是规定相应制度，不论是班长还是职工，如果累积两次被各级领导或区队管理人员查出不执行手指口述，区队就停止其工作，在学习室进行手指口述内容学习，学习期间不按出勤计，不支付任何工资。每天下午区队凑头会上对各班的"手指口述"工作法的执行情况进行分析。

根据调查分析，综掘二队在执行"手指口述"工作法主要还存在以下问题：一是在现场执行不规范，特别是工作紧张时，虽然口述时已安全确认，但实际却没有做到安全确认，比如皮带司机在开动皮带时，由于里面信号催得急，嘴里大声喊着"各保护试验完好，人员闪开，确认完毕，准备开带"的同时，手已经按到启动按钮上启动皮带了。二是受外界因素影响，执行手指口述不起作用，比如迎头支护时正常使用三颗锚杆机打眼，噪声大，导致执行时口述人员的声音其他人员听不到，达不到相互提醒的作用。三是个别地方还存在死角，重点表现在迎头交接班时，两个班的人员都在现场，人员多，有交接工具的，有往外撤设备的，还有往里进料的，再加上验收员验收时引起争议等，这个时间段相对无法进行正常的手指口述。还有一个问题就是外围人员、特别是转料工，有极个别人员在有领导时执行得好，没有检查人员时就不正规执行甚至不执行了。针对这些问题，及时向领导反映、讨教，研究方案，制定措施，加强现场落实，提高职工思想认识，人人相互监督，达到各个环节正常执行。

在"手指口述"工作法第一个高潮过后，现在处于一个风平浪静的阶段，为达到全队整体推进，落实好矿领导的精神要求，区队决定展开"手指口述"工作法现场实施大讨论活动，充分调动全体职工的聪明才智，各抒己见，提出创意，找出薄弱点，将"广泛调研、深入思考、尊重职工、紧扣现场、系统推进"这二十字方针进一步贯彻落实，掀起"手指口述"工作法的第二个高潮，使"手指口述"工作法在综掘二队得到更加广泛的深入推广。

第四节 准备队"手指口述"工作法心得体会

　　准备队主要担负许厂矿两个综采队工作面的安装、撤除和准备工作，许厂矿"手指口述"是从2008年4月以准备队作为试点单位开始运作的。为什么以准备队首先作为"手指口述"试点单位呢？因为准备队工作性质与其他单位截然不同，一是撤面、安面频繁，接触设备多，设备流动性强，设备种类不一；二是安全系数小，不安全因素多；三是占线比较长，运输路线复杂，环节多；四是所施工的地点接触的基本是新环境。一接到作为试点单位的通知后，准备队就采取了以下一系列措施：

　　其一，要求区队管理人员高度重视，对矿下发的"手指口述"一系列文件反复学习，深挖内涵，深刻认识推行"手指口述"的重要性和必要性，作为基层单位"一把手"工程来抓，对班子成员作为跟班期间现场第一责任者的责任来担负，纳入一切工作的重中之重进行推行。经过几个月的探讨、现场摸索，首先汇编了针对准备队各工种的"手指口述"及工艺流程指导手册，并在三班反复学习，广泛发动，让职工明白煤矿工作安全行为的重要性。在煤矿不安全因素中，人的不安全因素占主要的，人的不规范行为或配合不当往往引发各类事故，职工要从思想上引起高度重视，不要将"手指口述"仅仅当做一项活动来开展，而是要当做一种工作法来推行，是需长期执行并不断创新的一种制度。

　　其二，在试运行过程中，制定了严格的扣罚制度和奖励机制，并在三班开展了以"手指口述执行情况、安全、质量、任务、出勤以及三违率"为考核内容的劳动竞赛。采取的措施：一是双管齐下（奖励与扣罚），多措并举。作为现场第一责任者的跟班队长率先执行，身体力行，对不执行"手指口述"或不认真执行、应付凑合的个人按区队内部"三违"罚款300元的处理进行扣罚，对执行好、比较认真的职工给予月底奖励500元的激励机制，激发职工以点带面、相互影响、相互学习、相互借鉴的好习惯，通过三班竞赛取得最后一名的班次，每人罚款100元，交给取得第一名的班次，以奖励实物的形式让职工每时每刻都感受到工作法执行得好，就能得到实惠，安全就更有保障。由于关系到资金，牵扯到职工的切身利益，准备队采取跟班队长跟班期间进行监督，视其运作情况当班加分或减分（其中"手指口述"占大部分分数），书记审核，队长把关的形式来开展竞赛活动，公平、公正、公开。二是井下井上相结合。在井下执行"手指口述"工作法的效果好坏，基础工作在于不断地学习和操练，准备队充分利用班前班后会的时间在区队学习室进行演练。演练采取两种方法：

　　（1）完成上一班工作任务在现场执行不好的组员进行班前演练，出现错误的动作或语言，由班长或跟班队长及时进行纠正，达到规范化。

　　（2）对上一班执行较好的组员也进行演练，让其他人员进行学习和模仿，相互借鉴，取人之长、补己之短，最后达到全员领会、顺其自然、上下统一，形成正规的"手指口述"工作法。

一、收到的效果

自推行"手指口述"工作法以来，历时正好一年的时间，收到的效果非常明显：一是安全上有了较大的保证，没有出现过这样那样的人身事故，甚至连擦破皮也没有出现过；二是职工的操作行为得以规范，过去野蛮操作、图省劲、怕麻烦、走捷径、绕弯路的行为基本杜绝，达到了事事规范操作，按章作业，人人自我约束、自我加压的目的；三是"三违"率逐步减少。准备队推行"手指口述"以来提出的口号，也是准备队的奋斗目标，即由逐步降低或减少"三违率"到最后彻底杜绝"三违"。在没有执行"手指口述"之前，2007年准备队全年出现"三违"167人次，2008年推行"手指口述"以来，全年出现"三违"57人次，其中2008年一季度出现"三违"30人次（生产性质的"三违"23人次，不文明行为7人次），2009年一季度出现"三违"17人次（其中生产性质"三违"6人，不文明行为11人次），特别是今年三月全连队仅出现"三违"2人次。可见，手指口述推行的效果很明显。

为什么出现这么明显的效果？通过一年来的回顾和反思，总结起来就是十二个字，即"贵在坚持、抓住过程、重在细节"。

(1) 贵在坚持：可以说"手指口述"是许厂煤矿接触的一种新生事物，从模糊、不认识到深切领会以至收到好的效果，大家已尝到了甜头。对"手指口述"，今后工作中必须牢牢地把握住，一刻不放松地坚持住，时刻以"手指口述"的标准来严格要求自己，形成一种长效机制。

(2) 抓住过程：在每一个施工地点不管人员多么分散，但是都有具体负责人全过程推行"手指口述"，严格执行工艺流程，一切工作按照程序有前有后、按步就班地进行，加上跟班队长、班长的现场巡查、监督以及指导和帮教，每时每刻都有相互指点、相互监督的现象，从而抓住了生产全过程。

(3) 重在细节：仔细分析兄弟单位及本单位出现的一系列隐形事故，大多数是在某一个细节上出现了失误才导致事故发生的，只要抓住施工过程的每一个细节，在细节上下工夫，不放过一丝一毫，不出现点滴失误，就能保证整个施工过程的安全。现在，准备队已经达到了"四个一样"，即检查和不检查一个样、领导在场和不在场一个样、条件好和条件坏一个样、生产紧张和不紧张一个样。

二、存在的部分问题

虽然"手指口述"推行历时一年的时间，在推行中，还出现了个别现象：

(1) 职工之间相互取笑，这种取笑与前段时间的取笑截然不同，"手指口述"推行前期是新事物，执行的被不执行的取笑；现在是执行不好的被执行好的取笑。

(2) 单岗作业人员：总认为身边没有领导，可以我行我素。

(3) 接触新设备、转入新环境的时候，对新环境不适应。

(4) 个别职工不大胆：特别是上班不正常，经常欠勤的人员，还有部分年龄比较大的职工。

第五节　机电队"手指口述"工作法心得体会

一、存在的不足

（1）职工执行"手指口述"工作法的思想认识不到位，不能自觉、主动地执行。

（2）管理人员监督、督察不到位。由于机电队场口多、战线长，管理人员不能盯靠在每一个工作现场，造成管理上的漏洞。

（3）职工执行"手指口述"工作法过于机械化，动作不够自然规范。

（4）职工执行"手指口述"工作法的过程中，特别是在大型设备停产检修、设备出现故障进行抢修时，只注重表面和语言，不能够真正认真做好危险源的辨识。

（5）工作时间紧任务重、人员不足也是"手指口述"工作法规范化运作的一大障碍。

（6）部分职工技术素质较低，一些内在的危险源辨识不到位，虽然表面也执行了"手指口述"工作法，但不能真正地安全确认。

（7）班组长碍于情面而不对职工执行"手指口述"工作法的质量进行严格考核。

二、弥补措施

（1）利用班前班后会进一步加强职工的思想教育，使职工能够认清执行好"手指口述"工作法，就能够保证自身安全。讲清楚安全形势和压力，认真分析机电队在执行"手指口述"工作法方面存在的不足，强势推进"手指口述"工作法。通过对职工的思想教育，转变职工对"手指口述"工作法的认识。机电工作无小事，任何一个小小的失误，都可能造成严重的后果，人人都要明白运用"手指口述"工作法就能杜绝这些失误，能够避免出现事故。职工对案例教育比较容易接受，受教育也比较深刻，因此要尽可能多地运用案例教育，使职工能接受事故教训，积极主动按章作业、远离"三违"、上标准岗、干标准活，提高自己的安全意识，做好自主保安。

（2）加强职工技能培训，提高职工技术业务素质。机电队学习型组织创建搞得比较好，因此"手指口述"工作法的推行要与学习型组织相结合，运用学习型组织创建的成功模式，对"手指口述"工作法的推行方式进行改进，在推行过程中进一步完善各类工艺流程，并对各班组"手指口述"的执行情况加强监督和考核。加大培训力度，各个分管负责人都要制定出考核措施，以首席技师培训工作室为突破口。目前机电队职工队伍的技术素质还很低，特别是区队班子调整以后，加强了区队的管理力量，但同时相对削弱了某些班组的技术力量，为此，应加强培训使影响降到最低。对技术培训工作，各个班组都要落实责任人，责任人要制定具体的培训计划和内容。培训要结合实际、持之以恒并与"手指口述"工作法相结合，内容要紧靠现场并控制好进度，要让职工听懂学会，循序渐进、逐步提高。

（3）进一步完善机电队"手指口述"管理制度，进一步采取措施如下：

①推行"4-2-2-2"工资结构：安全占当日工资的40%、工程质量占当日工资的20%、生产任务占当日工资的20%、"手指口述"执行情况占当日工资的20%。由班组长每天考评后填写原始记录单，经跟班副队长签字后交核算员，并作为班后会点评的重要依

据。

②区队每月进行一次总结考核，根据考核情况每月评选"手指口述"优胜员工2名，每人奖励200元，"手指口述"执行优秀员工2名，每人奖励100元；全队评出"手指口述"优胜班组一个，班组职工每人奖励100元、组长奖励200元；"手指口述"优秀班组一个，班组职工每人奖励50元、组长奖励100元，当月兑现。

（4）在推行"手指口述"过程中，努力实现两个结合："手指口述"与学习型组织相结合；"手指口述"与应急预案演练相结合。

（5）结合机电队的实际情况，对部分没有完善"手指口述"工艺流程的岗位，完善"手指口述"工艺流程2到3个。

（6）推行大型"手指口述"工作法的岗位练兵项目，即主通风机事故应急预案演练过程中的"手指口述"工作法、主通风机事故停风紧急打开风井防爆盖过程中的"手指口述"工作法。以上两个项目3月份已经完成，在4月份准备推行110 kV降压站事故应急预案演练，并在演练的过程中与"手指口述"工作法相结合。

（7）推行"在我身边的危险源"有奖征集活动，机电队全员参与。此次活动根据质量设一等奖2名、二等奖4名、三等奖8名、鼓励奖16名，分别奖励200元、150元、100元和50元。把征集上来的项目，进行整合制定"手指口述"工艺流程，并逐步推广执行。

第六节　运搬队"手指口述"工作法心得体会

为了更好地推进手指口述作业法，2009年工作一上手，运搬队将手指口述作业法就作为工作重点抓好落实，在2008年推行的基础上，学习借鉴先进单位的成功经验，对照本单位实际情况，分析在手指口述工作中存在的优点和不足，并查找问题存在的根源，制定整改措施并严格落实，使手指口述工作再上一个新台阶。

一、"手指口述"运行情况

1. 存在好的方面

（1）区队重视。自开展"手指口述"工作法以来，区队领导班子将其作为一项重点工作进行落实。为了更好的落实"手指口述"工作法，区队班子多次开会研究，并组织班组长以上人员召开会议，广泛征求意见和建议，对各工种"手指口述"内容进行修改，使之更加符合现场实际，并将各工种手指口述内容印制成小册子发给职工，达到人手一册，以便于加强职工学习。在此基础上，对职工进行思想教育并督促他们加强学习，让职工认识到实行"手指口述"工作法的重要意义、目的和要求，从思想上引起重视，认真落实"手指口述"工作。

（2）班组重视。开展"手指口述"工作法以来，班组长亲自带头落实"手指口述"工作，在班前会及现场组织职工进行"手指口述"演练，使职工熟记于心。区队建立手指口述班组考核表，分班前演练和现场执行情况对班组进行考核奖励，以此激励班组深入细致地做好手指口述的演练及现场落实。

（3）职工重视。通过加强对职工的思想教育，大多数职工明白了"手指口述"的重要意义、目的和要求，能够积极主动对本工种"手指口述"内容进行学习演练并在现场应用。在2月初,区队组织了一次手指口述理论知识抢答及演练竞赛活动,有效地提高了职工应用"手指口述"工作法的能力。

2. 不足之处

(1) 个别职工对本工种"手指口述"不够熟练,声音不够洪亮,在"手指口述"时,存有害羞心理,不够自然。

(2) 在个别单人作业场口,工作人员存有侥幸心理,管理人员在时就进行"手指口述",管理人员不在时就不进行。

(3) 现场"手指口述"不连贯,存有死记硬背现象。

(4) 部分工种因手指口述内容与本工种无关联,手指口述还没执行开,存有死角。

(5) 个别管理人员对手指口述理论知识掌握不够全面,对职工手指口述理论知识学习和演练情况督导不到位。

二、今后采取的措施

(1) 加强职工的思想教育和"手指口述"工作法相关资料的学习,让职工真正了解什么是"手指口述",为什么要开展"手指口述",如何开展"手指口述"。通过学习,使职工进一步从思想上转变观念,主动落实"手指口述"工作。

(2) 组织职工加强对工艺流程的学习,使职工能将工艺流程与手指口述结合起来,进一步提高职工正规操作能力,确保现场的安全生产。

(3) 强化班前班后"手指口述"演练,使职工更加熟练掌握"手指口述"内容,在现场工作中达到自如应用。

(4) 加强现场的监督检查,特别是对偏远死角及单人作业场口要重点进行监督检查,杜绝职工的侥幸心理。

(5) 制定严格的考核制度,"手指口述"落实不到位的,坚决进行处罚,并与班长、跟班队长工资挂起钩来,以此督促职工在现场深入细致地做好"手指口述"工作。

第七节 通巷队"手指口述"工作法心得体会

自推行"手指口述"以来,根据矿下发的关于推行"手指口述"试行规定内容,通巷队结合区队实际,认真制定了工作方案,积极推行实施"手指口述"作业法。全队干部及技术骨干对"手指口述"作业法也有了进一步深刻认识,真切感受到"手指口述"作业法能提高操作的精确度,使各作业、关键点明晰准确,减少误差偏差,从而提升岗位作业质量,实现作业行为标准化、专业化、程序化,最终实现安全、质量和谐统一。

首先统一全队干部及班组长的思想,全力推行"手指口述"作业法,改变职工在工作中注意力不集中、工作没有头绪等现象。重点利用班前会灌输"手指口述"作业法对于现场工作的指导意义,确定先安全后生产的目标,在工作中严格执行好相互保安和自主保安。

作为辅助区队,通巷队存在工种多的特点,由此也导致"手指口述"作业法内容多、范围广,这样推行起来就存在一定难度。针对这种情况,为了更好促进"手指口述"作业法在区队的顺利推进,队长召集全队技术人员、班组长、工人代表展开讨论,为制定切实可行的实施方案广泛征集合理建议,从几个特殊岗位重点做起,以点带面,不断把"手指口述"推向深入。目前,在实施"手指口述"工作法过程中存在督查不正常、强调不及时、奖惩不兑现等问题,需要进行汇总归纳,以便按照共性及个性问题制定措施,保障"手指口述"顺利进行。

第八节 掘三队"手指口述"工作法心得体会

为了更好地保证手指口述的深入开展,2009年4月12号,矿手指口述推进交流会后,掘三队立即组织区队干部、职工骨干进行了深度汇谈,着重讨论了现场手指口述如何延伸问题。广大职工积极发言,深入讨论了现场手指口述当前面临的实际困难及工作中的不足,制定了进一步深化手指口述的方案和措施。具体如下:

一、手指口述在现场落实中存在的问题

1. 职工开口难,职工不愿主动去推行手指口述

虽然手指口述已执行了一段时间,但不少职工受传统观念和思维定势的影响,仍有比较强烈的抵触情绪。有的职工认为是哗众取宠,搞形式主义;更多的职工由于性格内向或受多年习惯的束缚,不好意思张开口,不好意思动手做;也有一些职工对新的规范标准不重视而消极应付,不愿主动去推行手指口述,从而影响手指口述进一步深化。

2. 职工旧的作业习惯根深蒂固,阻碍手指口述的持续推行

职工在过去长时间工作中养成的一些作业习惯根深蒂固,改变起来很难。这就造成了现场施工中手指口述不能长时间坚持。刚开始施工作业时,职工还在实行手指口述,但是不到一两个小时后,他们就无意识地回到以前的工作状态和作业习惯中。不能养成持久的手指口述习惯,是现场推行手指口述过程中一个重要问题。

以上两点是区队通过讨论总结出现场推行"手指口述"工作法遇到的最集中的问题。因此,全队上下讨论并制定了下一步的工作整改措施。

二、经区队班子讨论研究后,制定出以下整改措施

就自身存在的问题,借鉴其他兄弟单位的长处,区队制定了下一步在推行"手指口述"工作法过程中的具体措施如下:

1. 班前会班后会进行各工种事故案例分析教育,提高职工手指口述的主动性

为了让开不了口的职工张开口,将在下一步工作中,长期进行手指口述的强化练习工作。班前会班后会时间,值班人员主持对每个工种的事故案例进行宣讲,对事故中的危险点、隐患点,行透彻讲解,强调执行现场手指口述的重要性。

另外,班前班后会进行手指口述演练,特别是对平时张不开口的职工,通过强化训练让职工都感觉到现场喊出手指口述的内容是一件很自然的事情,而不是表演和出丑。让每一个职工都能够对手指口述的内容张口就来,从基础上保证手指口述的推行和落实。

2. 现场加大手指口述的力度,从根本上改变职工的作业习惯

在现场施工中继续加大力度推行手指口述,利用岗位流程再造标准,努力使职工的作业习惯得到改变。通过长期有力的推行,让每个职工都养成手指口述的习惯。区队领导和

班组长要发挥模范带头作用和现场监管作用。班组长首先应严格贯彻落实手指口述,同时要在现场对职工施行手指口述进行监督。每个班组长要负责好自己班组的手指口述的落实工作,同时要监督其他班组手指口述的落实。跟班队长要不定期地检查本班职工现场施工手指口述的落实情况。以点代面,达到共同进步的目的。

3. 不搞表面文章,杜绝形式主义,将手指口述真正落到现场实处

在现场落实手指口述的时候,一定要贯彻务实真干的原则,不搞形式主义,不搞表面文章。现场不是把手指口述的内容背诵一遍就可以了,而要真正按照其内容和次序对现场进行检查,确保将"手指口述"的作用落到实处。例如敲帮问顶,不是手指口述一遍现场就没有问题了,而是要职工严格按照敲帮问顶的工艺流程和手指口述的检查次序对迎头进行实际敲帮问顶,等真正确定迎头没问题后再将手指口述的内容说出来,为其下一个结论,然后进行下一步工作。

在工作现场,对于单工种作业的职工,要求其自身进行手指口述内容表达。而对于团队作业的职工,实行"一主多从"的方式,选出一个主要负责手指口述的职工,该职工负责该作业的手指口述的确定和表达,其他职工辅助他一起对现场进行核查和表达,这样既使得现场手指口述不乱,又可以对现场进行多人多层次的核查,达到"手指口述"的真正目的。

4. 开展多种活动,引导职工落实手指口述的持续热情

区队下一步会定期组织开展多种活动,用以引导和促进职工落实手指口述的持续热情。具体开展以下活动:

(1) 定期开展手指口述模拟演练。每月在区队学习室举办一次全员手指口述模拟表演,每个人上台对自己工种的整个工艺流程的手指口述内容模拟表演一次,然后全员为其打分。

(2) 定期开展手指口述表演比赛。每月在区队内部开展一次手指口述表演赛,每个工种派代表参加比赛,团体工种以班组为单位进行竞赛。最后选出手指口述掌握最好、表达最好、反映最好的职工和班组进行表彰奖励。

5. 加强工种之间"手指口述"作业法协作和交叉作业

先前"手指口述"作业法只是针对单个工种而言,各工种学习自己的"手指口述"作业法方面的内容。现在区队针对现场作业的实际情况,让各工种之间相互学习,相互体会和分担原先自己不熟悉的"手指口述"作业法。这样提高了职工的积极性,加强了职工之间的沟通和了解,角色换位使其相互体谅和更好配合,最后实现结果的最优化,达到分配协作的最合理局面。

6. 加大考核力度,激励职工推行手指口述的持续积极性

(1) 为强力推进手指口述工作,区队制定奖优罚劣制度。在现场生产过程中,第一次发现现场操作不按要求进行手指口述的,对本人进行现场批评教育;第二次发现则对本人进行罚款;第三次发现就停班学习,学到会为止。

为使全班职工都能够熟练操作,将领悟快、动作标准的员工与领悟慢、动作不标准的员工结成帮教对子,营造比、学、赶、超的浓厚氛围。通过现场学习和实际操作,职工都能够牢记本工种各项操作流程、操作标准和安全规定,从而减少了发生事故的几率。

(2) 制定完善的正向激励制度,每月评选出本月手指口述先进个人和先进班组,对其

进行适当奖励。先进个人奖励 50 元，先进班组奖励 300 元。从正面不断激发职工现场施工中落实手指口述的持续积极性。

总之，通过各种强有力的措施和手段，强化职工手指口述由不自然到顺其自然，从不熟悉到熟悉，最后达到手指口述习惯化。

7. 班前班后会点评制度

为更好地运行好手指口述，继续执行区队建立起的班前班后会点评制度。由值班队长负责各班当天的班前手指口述程序演练和班后手指口述点评，把现场工作的手指口述过程简练地进行归纳总结并进行对比，找出其中的缺点和不足，以便整改。

附　　则

第一节 "手指口述"工作法演练考核标准

参赛单位：　　　　　　　　　　　考核成绩：

序号	考核项目	考核标准	考核等级	得分	考核得分
1	自我介绍	参赛人员要介绍单位名称、参赛人员姓名、所演练工种。参赛人员演练期间要做到训练有素，上场、下场有礼有节（满分10分）	优秀	10	
			良好	6	
			一般	3	
2	统一着装	所有参赛选手统一穿工作服，按井下标准着装整齐（满分10分）	整齐标准	10	
			良好	7	
			一般	3	
			未穿工装	0	
3	现场表现	参与人员执行手指口述的现场表现（满分15分）	精神饱满，声音洪亮	15	
			扭扭捏捏，吐字不清	10	
			声音太小，装腔作势	5	
4	演练口令准确	要求参赛人员对工序的操作准确到位，口令言简意赅且衔接流畅，无违章或其他明显违规表现（满分15分）	优秀	15	
			良好	10	
			一般	8	
5	演练表演自然	要求参赛人员演练自然，能够代表现场实际操作，无违章或其他明显违规表现（满分15分）	优秀	15	
			良好	10	
			一般	8	
6	演练熟练程度	要求参赛人员能够按照现场操作的实际节奏进行演练，不急不躁，紧扣现场实际，表现出较高的实际操作熟练程度（满分20分）	优秀	20	
			良好	15	
			一般	10	
7	参赛单位重视程度	评委对参赛人员的构成情况和准备情况进行感观评价，确定出参赛单位对"手指口述"工作法的重视程度（满分15分）	优秀	15	
			良好	10	
			一般	8	
			差	0	
考核成绩					

第二节 "手指口述"工作法检查写实簿

单位				年　月
日班	值班队长：	跟班队长：	当班班长：	检查人员：
日班	值班队长：	跟班队长：	当班班长：	检查人员：
日班	值班队长：	跟班队长：	当班班长：	检查人员：
日班	值班队长：	跟班队长：	当班班长：	检查人员：
日班	值班队长：	跟班队长：	当班班长：	检查人员：

序号	主要写实指标			分值	日期
一	跟班队长对手指口述理论的掌握程度	1	熟练掌握并会灵活运用	10	
		2	一知半解，生搬硬套	5	
		3	不掌握	0	
二	跟班队长的"教练员"作用发挥情况	1	在职工操作不规范时，能够给职工讲清道理，指导职工该怎么做	15	
		2	在职工操作不规范时，能看出问题，但不能有效地为职工讲清道理，指导效果不理想	5	
		3	在职工操作不规范时，只会强令职工做好，但不知怎么才能做好	0	
		4	在职工操作不规范时，看不出问题，不做指导	−5	

续表

序号	主要写实指标		分值	日期
三	跟班队长运用案例进行教育的能力	1 掌握各类事故案例,在指导职工操作时,运用案例恰如其分,指导效果好	10	
		2 对各类案例掌握程度不够,在指导和教育职工时做不到熟练运用,指导效果一般	5	
		3 不会使用案例进行教育	0	
四	跟班队长对班组长在工作法执行方面的管控效果	1 自觉监督和指导班长执行"手指口述",能够规范班长的行为,善于打造和锤炼班长素质,善于培养骨干队伍,有对班长的考核制约措施	10	
		2 对班长的管控效果一般	5	
		3 对班长的不规范行为听之任之	0	
		4 当班长出现重生产轻安全的表现时不加制止	−2	
		5 个人工作能力差,管控不了班长的言行	−5	
五	跟班队长当班的工作绩效	1 当班工作有计划,现场指导3个以上工种。工种一:(___)、工种二:(___)、工种三:(___)	15	
		2 当班有计划,现场只指导1~2个工种。工种一:(___)、工种二:(___)	10	
		3 当班无计划,根本没有指导	0	
六	班组长在现场的执行效果	1 自觉执行,以身作则,个人善于学习,掌握工作法的技巧	10	
		2 自觉执行,以身作则,但对工作法的掌握程度不够,工作不得法	5	
		3 对工作法认识不足,思想不端正,有抵触情绪,工作不主动,起不到带头作用	0	
七	班组长是否在当班全过程执行手指口述	1 交接班、班中、班末都规范执行	10	
		2 仅班中执行,交接班及班末执行效果差	7	
		3 全部不执行	0	

续表

序号			主要写实指标	分值	日期					
八	班组长抓手指口述工作的计划性	1	有开展计划。有月度计划,有日计划,能分解指标抓好落实。计划体现在一个月之内抓好哪几个工种或者哪几个小组,每班都有考查写实,每月有总结。月度计划相互衔接,与全队的整体计划保持一致	10						
		2	有开展计划,但执行不严。一是计划脱离实际,目标过高,可操作性不强。二是没有做到分解指标,做不到靠每日计划的完成来保证月度计划的实现	6						
		3	无开展计划。每班工作无计划性,缺乏对本班职工队伍的分析研究,工作不稳定,目标不清晰,盲目性强,意气用事,工作的目的是做给各级检查人员看的,自己无主导意见	3						
九	现场职工安全确认的质量和效果	1	职工现场的"确认"是对下一道工序开始前安全状况的确认。只有在确认安全的前提下才能开始下一道工序	5						
		2	职工现场的"确认"是对下一道工序"干什么"的确认。这种确认法最本质的错误在于没有对下一道工序开始前是否安全进行确认	0						
十	参与执行手指口述人员的现场表现	1	优(精神饱满,声音洪亮,自然流利)	5						
		2	中(扭扭捏捏,吐字不清,不自然不流利)	3						
		3	差(声音太小,装腔作势,流于形式)	1						
	检 查 结 果									

第三节 "手指口述"工作法班前(后)会考核表

单位:　　　　　　　　　　　时间:　　　年　　　月　　　日　　　班

序号	主要考核指标			分值	检查情况
一	是否正职授课	1	是	5	
		2	否	0	
二	班前(后)会参加人员是否齐全	1	是	5	
		2	否	2	

续表

序号	主要考核指标			分值	检查情况
三	备课质量	1	内容丰富（有演练、讨论、培训、提问）	20	
		2	内容较丰富（有演练、讨论、培训、提问其中2至3个）	15	
		3	内容简单（有演练、讨论、培训、提问其中1个）	10	
		4	无备课	0	
四	演练质量	1	优	15	
		2	中	10	
		3	差	6	
五	对演练的讲评	1	讲评结合实际，有建议，有措施	10	
		2	讲评质量一般	5	
		3	无讲评	0	
六	班前（后）会互动效果	1	优	10	
		2	中	6	
		3	差	4	
七	案例教育质量	1	优	10	
		2	中	6	
		3	差	4	
八	跟班队长、班组长对上一班手指口述执行情况的评议	1	优	10	
		2	中	6	
		3	差	4	
九	备课内容与培训内容是否一致	1	是	5	
		2	否	0	
十	考核者提出问题的回答质量	1	优	10	
		2	中	6	
		3	差	4	
考核统计					
考核人签字：			单位主管签字：		
			跟班队长签字：		
			当班班长签字：		